·2025全国一级建造师执业资格考试经典题荟萃·

机电工程管理与实务
百题讲坛

主 编 杨海军

图书在版编目（CIP）数据

机电工程管理与实务百题讲坛/杨海军主编．
北京：中国建设科技出版社有限责任公司，2025.3.
(2025全国一级建造师执业资格考试经典题荟萃)．
ISBN 978-7-5160-4340-0

Ⅰ．TH-44

中国国家版本馆CIP数据核字第2024K0V200号

机电工程管理与实务百题讲坛
JIDIAN GONGCHENG GUANLI YU SHIWU BAITI JIANGTAN
主　编　杨海军

出版发行：	中国建设科技出版社有限责任公司
地　　址：	北京市西城区白纸坊东街2号院6号楼
邮　　编：	100054
经　　销：	全国各地新华书店
印　　刷：	北京印刷集团有限责任公司
开　　本：	787mm×1092mm　1/16
印　　张：	18.25
字　　数：	420千字
版　　次：	2025年3月第1版
印　　次：	2025年3月第1次
定　　价：	**99.80元**

本社网址：www.jskjcbs.com，微信公众号：zgjskjcbs
请选用正版图书，采购、销售盗版图书属违法行为
版权专有，盗版必究。本社法律顾问：北京天驰君泰律师事务所，张杰律师
举报信箱：zhangjie@tiantailaw.com　　举报电话：（010）63567684
本书如有印装质量问题，由我社事业发展中心负责调换，联系电话：（010）63567692

序 言

"2025 全国一级建造师执业资格考试经典题荟萃"系列丛书共 6 册，分别为：

《市政公用工程管理与实务百题讲坛》　　　　胡宗强　主编
《建筑工程管理与实务百题讲坛》　　　　　　龙炎飞　主编
《机电工程管理与实务百题讲坛》　　　　　　杨海军　主编
《建设工程经济百题讲坛》　　　　　　　　　黄金芳　主编
《建设工程项目管理百题讲坛》　　　　　　　李　娜　主编
《建设工程法规及相关知识百题讲坛》　　　　唐　忍　主编

本系列丛书以"百题讲坛"的形式，筛选出历年有价值的经典题，并根据最新考纲编写了有针对性的模拟题，对其精准剖析，帮助考生掌握考点、全面了解命题思路及考试趋势，同时提高学习效率。

公共基础科目

"建设工程经济""建设工程项目管理"和"建设工程法规及相关知识"三门公共基础科目，全部为客观题，以如下编写原则，形成公共基础科目的"百题讲坛"：

① 紧跟命题趋势，直击得分核心；
② 甄选热点经典，全新精解精讲；
③ 考点分门别类，知识系统全面；
④ 更新标准规范，依据最新考纲。

市政公用工程管理与实务科目

本书进行了全面修订和更新，修订内容主要涉及题目的增补删改、解析内容的优化和知识点的调整。本书分为两部分：第一部分为 52 道经典一建案例题（2013—2024 年）；第二部分为 53 道经典案例模拟题。本书通过对这 105 道案例题的深入解析，希望能够帮助考生厘清分析思路，揣摩命题考点，并掌握答题方法和技巧，从而事半功倍、攻克难关。

建筑工程管理与实务科目

本书通过对历年经典题和最新考纲的深入研究和把控,做了较大规模修改。本书分为两部分:第一部分为知识点索引,对应关联94道经典案例题,全面系统梳理关键考点;第二部分为94道经典案例题,结合最新标准规范和命题趋势,精准剖析,举一反三,对知识点纵横引申。

机电工程管理与实务科目

本书为2025"百题讲坛"新增科目,分为两部分:第一部分为70道一建经典案例题;第二部分为30道二建经典案例题。本书在精准剖析这100道案例题的基础上,每道案例题均增设了"分析思路及作答要求",进一步根据现行标准规范对知识点进行拓展补充,以便考生学得系统全面,从而灵活应试。

本系列丛书的作者均为在教学一线工作多年的权威、资深专家,对考试和考生学习情况都十分了解,解析内容经反复推敲,力争精练准确。在"2025全国一级建造师执业资格考试经典题荟萃"系列丛书编写过程中,虽经反复推敲核正,仍难免有疏漏和不妥之处,恳请广大读者提出宝贵的意见和建议。

编 委 会

2025年1月

目 录

第一部分
70 道一建经典案例题

案例 1　2024 年一建案例题一 ………………………………… 1
案例 2　2024 年一建案例题二 ………………………………… 4
案例 3　2024 年一建案例题三 ………………………………… 7
案例 4　2024 年一建案例题四 ………………………………… 9
案例 5　2024 年一建案例题五 ………………………………… 13
案例 6　2023 年一建案例题一 ………………………………… 16
案例 7　2023 年一建案例题二 ………………………………… 19
案例 8　2023 年一建案例题三 ………………………………… 22
案例 9　2023 年一建案例题四 ………………………………… 24
案例 10　2023 年一建案例题五 ………………………………… 29
案例 11　2022 年一建案例题一 ………………………………… 32
案例 12　2022 年一建案例题二 ………………………………… 35
案例 13　2022 年一建案例题三 ………………………………… 37
案例 14　2022 年一建案例题四 ………………………………… 40
案例 15　2022 年一建案例题五 ………………………………… 43
案例 16　2021 年一建案例题一 ………………………………… 46
案例 17　2021 年一建案例题二 ………………………………… 49
案例 18　2021 年一建案例题三 ………………………………… 51
案例 19　2021 年一建案例题四 ………………………………… 54
案例 20　2021 年一建案例题五 ………………………………… 58
案例 21　2020 年一建案例题一 ………………………………… 61
案例 22　2020 年一建案例题二 ………………………………… 64

案例 23	2020 年一建案例题三	67
案例 24	2020 年一建案例题四	69
案例 25	2020 年一建案例题五	73
案例 26	2019 年一建案例题一	76
案例 27	2019 年一建案例题二	78
案例 28	2019 年一建案例题三	81
案例 29	2019 年一建案例题四	83
案例 30	2019 年一建案例题五	86
案例 31	2018 年一建案例题一	89
案例 32	2018 年一建案例题二	93
案例 33	2018 年一建案例题三	95
案例 34	2018 年一建案例题四	98
案例 35	2018 年一建案例题五	101
案例 36	2017 年一建案例题一	104
案例 37	2017 年一建案例题二	107
案例 38	2017 年一建案例题三	110
案例 39	2017 年一建案例题四	112
案例 40	2017 年一建案例题五	114
案例 41	2016 年一建案例题一	118
案例 42	2016 年一建案例题二	121
案例 43	2016 年一建案例题三	124
案例 44	2016 年一建案例题四	126
案例 45	2016 年一建案例题五	130
案例 46	2015 年一建案例题一	134
案例 47	2015 年一建案例题二	137
案例 48	2015 年一建案例题三	139
案例 49	2015 年一建案例题四	141
案例 50	2015 年一建案例题五	144
案例 51	2014 年一建案例题一	147
案例 52	2014 年一建案例题二	150
案例 53	2014 年一建案例题三	152
案例 54	2014 年一建案例题四	155
案例 55	2014 年一建案例题五	159
案例 56	2013 年一建案例题一	162

案例 57　2013 年一建案例题二 …… 164
案例 58　2013 年一建案例题三 …… 167
案例 59　2013 年一建案例题四 …… 171
案例 60　2013 年一建案例题五 …… 174
案例 61　2012 年一建案例题一 …… 177
案例 62　2012 年一建案例题二 …… 180
案例 63　2012 年一建案例题三 …… 183
案例 64　2012 年一建案例题四 …… 185
案例 65　2012 年一建案例题五 …… 189
案例 66　2011 年一建案例题一 …… 191
案例 67　2011 年一建案例题二 …… 193
案例 68　2011 年一建案例题三 …… 196
案例 69　2011 年一建案例题四 …… 199
案例 70　2011 年一建案例题五 …… 202

第二部分
30 道二建经典案例题

案例 1　2024 年二建案例题一 …… 205
案例 2　2024 年二建案例题二 …… 208
案例 3　2024 年二建案例题三 …… 211
案例 4　2024 年二建案例题四 …… 214
案例 5　2023 年二建（A 卷）案例题一 …… 217
案例 6　2023 年二建（A 卷）案例题二 …… 220
案例 7　2023 年二建（A 卷）案例题三 …… 223
案例 8　2023 年二建（A 卷）案例题四 …… 225
案例 9　2023 年二建（B 卷）案例题一 …… 228
案例 10　2023 年二建（B 卷）案例题二 …… 232
案例 11　2023 年二建（B 卷）案例题三 …… 234
案例 12　2023 年二建（B 卷）案例题四 …… 237
案例 13　2022 年二建（A 卷）案例题一 …… 240
案例 14　2022 年二建（A 卷）案例题二 …… 242

案例 15	2022 年二建（A 卷）案例题三	244
案例 16	2022 年二建（A 卷）案例题四	245
案例 17	2022 年二建（B 卷）案例题一	248
案例 18	2022 年二建（B 卷）案例题二	250
案例 19	2022 年二建（B 卷）案例题三	253
案例 20	2022 年二建（B 卷）案例题四	255
案例 21	2021 年二建（A 卷）案例题一	257
案例 22	2021 年二建（A 卷）案例题二	260
案例 23	2021 年二建（A 卷）案例题三	263
案例 24	2021 年二建（A 卷）案例题四	265
案例 25	2021 年二建（B 卷）案例题一	268
案例 26	2021 年二建（B 卷）案例题二	271
案例 27	2021 年二建（B 卷）案例题三	273
案例 28	2021 年二建（B 卷）案例题四	276
案例 29	2020 年二建（A 卷）经典案例题	278
案例 30	2020 年二建（B 卷）经典案例题	281

第一部分
70道一建经典案例题

案例1　2024年一建案例题一

▶▶ **考情先知**

(1) 现场文明施工管理的基本要求
(2) 曳引式电梯的组成
(3) 曳引式电梯驱动主机的安装要求
(4) 绿色施工评价

某机电安装公司总承包一大型商务办公楼的机电安装工程。承包范围：建筑给水排水、建筑电气、通风空调、消防和电梯（12部曳引式电梯）等安装工程。

在编制项目施工管理规划时，安装公司要求项目部对文明施工管理做出总体布置，编制文明施工实施细则，加强施工总平面的布置和管理，合理布置和安放施工期间现场所需的设备、材料等，并明确设备、材料等物资的需用量。曳引式电梯机房的设备布置如下图所示。安装驱动主机的承重梁采用钢板制作，承重梁制作安装完成，项目部自检合格后，即用混凝土浇筑固定。

商务楼机电工程为安装公司的年度重点工程，需参加建设单位组织的"绿色施工评价"。项目部按要求编制单位工程绿色施工评价资料，内容包括：反映绿色施工要求的图纸会审记录，施工组织设计的绿色施工章节和绿色施工要求；绿色施工技术交底和实施记录；单位工程绿色施工评价汇总表和总结报告；单位工程绿色施工相关方验收及确认表；反映绿色施工评价的照片和音像资料等。

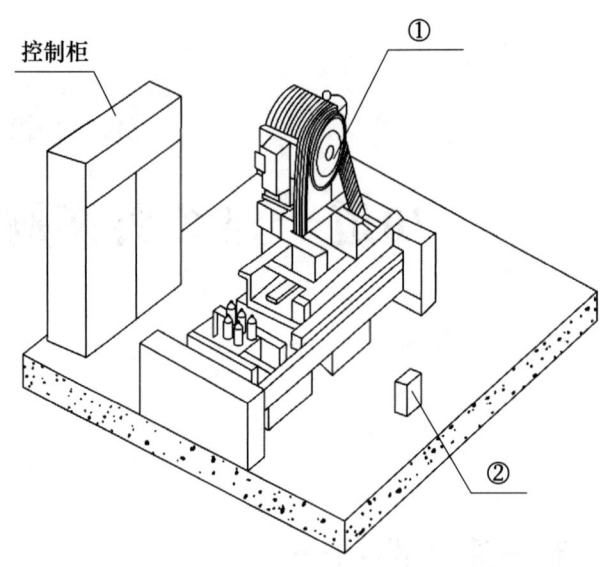

曳引式电梯机房设备布置示意图

问题1：施工总平面布置时需要确定哪些图纸？对施工现场所需要的设备、材料还需明确哪些内容？

【参考答案】

(1) 施工总平面布置时需要确定的图纸是施工现场区域规划图和施工总平面布置图。

(2) 对施工现场所需要的设备、材料还需明确：进场计划、运输方式、处置方法。

【分析思路及作答要求】

本题以常规问答题和补充问答题的形式考查了现场文明施工管理的基本要求。首先，作答本题第一问，要求考生记住两个图，其一是"区域规划图"、其二是"平面布置图"，即先有规划，再有布置。

其次，作答本题第二问，确定完图纸后，要对施工期间所需的设备、材料等进行合理布置，明确设备、材料等物资的需要量、进场计划、运输方式、处置方法，以体现文明施工的水平。考生可按以下逻辑强化记忆：有需求→有计划→要运输→要处理。

问题2：图中的①、②分别表示什么部件？除机房外，曳引式电梯还有哪些组成部分？

【参考答案】

(1) 图中的①表示曳引轮；②表示限速器。

(2) 除机房外，曳引式电梯的组成部分还有：井道、轿厢、层站。

【分析思路及作答要求】

本题以图表分析和补充问答题的形式考查了曳引式电梯的组成。作答本题的难点在于第一问，要求考生熟练掌握电梯机房的设备布置，曳引式电梯设备布置如下图所示。而作答本题第二问较为容易，考生只需结合自身乘坐电梯的客观现实进行回答即可，即上有机房，下有井道，中间由层站进入轿厢。

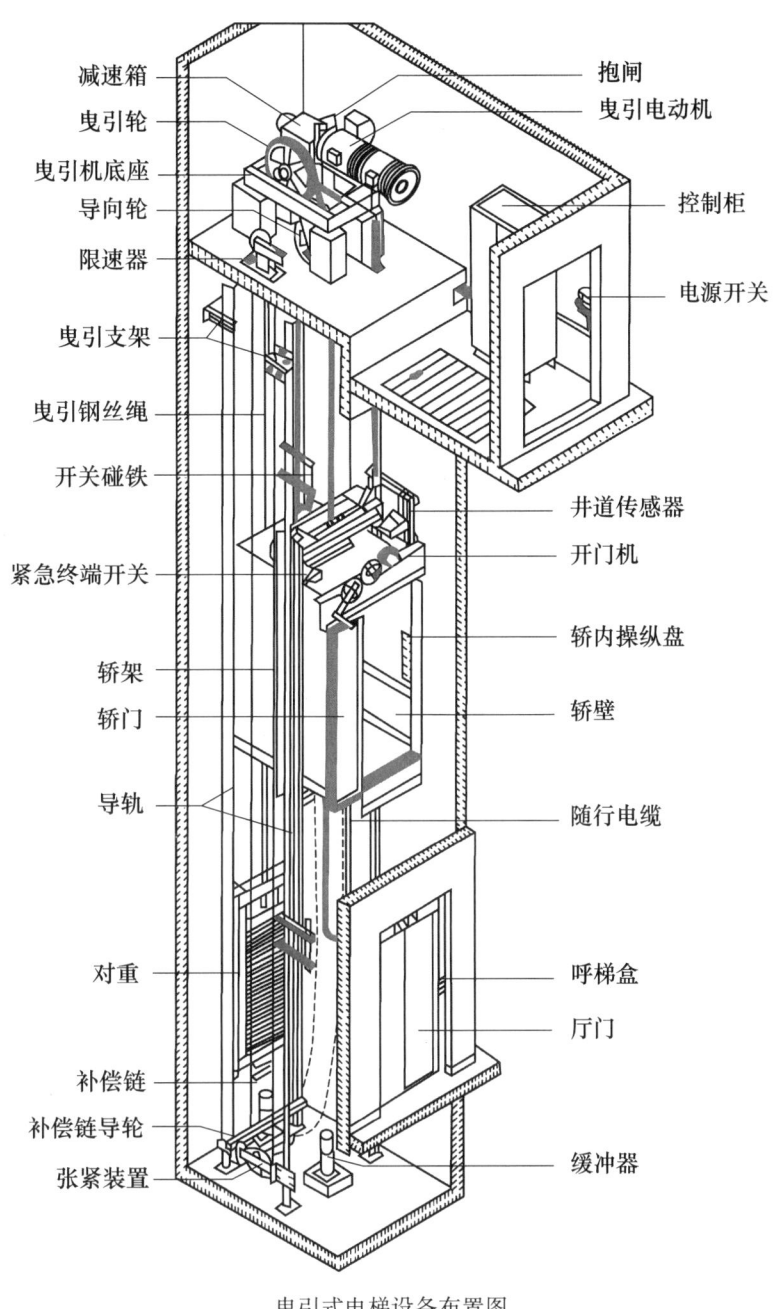

曳引式电梯设备布置图

问题3：制作驱动主机承重梁的钢板厚度最小是多少？项目部在承重梁浇筑固定前还应完成哪项工作？

【参考答案】

(1) 制作驱动主机承重梁的钢板最小厚度是20mm。

(2) 项目部在承重梁浇筑固定前还应完成自检并上报监理单位组织验收，验收合格后用混凝土浇筑固定。

【分析思路及作答要求】

本题以常规问答题的形式考查了曳引式电梯驱动主机的安装要求。根据相关要求，驱动主机承重梁应采用厚度不小于 20mm 的钢板制作，承重梁埋入建筑结构承重墙内的长度宜为 20~75mm。承重梁安装完毕后应自检，然后上报监理单位组织验收，验收合格后用混凝土浇筑固定。

作答本题的关键有两点，其一是"承重梁钢板厚度不小于 20mm"，其二是"上报监理单位组织验收"，答出以上两点即可得满分。

问题4：单位工程绿色施工评价应在什么时候提出申请？单位工程绿色施工评价资料中还需补充哪几个评价表？

【参考答案】

（1）单位工程绿色施工评价应在工程竣工前提出申请。

（2）单位工程绿色施工评价资料中还需补充：绿色施工要素评价表；绿色施工批次评价表；绿色施工阶段评价表；技术创新评价表。

【分析思路及作答要求】

本题以常规问答题和补充问答题的形式考查了绿色施工评价。绿色施工评价的考试频率非常高，除此之外，也曾在 2017 年和 2022 年考过相关的问题。根据《建筑与市政工程绿色施工评价标准》GB/T 50640—2023 第 9.1.1 条和第 9.2.1 条的相关规定：单位工程绿色施工评价应由建设单位组织，施工单位和监理单位参加，评价结果应由建设、监理和施工单位三方签认；单位工程绿色施工评价应由施工单位书面申请，在工程竣工前进行评价。

其次针对本题第二问，虽然知识点难度极大，但是作答难度较小，因为需要补充的评价表均为大家所熟知的内容，即要素评价→绿色施工要素评价表，批次评价→绿色施工批次评价表，阶段评价→绿色施工阶段评价表。

案例2　2024年一建案例题二

▶▶ 考情先知

（1）编制投标书要点和电子招标投标方法

（2）塔器设备的分段到货验收

（3）塔器设备的就位安装

（4）绝热层和保护层的施工技术要求

某天然气处理厂采用公开招标的方式选择施工承包商 A、B、C、D、E 五家公司通过资格预审，在电子招标投标交易平台进行投标。

A 公司技术标书的施工组织设计纲要中，主要描述了项目施工组织机构及主要成员情况，施工进度计划及保证措施，职业健康、安全、环境保证措施，主要施工装备配备计划，主要设备及专项施工方案编制。C 公司发送未经过加密的商务标书，被交易平台拒收。最终 B 公司中标。

丙烷制冷塔高度为 71m，分两段到货，现场组焊，整体吊装。塔体到达现场后，B 公司组织到货验收，检查了塔体分段处的圆度、坡口质量，筒体直线度和长度，筒体上接管中心方位和标高，裙座底板上的地脚螺栓孔中心圆直径、相邻两孔弦长偏差均符合要求。

塔体经组焊、压力试验后项目部编制了整体吊装专项方案，审批后进行技术、安全交底。塔体按设计要求吊装到位，见下图。在早上 9 点阳光斜照时，进行塔体垂直度调整：测点 1 与塔中心线的连线与测点 2 与塔中心线的连线成 60° 夹角。调整时风力 5 级，温度 26℃，调整工作被监理工程师叫停。后选择正确的时间、天气条件进行测量调整，塔体安装验收合格。

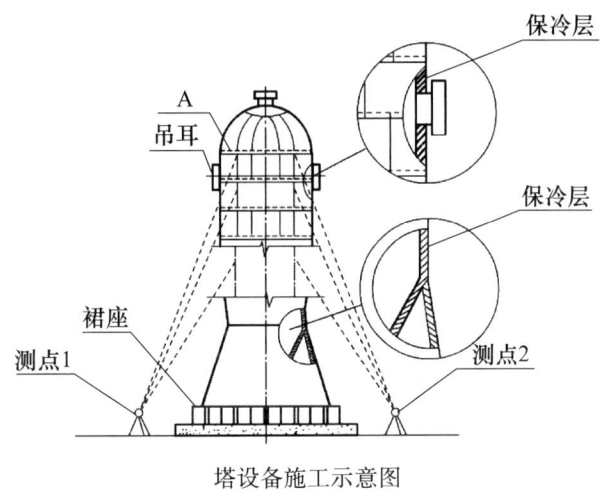

塔设备施工示意图

问题 1：A 公司编制的施工组织设计纲要遗漏了哪些重要部分？C 公司标书被拒收是否正确？

【参考答案】

（1）A 公司编制的施工组织设计纲要遗漏了以下内容：质量标准及其保证措施；突出方案在技术、工期、质量、安全保障等方面有创新，利于降低施工成本。

（2）C 公司标书被拒收正确。根据规定，投标人未按规定加密投标文件，电子招标投标交易平台应当拒收并提示。

【分析思路及作答要求】

本题以补充问答和判定题的形式考查了编制投标书要点和电子招标投标方法。首先，作答第一问的关键在于记忆，考生可按以下方法对施工组织设计纲要的编制内容进行记忆。

（1）施工组织机构及主要成员情况→组织机构。

（2）施工进度计划及保证措施→进度。

（3）质量标准及其保证措施→质量。

（4）职业健康、安全、环境保证措施→安全。

(5) 主要施工装备配备计划→资源。
(6) 主要设备及专业的施工方案编制→技术。
(7) 突出方案在技术、工期、质量、安全保障等方面有创新，利于降低施工成本→成本。

作答本题第二问，可直接根据背景资料进行总结即可，即必须要对投标文件进行加密，否则电子招标投标交易平台会拒收并提示。

问题2：塔体现场验收还应检查哪些项目？地脚螺栓孔中心圆直径允许偏差是多少？
【参考答案】
(1) 塔体现场验收还应检查的项目有：组装标记要清晰、塔体分段处的外圆周长偏差和端口不平度、裙座底板上的地脚螺栓孔任意两孔弦长允许偏差。
(2) 地脚螺栓孔中心圆直径允许偏差是2mm。
【分析思路及作答要求】
本题以补充问答和常规问答题的形式考查了塔器设备的分段到货验收。作答本题的关键在于记忆，考生可将塔器设备的分段验收视为对某个圆柱体进行的验收，除组装标记要清晰外，还应分别从筒体（直的）、塔体分段处（圆的）、裙座底板上的地脚螺栓孔等三个方面进行记忆，且与之有关的偏差均为2mm。
(1) 筒体的直线度、筒体长度，以及筒体上接管中心的方位和标高应符合规定。
(2) 塔体分段处的圆度、外圆周长偏差、端口不平度、坡口质量应符合规定。
(3) 裙座底板上的地脚螺栓孔中心圆直径允许偏差、相邻两孔弦长允许偏差、任意两孔弦长允许偏差均为2mm。

问题3：监理工程师叫停塔体垂直度调整是否正确？说明理由。
【参考答案】
(1) 监理工程师叫停塔体垂直度调整正确。
(2) 理由：首先，图中测点1与塔中心线的连线与测点2与塔中心线的连线应成90°角；其次，高度大于等于20m的塔，其垂直度的测量工作不应在一侧阳光照射或风力大于4级的条件下进行。
【分析思路及作答要求】
本题以判断改错题的形式考查了塔器设备的就位安装。作答本题主要是对背景资料所给信息进行判断改错，如"夹角60°""早上9点的阳光斜照""风力5级"等。又根据背景资料最后提示，选择正确的时间即不应在早晨阳光斜照时进行，选择合适的天气即不应在风力大于4级的条件下进行。

问题4：塔体就位调整后，还需要对塔体的哪些部位进行保冷施工？图中的A部位保护层应如何搭接？
【参考答案】
(1) 塔体就位调整后，除塔体本身外，还需要对塔体的以下部位进行保冷施工：裙座、支座、吊耳、仪表管座、支吊架等附件。

（2）上图中的 A 部位保护层应上搭下（顺水搭接）。

【分析思路及作答要求】

本题以补充问答和常规问答题的形式考查了绝热层和保护层的施工技术要求。首先，作答本题第一问，根据《工业设备及管道绝热工程施工规范》GB 50126—2008 第 5.1.10 条的规定：保冷设备及管道上的裙座、支座、吊耳、仪表管座、支吊架等附件，必须进行保冷，其保冷层长度不得小于保冷层厚度的 4 倍或敷设至垫块处，保冷层厚度应为邻近保冷层厚度的 1/2，但不得小于 40mm。设备裙座里外均应进行保冷。

实践证明，凡与保冷设备、管道相连的附件，如不进行保冷，均会结有白霜。这些白霜的形成是由于设备、管道壁面上的冷量通过串联的环节将冷量传递于附件部位。当传递温差逐渐减少，传递强度逐渐减弱，直至不结白霜，这段距离为保冷层厚度的 4 倍左右。如在这段距离内装有垫块，即用垫块绝热，故保至垫块处即可。

其次，作答本题第二问，根据《工业设备及管道绝热工程施工规范》GB 50126—2008 第 7.1.9 条的规定：垂直管道或设备金属保护层的敷设，应由下而上进行施工，接缝应上搭下。所谓上搭下，即顺水搭接，防止保护层表面出现积水时水流流入接缝内部。

案例 3　2024 年一建案例题三

▶▶ **考情先知**

（1）履带起重机的使用要求
（2）吊装参数表
（3）电气保护和接地装置的安装要求

A 安装公司承接一个山地风电安装项目，工程规模：9 台 5.6MW 风力发电机组（五段塔筒，轮毂中心高度 120m）安装。风力发电机组安装内容包括塔筒、机舱（单件吊装最大件）、叶轮及附属设备的安装与电气施工。

A 公司根据风机机型、机位平台大小、地形地貌、场内交通条件等综合考虑，风机吊装选用 800t 履带式起重机为主吊。采用标准风电臂工况，126m 主臂，12m 风电副臂，主副臂夹角 15°，转台配重 265t，中央配重 95t，250t 级吊钩。在履带下方铺设 2.2m×6.0m 路基箱。辅吊采用 300t、100t 全地面起重机各 1 台。

A 公司对土建施工单位移交的吊装平台验收合格后，进行履带起重机的安装。路基箱铺设见下图，被现场巡视的监理工程师叫停，要求整改。

机组吊装采用塔筒分段吊装，机舱整体吊装，轮毂、叶片地面组合后整体吊装的施工工艺，并计算了塔筒、机舱、轮毂、叶片吊装时的主吊各项参数。

施工用电为 2 台 50kW 柴油发电机组，采用三相五线 TN-S 接零保护系统供电，并设置了

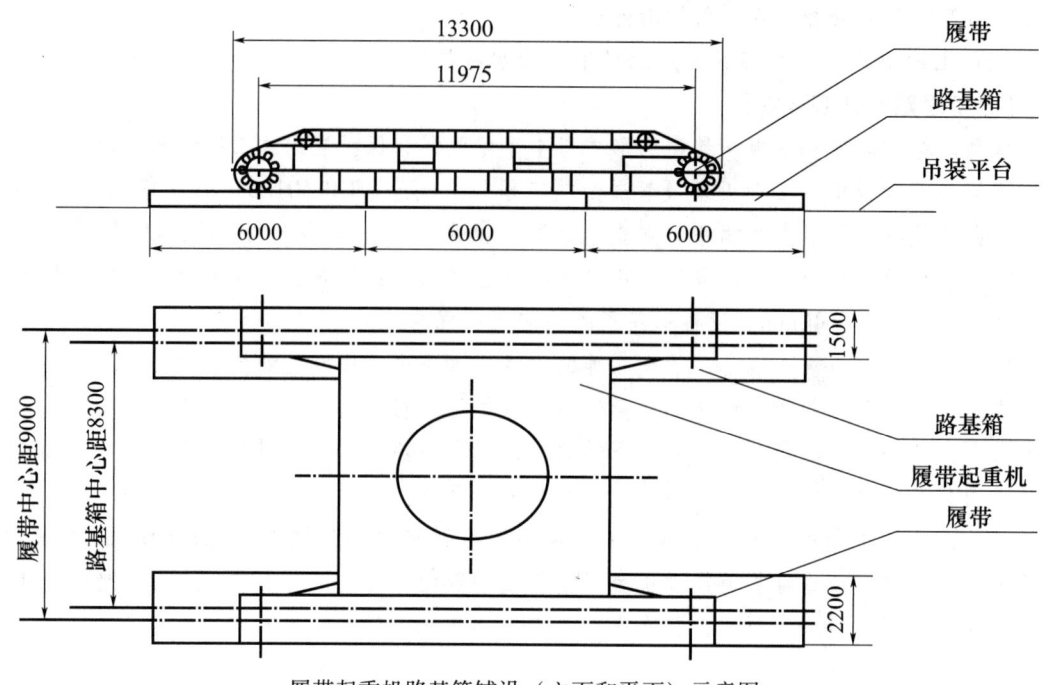

履带起重机路基箱铺设（立面和平面）示意图

断路器进行短路及过载保护，经验收后投入运行。吊装时的主吊和辅吊均进行电气接地保护。

问题1：图中的路基箱铺设存在哪些问题？单侧履带下方至少应铺设多少块路基箱？（超纲）

【参考答案】

（1）图中路基箱铺设存在的问题有：路基箱铺设的方向不对，应旋转90°铺设；路基箱铺设的数量不足。

（2）单侧履带下方至少应铺设7块路基箱。

【分析思路及作答要求】

本题以图表分析题的形式考查了履带起重机的使用要求。首先，作答本题第一问，之所以要将路基箱的铺设方向旋转90°，目的是保证履带下方有足够的面积支撑，从而保证安全且不易导致侧翻事故的发生；其次，由于该履带起重机的履带长度是13300mm，且每块路基箱的宽度是2200mm，因此单侧履带下方铺设路基箱的数量为 $13300 \div 2200 = 6.05$，取整数即7块。

问题2：风电机组中的机舱吊装前应计算哪些主要参数？

【参考答案】

风电机组中的机舱吊装前应计算：设备规格尺寸、设备总重量、吊装总重量、重心标高、吊点方位及标高等，还应计算吊装载荷、吊装计算载荷、最大幅度、最大起升高度。

【分析思路及作答要求】

本题以常规问答题的形式考查了吊装参数表。对于吊装方案编制内容中的吊装参数表的主要内容，其曾于2019年考过多选题，对此考生可从三个方面加以记忆，分别是尺寸、重量、标高。另外，为了使答案更贴合实际，考生可同时将上述起重机选用的基本参数等内容作为本题的附加答案。

问题3：柴油发电机组临时供电系统中还应设置哪些保护？其电源中性点的接地体宜采用哪种金属型材？（部分超纲）

【参考答案】

（1）柴油发电机组临时供电系统中除了短路保护和过载保护外，还应设置过电压保护、防雷保护、防静电保护、漏电保护、相序保护、逆功率保护、燃油油位保护等。（超纲）

（2）电源中性点的接地体宜采用镀锌型材或铜材。

【分析思路及作答要求】

本题以补充问答和常规问答题的形式考查了电气保护和接地装置的安装要求。首先，作答本题第一问，如上述参考答案，尽可能全面阐述电气保护的类别，该内容虽然难度不大，但可能容易忽略相序保护、逆功率保护、燃油油位保护等内容；其次，作答本题第二问，金属接地极应采用镀锌角钢、镀锌钢管、铜棒或铜排等金属材料制作而成，最主要的目的是防腐。

问题4：吊装时的起重机械为什么需要进行电气接地保护？其接地有哪些要求？（超纲）

【参考答案】

（1）起重机械由导电金属材料制成，首先容易造成触电事故，其次容易造成雷击事故，因此需要进行电气接地保护。

（2）吊装时对起重机械进行电气接地保护的要求有以下两项。

① 起重机械的外露可导电部分必须通过专门的接地线与接地体或接地干线连接，且接地电阻值不大于 4Ω。

② 起重机械不得相互串联接地，且不得与其他设备串联接地。

【分析思路及作答要求】

本题以常规问答题的形式考查了电气保护和接地装置的安装要求。首先，作答本题第一问，如上述参考答案，主要目的是防触电、防雷击；其次，作答本题第二问，主要应围绕着起重机械的接地进行回答，即主语应为起重机械，主要有两点要求，其一是必须要有专门的接地线，其二是不得串联接地。

案例4　2024年一建案例题四

▶▶ 考情先知

（1）施工技术交底的类型和内容

（2）净化空调系统风管的制作要求

（3）净化空调系统的施工程序和高效过滤器的安装要求

（4）净化空调系统的调试技术

（5）项目的低碳运行管理和碳排放的计算

背景资料

A公司承接某生物医药车间的机电工程项目,其中空调工程包含洁净度等级为N4的洁净室。开工前,组织了设计交底和图纸会审,将图纸中的质量隐患与问题消灭在施工之前。

A公司项目部编制净化空调系统施工方案(下表)报监理单位审批,监理工程师指出风系统施工流程中存在顺序错误、风管制作存在错误项、调试内容有缺少项等问题并退回,经项目部修改后通过审核。

净化空调系统施工方案表

项目序号	项目内容		技术方案
1	风系统施工流程		风管系统制作与安装→风机与净化空调机组安装→消声器等设备安装→高效过滤器安装→新风过滤器安装→风管与设备绝热→系统严密性检验→系统清理→系统调试检测
2	风管制作技术方案	a 风管尺寸	边长范围250~1250mm
		b 风管材料	采用镀锌层厚度为80g/m² 的镀锌钢板
		c 风管加工	铆钉孔的间距为60~80mm
		d 风管加固	边长大于900mm的风管,风管内设置分布均匀的加固筋
		e 风管连接	采用按扣式咬口连接
		f 风管清洗	风管制作完毕后,用无腐蚀性清洗液清洗干净
3	调试检测内容		风量测定调整、过滤器检漏、洁净度检测、温湿度检测、噪声检测

洁净室安装完工后,项目部检测人员进行洁净度检测(下图),被监理工程师制止,检测人员按规定重新进行了检测,通过验收。

洁净度检测现场示意图

项目竣工验收后，A公司负责生物医药车间的低碳运维管理工作，建立提高能源资源利用效率，减少碳排放的运行管理目标，依托碳排放监测平台对车间碳排放进行采集和统计，其中净化空调系统的碳排放计算中包含了冷源及热源能耗。第一年运行后统计数据，该车间碳排放量达到了目标。

问题1：本项目设计交底应由哪个单位组织？设计交底分哪几种？哪些单位必须要正确贯彻设计意图？

【参考答案】

（1）本项目设计交底应由建设单位组织。

（2）设计交底分为图纸设计交底和施工设计交底两种。

（3）施工单位和监理单位必须正确贯彻设计意图。

【分析思路及作答要求】

本题以常规问答题的形式考查了施工技术交底的类型和内容。

（1）图纸设计交底：由建设单位组织，施工和监理单位参加，勘察和设计单位对施工图纸内容进行交底。目的是使施工单位和监理单位正确贯彻设计意图，加深对设计文件的理解，掌握关键部位的质量要求，也为了减少图纸中的错误、遗漏、矛盾等，将图纸中的质量隐患与问题消除在施工前。

（2）施工设计交底：由施工总承包单位组织，分包单位和劳务班组参加，总承包单位对施工图纸和施工内容进行交底，目的是使施工人员了解工程特点、技术质量要求、施工方法与措施，避免技术质量事故。

综上所述，结合背景资料，本工程在开工前，A公司组织了设计交底和图纸会审，将图纸中的质量隐患与问题消灭在施工前，属于设计图纸交底，因此应由建设单位组织，使施工单位和监理单位正确贯彻设计意图。

问题2：表中的净化空调系统风管制作技术方案中存在几个错误项？写出错误项整改后的规范要求。

【参考答案】

（1）表中的净化空调系统风管制作技术方案中存在3个错误项。

（2）错误项整改后的规范要求有以下几项。

① 风管材料：采用镀锌钢板，镀锌层厚度不应小于$100g/m^2$。

② 风管加固：风管内不得设有加固框或加固筋。

③ 风管连接：洁净度等级为N1～N5级净化空调系统的风管，不得采用按扣式咬口连接。

【分析思路及作答要求】

本题以判断改错题的形式考查了净化空调系统风管的制作要求。首先，作答本题及后续题目必须明确一个前提，即该工程为生物医药车间，洁净室的洁净度等级为N4。

针对风管制作技术方案，上表中共有三个错误项，如上述参考答案。另外，上表中风管尺寸无要求，风管清洗符合规范要求。风管加工的铆钉孔间距正确，且根据《通风与空调工程施工质量验收规范》GB 50243—2016第4.2.7条第4款的规定：当空气洁净度等级为

N1～N5级时，风管法兰的螺栓及铆钉孔的间距不应大于80mm，当空气洁净度等级为N6～N9级时，不应大于120mm。不得采用抽芯铆钉。

问题3：表中的风系统施工流程中存在哪几个顺序错误？新风过滤器安装后应空吹多长时间？

【参考答案】

（1）高效过滤器与新风过滤器的安装顺序错误，风管设备绝热与系统严密性检验的施工顺序错误。

（2）新风过滤器安装后应空吹12～24h。

【分析思路及作答要求】

本题以判断改错和常规问答题的形式考查了净化空调系统的施工程序和高效过滤器的安装要求。

首先，高效过滤器通常安装在空气净化系统的末端，与其他末端设备，如层流罩、风机过滤器单元等一起使用，确保空气净化效果。因此，在高效过滤器安装前，洁净室的内装修工程必须全部完成，系统中末端过滤器前的所有空气过滤器安装完毕，且经全面清扫擦拭，空吹12～24h。

其次，应先进行系统严密性检验，后进行风管设备绝热，否则会导致严密性检验不能正常进行，需要将绝热工程拆除后才能进行严密性检验，造成了不必要的返工，安装好的绝热层也会遭到破坏。

问题4：图中存在哪些不符合规定的情况？表中的调试内容还缺少哪些检测项目？

【参考答案】

（1）洁净室洁净度的检测应在空态或静态下进行，因此图中有运行中的生产设备不符合规定；室内检测人员不宜多于三人，因此图中人数不符合规定；检测人员应穿着与洁净室等级相适应的洁净工作服，因此图中有人着装不符合规定；检测时生产人员不得进入洁净室。

（2）表中调试内容还缺少的检测项目有：风速和换气次数、含菌量和压差。

【分析思路及作答要求】

本题以图表分析和补充问答题的形式考查了净化空调系统的调试技术。首先，作答本题第一问，根据《通风与空调工程施工质量验收规范》GB 50243—2016第11.1.6条的规定：净化空调系统运行前，应在回风、新风的吸入口处和粗、中效过滤器前设置临时无纺布过滤器。净化空调系统的检测和调整应在系统正常运行24h及以上，达到稳定后进行。工程竣工洁净室（区）洁净度的检测应在空态或静态下进行。检测时，室内人员不宜多于3人，并应穿着与洁净室等级相适应的洁净工作服。

其次，作答本题第二问，结合表中所给调试内容进行补充作答，由表中的风量测定调整可知还应有风速和换气次数的检测。除此之外，本工程为生物医药车间，对于生物洁净室，含菌量和压差还是其主要的控制参数。

问题 5：A 公司运维管理人员应如何进行低碳运行管理？净化空调系统的碳排放计算还应包括哪些能耗？

【参考答案】

（1）A 公司运维管理人员应掌握系统的实际能耗状况，接受相关部门的能源审计。定期调查能耗分布状况，分析节能潜力，并提出节能运行和改造建议。

（2）净化空调系统的碳排放计算还应包括输配系统能耗、末端空气处理设备能耗。

【分析思路及作答要求】

本题以常规问答和补充问答题的形式考查了项目的低碳运行管理和碳排放的计算。首先针对本题第一问，考生可按以下逻辑强化记忆：掌握能耗→接受审计→调查能耗→分析潜力→提出建议。

其次针对本题第二问，建筑物碳排放计算应根据不同需求按阶段进行，如建筑材料生产及运输、建造及拆除、建筑物运行三个阶段。建筑运行阶段碳排放计算范围应包括暖通空调、生活热水、照明电梯、可再生能源、建筑碳汇系统等的碳排放量。暖通空调系统能耗应包括冷源能耗、热源能耗、输配系统能耗、末端空气处理设备能耗。

案例 5　2024 年一建案例题五

▶▶ 考情先知

（1）施工企业资质和轧机的分类
（2）施工分包合同
（3）轧机主机设备的安装要求和机械设备典型零部件的安装要求
（4）轧机主机设备的试运行和试运行前的准备工作

背 景 资 料

某钢厂建设一个年产 100 万 t 的板材轧机工程项目，通过招标，具有冶金施工总承包一级资质的 A 公司中标，A 公司近几年安装过多种类型的轧机设备，轧机工程施工业绩较好。项目主要内容：土建基础施工，厂房钢结构安装，车间 300t 双梁桥式起重机安装，轧机设备安装、调试及试运行等。

A 公司考虑项目施工进度和质量要求，在征得建设单位同意后，将土建基础施工分包给 B 公司，车间 300t 双梁桥式起重机安装分包给 C 公司。分包合同中明确分包单位的任务、责任及相应的权利等。A 公司指派专人对分包公司进行施工管理，使土建基础施工和桥式起重机安装按合同要求完工。

轧机安装前，A 公司对施工人员进行施工技术交底，轧机设备基础验收合格，确定中心标板和基准点位置，设立永久基准线和基准点，并在设备基础周边埋设沉降观测点。使用已验收合格的桥式起重机进行轧机设备吊装，轧机底座、机架安装后检查精度达到设计要求。

机架安装固定后，以轧机机列中心线、轧机底座标高为基准，进行轧辊装置、传动装置、工作辊等部件的安装与调整。在传动装置（下图）安装后的检查中，测量复核传动电机的水平度,用百分表和专用工具测量联轴器的径向和轴向偏差。检查齿轮座时,发现齿轮啮合间隙不符合规范要求,经重新调整后,传动装置验收合格。

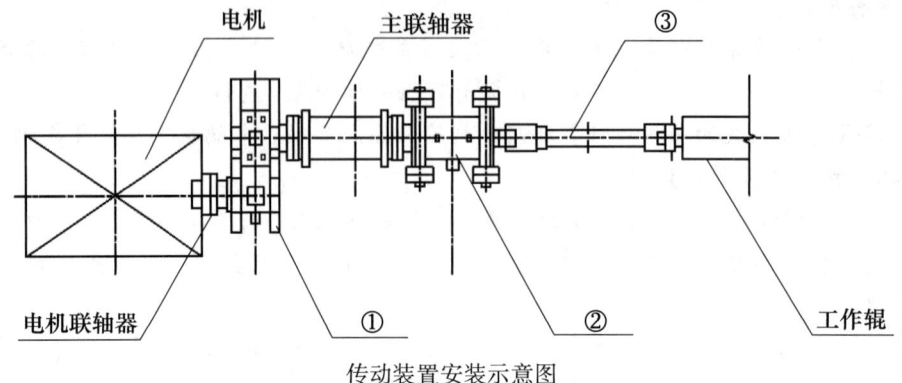

传动装置安装示意图

轧机设备安装后,A公司在组织、技术、物资三个方面进行试运行准备。单机试运行时,主传动电机、传动装置等部件分别空载试运行0.5h,轧机按额定转速的25%、50%、75%、100%分别试运行2h,且高、低速往返运行5次,设备轴承温度正常。单机试运行后,由建设单位组织实施联动试运行和负荷试运行。

问题1:A公司在近几年应承担过年产多少万t以上的轧钢工程施工总承包?轧辊在机座中的布置形式有哪几种?

【参考答案】

(1) A公司在近几年应承担过年产80万t以上的轧钢工程施工总承包。

(2) 轧辊在机座中的布置形式有:水平布置、立式布置、水平和立式布置、倾斜布置、其他布置形式。

【分析思路及作答要求】

本题以常规问答题的形式考查了施工企业资质和轧机的分类。首先,作答本题第一问,由背景资料可知,A公司具有冶金施工总承包一级资质,因此需要A公司在近几年承担过年产80万吨以上的轧钢工程施工总承包,才能取得上述资质。作答本题难度极大,但是分值占比较低,约为1分。

其次,作答本题第二问,主要考查的是轧机的分类,轧机按轧辊在机座中的布置形式可分为:具有水平轧辊的轧机、具有立式轧辊的轧机、具有水平轧辊和立式轧辊的轧机、具有倾斜布置轧辊的轧机,以及其他轧机五种形式。本题难度虽小,但分值较高,约为5分。

问题2:A公司在项目分包时还应考虑哪些因素?签订分包合同时可采用哪个示范文本?

【参考答案】

(1) A公司在项目分包时还应考虑的因素有以下两项。

① 主体工程不得分包,分包单位必须具备相应的企业资质等级以及相应的技术资格。

② 分包合同条款应写得明确具体,避免含糊不清,也要避免与总承包合同中的业主发

生直接关系，以免责任不清。应严格规定分包单位不得把工程转包给其他单位。

（2）签订分包合同时可采用《建设工程施工专业分包合同（示范文本）》。

【分析思路及作答要求】

本题以补充问答和常规问答题的形式考查了施工分包合同。首先，机电工程总承包单位进行项目分包时应考虑的因素可从以下四个方面进行阐述。

（1）是否可以分包，分包单位需要取得什么资质。

（2）为了避免违约，是否需要指派专人进行管理。

（3）合同内容是否需要明确规定分包单位的任务、责任及相应的权利。

（4）合同条款是否需要写得明确具体，分包工程是否可以转包。

其次，本工程中的土建基础施工分包和车间300t双梁桥式起重机安装分包均属于专业分包，针对分包合同示范文本的对应关系，要求如下。

（1）专业分包应采用《建设工程施工专业分包合同（示范文本）》。

（2）劳务分包应采用《建设工程施工劳务分包合同（示范文本）》。

问题3：轧机机架安装精度调整是以哪个观测为依据？安装精度应达到哪个等级？机架地脚螺栓的紧固通常采用哪种方法？

【参考答案】

（1）轧机机架安装精度调整是以基础沉降观测为依据。

（2）轧机机架安装精度应达到Ⅰ级。

（3）轧机机架地脚螺栓的紧固通常采用液压螺母拉伸法。

【分析思路及作答要求】

本题以常规问答题的形式考查了轧机主机设备的安装要求。

（1）轧机机架的精调是以基础沉降观测为依据。如果基础沉降均匀，各部安装精度检查均在标准内，则无需进行精调，直接二次灌浆；如果基础沉降不均匀，产生较大的偏沉，安装精度在重要项目上达不到技术要求，则应待基础沉降稳定后进行精调。

（2）安装精度应达到Ⅰ级的主要是各种板材、带材、管材、线材、棒材、型材等轧机；安装精度应达到Ⅱ级的有开坯机（坯）、钢坯轧机（坯）、穿孔机（孔）、焊管轧机（焊）。本工程为板材轧机工程项目，因此其安装精度应达到Ⅰ级。

（3）液压螺母拉伸法，是将螺栓紧固力矩值转换为相应的液压值，使紧固力达到设计要求。

问题4：电机水平度的测量复核应以哪个部位为测量面？联轴器转动测量时应记录几个位置的径向和轴向位移值？A公司对图中的①、②、③哪个部件进行了重新调整？检查齿轮的啮合间隙可采用哪种方法？

【参考答案】

（1）电机水平度的测量复核应以转子轴颈为测量面。

（2）联轴器转动测量时应记录5个位置的径向和轴向位移值。

（3）A公司对图中的部件②进行了重新调整。

（4）检查齿轮的啮合间隙可采用压铅法。

【分析思路及作答要求】

本题以常规问答和图表分析题的形式考查了轧机主机设备的安装要求和机械设备典型零部件的安装要求。

首先第一问,之所以是以"转子轴颈"为测量面,是因为轴颈的特点,轴颈一般是轴上用来安装轴承的地方,是指轴上同一直径的一段轴或直径不等但形成的外圆表面是均匀连续的圆柱面,外圆表面是均匀连续的,没有轴肩或凹槽断开,以此测量水平度更加准确。

其次第二问,之所以记录"5个位置"的测量值,是因为联轴器转动测量时,除了初始位置外,一圈360°,每转90°测量一次。

再次第三问,之所以是对"部件②"进行重新调整,是因为背景资料中已明确"检查齿轮座时,发现齿轮啮合间隙不符合规范要求",因此需要对部件②所示的齿轮座进行调整。部件①为减速机,部件③为主传动装置与工作辊之间的接轴。

最后第四问,之所以采用"压铅法"检查,是因为可以通过测量铅丝被压扁的程度来测量齿轮啮合间隙的大小。

问题5:轧机设备单机试运行是否合格?试运行前的技术准备工作有哪些内容?

【参考答案】

(1)轧机设备单机试运行合格。

(2)试运行的技术准备工作包括确认可以试运行的条件、编制试运行总体计划和进度计划,制定试运行技术方案,确定试运行合格评价标准。

【分析思路及作答要求】

本题以判断改错和常规问答题的形式考查了轧机主机设备的试运行和试运行前的准备工作。首先,作答本题第一问,只需要对背景资料所给信息进行判断修正即可。根据规定,背景资料中的空载运行时间0.5h、按不同额定转速的运行时间2h、往返运行次数5次等均符合最低标准的要求,因此本工程轧机设备单机试运行合格。

其次,作答本题第二问,试运行的准备有组织准备、技术准备、物资准备,其中对技术准备进行记忆是难点。考生可从以下四个方面进行阐述:确认条件、确定标准、编制计划、制定方案。

案例6 2023年一建案例题一

▶▶ **考情先知**

(1)设备采购合格供货商的选择和设备采购文件的组成
(2)室内给水管道施工技术要求
(3)水泵安装技术要求
(4)气体灭火系统的组成和工程保修

背景资料

安装公司承包一商业综合办公楼机电工程,承包内容包括通风空调工程、建筑给水排水及供暖工程、建筑电气工程和消防工程等,工程设备均由安装公司采购。安装公司编制了采购文件和采购计划,对供货商供货能力和地理位置进行了调查。签订设备采购合同后,对设备进行催交、检验,保证了工程进度和施工质量。

安装公司在给水排水和通风空调的检查中,对存在的问题进行了以下整改。

(1) 建筑给水排水工程中,给水管道直接紧贴建筑物预留孔的上部穿越抗震缝。

(2) 通风空调工程的水泵设计为整体安装,安装后测得水泵的纵向水平偏差为0.2‰,横向水平偏差为0.2‰;水泵与电机采用联轴器连接,联轴器两轴芯的轴向倾斜为0.2‰,径向位移为0.1mm。

商务楼计算机房的消防采用七氟丙烷自动灭火系统,其灭火系统构成如下图所示。在系统调试合格后,安装公司对系统设备、阀门等设置了标识,便于运维人员的管理操作。竣工验收时,提交了工程质量保修书及其他文件。

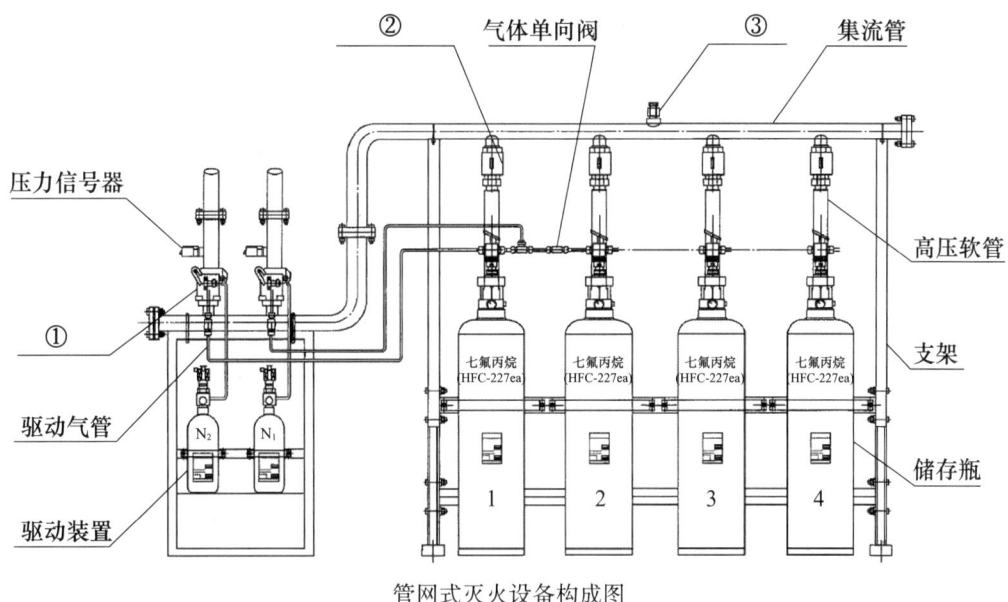

管网式灭火设备构成图

问题1:设备采购中,应调查供货商的哪些能力?设备采购文件由哪几个文件组成?

【参考答案】

(1) 设备采购中,应调查供货商的技术水平、生产能力、生产周期。

(2) 设备采购文件由设备采购技术文件和设备采购商务文件组成。

【分析思路及作答要求】

本题以常规问答题的形式考查了设备采购合格供货商的选择和设备采购文件的组成。针对供货商能力方面的调查,主要目的是要保证供货商所供设备质量合格且能按时交货不影响工期,因此调查的内容主要是技术水平、生产能力和生产周期;针对设备采购文件的组成,只需要回答出技术文件和商务文件即可,无需再对技术文件和商务文件所包括的具体文件内容进行赘述。

问题 2：给水管道在穿越抗震缝时应如何整改？

【参考答案】

当给水管道必须穿越抗震缝时，宜靠近建筑物的下部穿越，且应在抗震缝两边各装一个柔性管接头或在通过抗震缝处安装门形弯头或设置伸缩节。

【分析思路及作答要求】

本题以判断改错题的形式考查了给水管道施工技术要求中管道穿越建筑物抗震缝的做法。根据《建筑机电工程抗震设计规范》GB 50981—2014，第4.1.2条第4款的规定：管道不应穿过抗震缝。当给水管道必须穿越抗震缝时宜靠近建筑物的下部穿越，且应在抗震缝两边各装一个柔性管接头或在通过抗震缝处安装门形弯头或设置伸缩节。

因此，本题的答题关键有两点，第一点是围绕背景资料作答，给水管道不应紧贴建筑物预留孔的上部穿越抗震缝，应靠近建筑物的下部穿越，第二点是要安装柔性接头或门型弯头或伸缩节等补偿装置。因此本题若想得满分，以上两点缺一不可。

问题 3：水泵有哪几项检测数据不符合规范要求？正确的规范要求是什么？

【参考答案】

（1）水泵的纵向水平偏差为0.2‰，不符合规范要求。正确的规范要求是，整体安装的水泵的纵向水平偏差不应大于0.1‰。

（2）水泵与电机采用联轴器连接，泵轴径向位移为0.1mm，不符合规范要求。正确的规范要求是，泵轴径向位移不应大于0.05mm。

【分析思路及作答要求】

本题以判断改错题的形式考查了水泵安装的偏差要求。根据规范要求，整体安装的水泵的纵横向水平偏差分别不应大于0.1‰和0.2‰，水泵与电机采用联轴器连接时，联轴器两轴芯的轴向倾斜和径向位移分别不应大于0.2‰和0.05mm。因此，结合背景资料给出的4个数字，其中有2个不符合要求，分别是水泵的纵向水平偏差0.2‰和联轴器两轴芯的径向位移0.1mm，不符合要求，正确的规范要求应为分别不大于0.1‰和0.05mm。要特别注意，本题不可多答，多答会被扣分。

问题 4：上图中的①、②、③应分别选用哪种阀门？阀门的保修期限是多少？从哪一天开始计算？

【参考答案】

（1）①为选择阀，②为液流单向阀（液体单向阀），③为安全阀。

（2）阀门的保修期限为2年。

（3）保修期自竣工验收合格之日起计算。

【分析思路及作答要求】

本题以图表分析和常规问答题的形式考查了气体灭火系统的组成和工程保修。作答本题的关键在于熟悉气体灭火系统的工作原理，即当防护区发生火灾时会产生大量烟雾或者高温，从而使感烟、感温探测器探测到火灾信号。探测器将火灾信号转变为电信号传送到灭火报警控制器，控制器一方面发出声光报警信号报警，另一方面经逻辑判断后，启动联动装置。经过一段时间延时后,发出系统启动信号,启动驱动气体瓶组上的电磁阀释放驱动气体,打开通向发生火灾的防护区的选择阀,打开灭火剂瓶组的容器阀。

各瓶组的灭火剂经连接管汇集到集流管,通过选择阀到达安装在防护区内的喷头进行喷放灭火,同时安装在管道上的信号反馈装置动作,将信号传送到控制器,由控制器启动防护区外的气体释放警示灯和警铃。另外,通过压力开关监测系统是否正常工作,若启动指令发出,而压力开关的信号未反馈,则说明系统存在故障,值班人员应听到报警后尽快到储瓶间,手动开启储存容器上的容器阀,实施人工启动灭火。下图为气体灭火系统工作原理图。

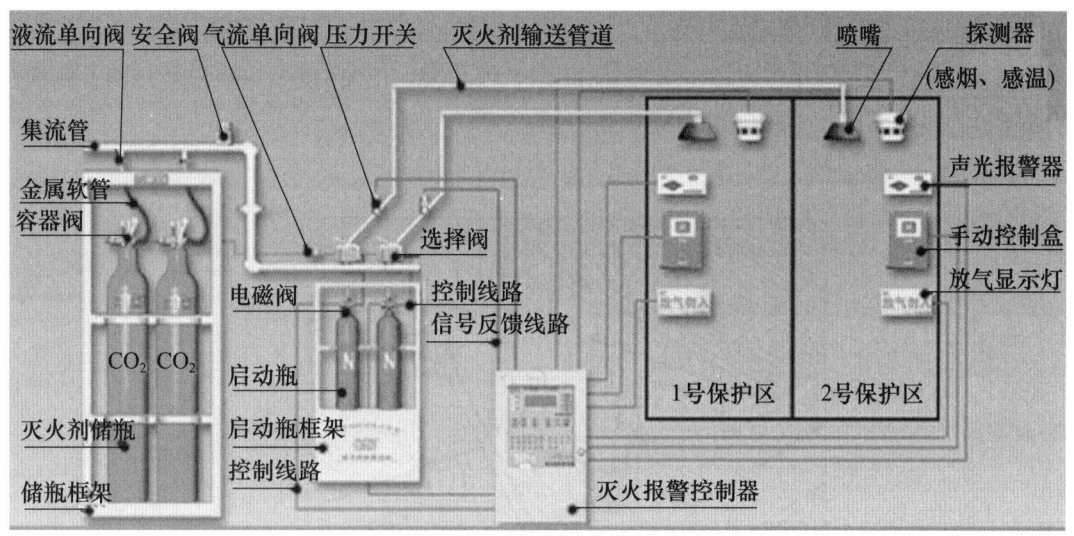

气体灭火系统工作原理图

案例7 2023年一建案例题二

▶▶ 考情先知

（1）设备基础施工质量的验收内容及要求
（2）机械设备典型零部件的安装要求
（3）管道工程施工技术要求
（4）施工现场危险源的识别

背景资料

某公司中标石化厂柴油加氢装置施工承包项目,其中加氢压缩机2台,为对置式活塞机组,散件到货,现场清洗组装。机组安装采用联合基础,压缩机曲轴箱采用预埋活动地脚螺栓锚板的方式,减速箱和电动机的地脚螺栓采用预留孔方式。

在设备安装前，安装队查验了压缩机机组的基础，主要检查项目：基础的坐标位置，不同平面的标高，平面外形尺寸，凸台上平面外形尺寸，预埋活动地脚螺栓锚板的标高，预留地脚螺栓孔的中心线位置。质量工程师检查时，发现有重要项目未查，要求安装队补充完善。

压缩机曲轴箱找平找正后，安装厚壁滑动轴瓦，用涂红丹的方式检查了瓦背与轴承座孔的接触情况；将清洗干净的曲轴轴颈涂上红丹，就位在下轴瓦上；扣盖上轴瓦，在未拧紧螺栓时，检查上下轴瓦接合面。

曲轴箱固定后，以曲轴箱为基准，安装盘车器、减速箱、电动机等。设备找正固定后，开始配管工作。安装工程师就设备配管进行了专项技术交底，强调了法兰密封面检查、无应力配管的监测方法。

在定期的安全培训中，安全工程师将本项目中出现的几种违反安全规定的情况，画成施工现场示意图见下图，要求施工人员对照识别。

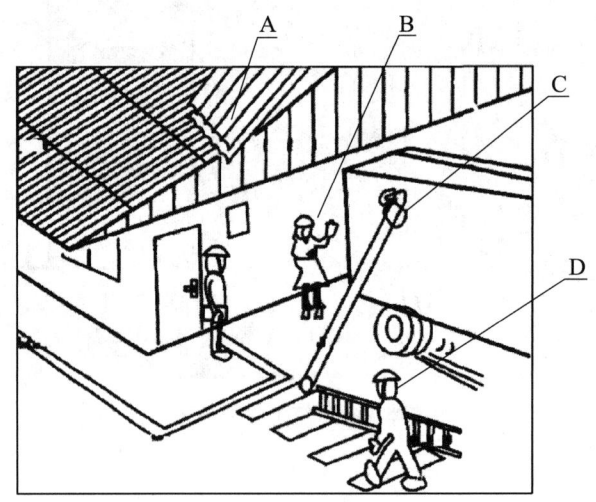

几种违反安全规定的情况画成施工现场示意图

问题1：安装队还需补充检查压缩机机组基础的哪些重要项目？
【参考答案】
安装队还需补充检查压缩机机组基础的内容有：预埋活动地脚螺栓锚板的中心线位置；预留地脚螺栓孔的深度和孔壁垂直度；凹槽尺寸、平面的水平度、基础的垂直度。

【分析思路及作答要求】
本题以补充问答题的形式考查了设备基础施工质量的验收内容及要求。首先，由第一段背景资料可知，对设备基础的验收应围绕着联合基础、预埋活动地脚螺栓锚板、预留地脚螺栓孔等三个方面进行；其次，由第二段背景资料可知，针对联合基础尺寸位置信息的检查还应补充的是凹槽尺寸，以及基础的水平度和垂直度，针对预埋活动地脚螺栓锚板的检查还应补充的是中心线位置，针对预留地脚螺栓孔的检查还应补充的是深度和孔壁垂直度。以上内容为本题必答，缺项漏项不能得满分。

问题2：检查轴瓦内孔与轴颈时，哪项内容应符合随机文件的规定？应使用何种工具检查上下轴瓦的接合面？接合面的合格标准是什么？

【参考答案】

（1）检查轴瓦内孔与轴颈时，轴瓦内孔与轴径的接触点数，应符合随机文件的规定。

（2）针对厚壁滑动轴瓦，应用0.05mm塞尺检查上下轴瓦的接合面。

（3）接合面的合格标准是：在未拧紧螺栓时，用0.05mm塞尺从外侧检查上下轴瓦接合面，任何部位塞入深度应不大于接合面宽度的1/3。

【分析思路及作答要求】

本题以常规问答题的形式考查了滑动轴承的装配要求。首先，根据规范要求，滑动轴承安装时，以下三方面要符合要求，即瓦背与轴承座孔的接触情况、上下轴瓦中分面的接合情况、轴瓦内孔与轴颈的接触点数；其次，根据背景资料可知，该滑动轴承的轴瓦为厚壁轴瓦，因此在对其上下轴瓦中分面的接合情况进行检查时，应是在未拧紧螺栓时，用0.05mm的塞尺从外侧检查，合格标准是任何部位塞入深度应不大于接合面宽度的1/3。作答本题应注意，直接正面回答问题即可，不必展开论述，答案正确方能得分。

问题3：法兰安装时的密封面不得有哪些缺陷？设备与管道法兰连接时应检验法兰的哪两个参数？应用什么测量工具在何处监测机组的位移情况？

【参考答案】

（1）法兰安装时的密封面不得有划痕、斑点等缺陷。

（2）设备与管道法兰连接时，应检验法兰的平行度和同轴度。

（3）应用百分表在联轴器上监测机组的位移情况。

【分析思路及作答要求】

本题以常规问答题的形式考查了管道工程施工技术要求。管道采用法兰连接，要保证良好的密封性能，因此法兰密封面和密封垫片均不能有损伤，且不能有老化现象，围绕这两个方面，重点检查的是划痕和斑点两种缺陷；设备和管道采用法兰连接时，法兰连接应与钢制管道同心，以保证螺栓能够自由穿入，因此应检验的是法兰的平行度和同轴度。

百分表是将被测尺寸引起的测杆微小直线位移，变为指针在刻度盘上转动的角位移，从而读出被测尺寸的大小，其圆形表盘上印有100个等分刻度，每一分度值相当于量杆移动0.01mm，主要用于形状误差和位置误差，以及微小位移的长度测量。作答本题应注意，直接正面回答问题即可，不必展开论述，答案正确方能得分。

问题4：指出图中A、B、C、D各点分别存在哪些安全隐患？

【参考答案】

图中A、B、C、D各点存在的安全隐患包括以下几项。

A点：高处物品未固定，存在高空坠物的隐患。

B点：未按规定穿着防护服容易造成人身伤害（头发不应在帽子外面、不应穿裙子、不应穿高跟鞋）；站在机器作业区域后方指挥倒车站位容易造成人员伤亡；存在机械伤害的隐患。

C点：吊装作业不规范、单点吊装、钢丝绳断脱、构件受力后引起滑脱，存在物体打击的隐患。

D点：作业半径未设置警戒线、未设立安全警示牌、工人在吊装作业区随意走动，存在人身伤害的隐患。

【分析思路及作答要求】

本题以图表分析题的形式考查了施工现场危险源的辨识。施工安全重大危险源的主要类型包括：高空作业→高空坠落；机械作业→机械伤害；吊装作业→吊装伤害；交叉作业→物体打击；临时用电→触电；动火作业→火灾；电气焊作业→火灾爆炸；密闭容器内作业→中毒、窒息；脚手架搭设作业、深基坑作业→倒塌、坍塌；其他作业→滑倒、失稳等。作答本题需注意，考生回答此问题可以从多角度多方面展开论述并进行分析，从而确保所给答案全面准确，尽可能多得分。

案例8　2023年一建案例题三

▶▶ **考情先知**

（1）施工方案的技术经济比较
（2）工业管道压力试验
（3）发电机转子安装技术要求
（4）竣工验收工程移交的要求

安装公司中标某工业厂房机电安装工程，合同内容包含电气工程、管道工程、通风空调工程、设备安装及配套发电工程等所有机电安装，合同还约定了其相应的系统性能考核。

安装公司进场后，编制专项工程的各种可行性施工方案，根据方案的一次性投资总额、产值贡献率、对工程进度和费用的影响程度进行了经济合理性比较，按最优的方式确定了施工方案。

某管道系统在设计温度时的试验压力为3MPa；在常温试压时，试验温度与设计温度下的管材许用应力比值为6.5。安装公司在进行该系统压力试验时，设置了常温下临时压力试验系统，如下图所示。

安装公司在对发电机转子进行单独气密性试验时，检查转子的重点部位无泄漏，并会同有关人员进行最后清扫，查无杂物。确认了转子机务、电气仪表安装已经完成，将转子吊装到位，用专用工具穿装。监理工程师发现后制止，认为有工序未完不能穿装。安装公司整改后穿装工作完成。

安装公司按试运行方案，联合试运行合格后，向建设单位递交了工程交接证书，要求建设单位接收。建设单位认为该工程没有生产正式产品，未达到移交条件为由，拒绝接收。

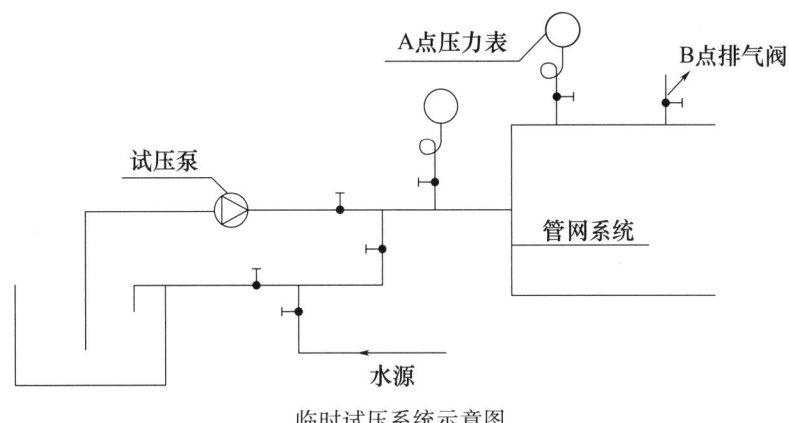

临时试压系统示意图

问题1：施工方案进行经济合理性比较时还应考虑哪些方面？

【参考答案】

施工方案进行经济合理性比较时还应考虑：资金时间价值；对环境影响的程度；综合性价比。

【分析思路及作答要求】

本题以补充问答题的形式考查了施工方案的技术经济比较。施工方案的技术经济比较包括技术先进性、经济合理性、重要性，其中经济合理性比较包括：各方案的一次性投资总额、资金的时间价值、产值贡献率、对环境的影响、对进度的影响、对费用的影响、综合性价比。作答本题应注意，背景资料中已给定的内容无需在答案中再次体现，只需要把所缺内容回答完整即可。

问题2：图中的A点和B点应设置在管网系统的何处位置？计算该管道系统试压时的试验压力。

【参考答案】

(1) A点压力表应设置在始端（第一个阀门之后）和系统末端最高点（排气阀处）。

(2) B点排气阀应设置在管道系统的最高点。

(3) 根据背景资料可知，该管道系统在设计温度时的试验压力为3.0MPa，因此其设计工作压力为3.0÷1.5＝2.0MPa。根据管道压力试验要求，当管道的设计温度高于试验温度时，管道的试验压力 $P_T=1.5P[\sigma]_T/[\sigma]^t$，因此该管道系统压力试验时的试验压力 $P_T=1.5P[\sigma]_T/[\sigma]^t=1.5×2.0×6.5=19.5$ MPa。

【分析思路及作答要求】

本题以图表分析和分析计算题的形式考查了管道压力试验时压力表和排气阀的设置，以及试验压力的计算。针对压力表的设置，根据规范要求，应至少设置2块压力表，1块位于系统始端最低点，1块位于系统末端最高点，且以系统末端最高点压力为准进行压力试验。针对排气阀的设置，低点排水高点排气，因此排气阀应设置在系统末端最高点。

针对系统试验压力的计算，管道的设计温度高于试验温度时，由于设计温度下材料的许用应力低于试验温度下材料的许用应力，因此在确定试验压力时应予以补偿，补偿系数为

$[\sigma]_T/[\sigma]'$。《工业金属管道工程施工规范》GB 50235—2010 第 8.6.4 条第 5 款给出了试验压力的换算公式，即试验压力 $P_T=1.5P[\sigma]_T/[\sigma]'$，同时为了确保安全试压，又做了两条规定：一是补偿系数不得大于 6.5；二是校核管道在试验压力条件下的应力，若试验压力在试验温度下产生超过屈服强度的应力，应将试验压力降至不超过屈服强度时的最大压力。

问题 3：应重点检查转子哪些部位的密封状况？发电机转子穿装前应完善哪些工作？

【参考答案】

（1）应重点检查集电环下导电螺钉、中心孔堵板的密封状况。

（2）发电机转子穿装前应完善的工作是定子找正完毕、轴瓦检查结束。

【分析思路及作答要求】

本题以常规问答题的形式考查了发电机转子安装技术要求。发电机转子穿装前，应满足三个条件：第一，转子气密性试验符合要求；第二，定子转子内部清洁干净无杂物；第三，定子找正完毕、轴瓦检查结束。本题的关键在于结合背景资料所给信息作答，第一问的关键在于回答出两个部位的密封状况，第二问的关键在于回答出上面所述的第三个条件，同时需要准确书写答题要点，不必展开论述。

问题 4：工程质量接收意见栏填写的依据是什么？建设单位拒绝接收是否合理？

【参考答案】

（1）工程质量接收意见栏填写的依据是：设计文件、合同规定的施工内容、试车情况。

（2）建设单位拒绝接收合理。工程进行投料试车产出合格产品，并经过合同规定的性能考核期后，由总承包单位和建设单位签订《工程交接证书》，作为工程移交的凭据，工程正式移交建设单位。

本工程合同约定了系统性能考核，但是未进行投料试车产出合格产品，未经过合同规定的性能考核，因此不具备移交的条件。

【分析思路及作答要求】

本题以常规问答和判定题的形式考查了竣工验收中工程移交的要求。首先是工程质量接收意见栏填写的依据，主要从工程设计、施工、试运行等三个方面作答；其次是阐述建设单位拒绝接收是否合理，一方面要表明观点，另一方面必须阐述理由才能得分。由于背景资料第一段已经明确说明了合同内容包括系统性能考核，因此该工程必须进行投料试车产出合格产品，并经过合同规定的性能考核期后，才能正式移交给建设单位。

案例 9　2023 年一建案例题四

▶ 考情先知

（1）双代号网络图进度分析

（2）人力资源管理

(3) 施工方案的编制内容
(4) 变压器的交接试验及施工方案的编制内容
(5) 变配电装置的送电运行验收

背景资料

某安装公司承包一商务楼（地上20层，地下2层，地上1~5层为商场）的变配电安装工程。工程主要设备：三相干式电力变压器（10kV/0.4kV）、配电柜（开关柜）设备由业主采购，并已运抵施工现场，其他设备、材料由安装公司采购。因1~5层的商场要提前开业，变配电工程需配合送电。

安装公司项目部进场后，依据合同、施工图纸及施工总进度计划，编制了变配电工程的施工方案、施工进度计划见图1，报建设单位审批时被否定，要求优化进度计划，缩短工期，并承诺赶工费由建设单位承担。

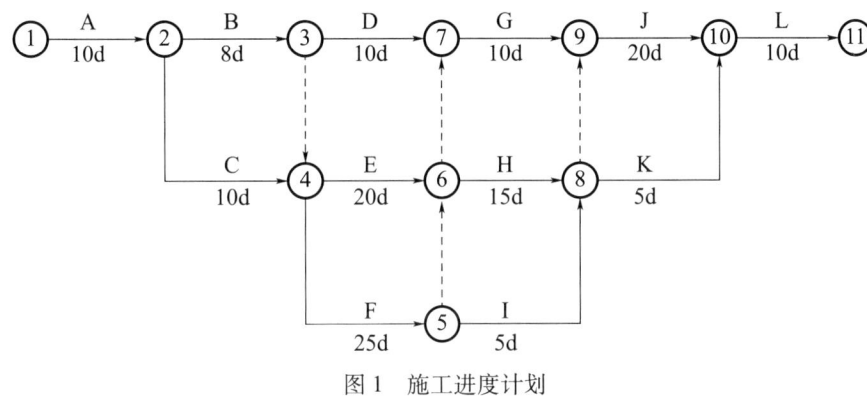

图1 施工进度计划

项目部依据公司及项目所在地的资源情况，优化施工资源配置，列出进度计划可压缩时间及费用增加表见下表。

进度计划可压缩时间及费用增加表

代号	工作内容	持续时间（d）	可压缩时间（d）	增加费用（万元）
A	施工准备	10	—	—
B	基础框架安装	8	3	0.5
C	接地施工	10	4	0.5
D	桥架安装	10	3	1
E	变压器安装	20	4	1.5
F	开关箱配电柜安装	25	6	1.5
G	电缆敷设	10	4	2
H	母线交接	15	5	1
I	二次线路敷设连接	5	—	—

续表

代号	工作内容	持续时间（d）	可压缩时间（d）	增加费用（万元）
J	试验调整	20	5	1
K	计量仪表安装	5	—	—
L	试运行验收	10	4	1

项目部施工准备充分，落实资源配置，依据施工方案要求向作业人员进行技术交底，明确变压器、配电柜等主要分项工程的施工程序，明确各工序之间的逻辑关系、技术要求、操作要点和质量标准。变压器施工中的某工序示意图见图2。

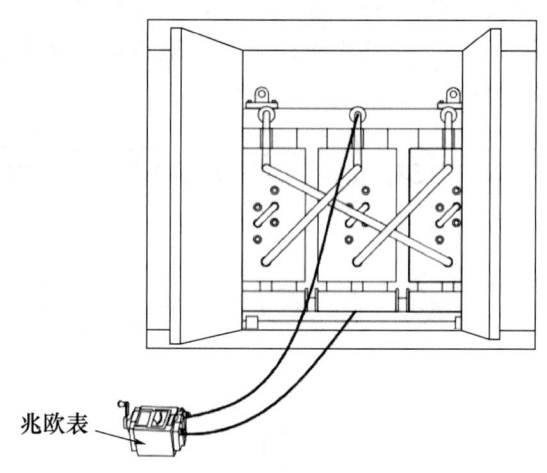

图2 变压器施工中的某工序示意图

变配电工程完工后，供电部门检查合格后送电，经过验电、校相无误。分别合高、低压开关，空载运行24h，无异常，办理验收手续，交建设单位使用。同时整理技术资料，准备在商务楼竣工验收时归档。

问题1：图1中项目部编制的施工进度计划的工期为多少天？最多可压缩工期多少天？需增加多少费用？

【参考答案】

（1）图1中项目部编制的施工进度计划的工期为90天。

（2）最多可压缩工期24天。

（3）增加费用：4×0.5+6×1.5+5×1+5×1+4×1+2×0.5+1×1.5＝27.5万元。

【分析思路及作答要求】

本题以图表分析题的形式考查了工期费用的计算及进度计划的调整。首先，可根据双代号网络图计算出该施工进度计划的工期，即按照双代号网络图中持续时间最长的线路为关键线路，关键线路中的工作为关键工作，关键工作的持续时间累加求和即为工期。其次，再解答后面两个小问题的时候，需要通过"进度计划可压缩时间及费用增加表"找出各项关键工作可以压缩的时间和需要增加的费用。同时还要考虑，压缩关键工作后，关键线路是否会发生变化，即某些非关键工作是否会变成关键工作。如果是，则必须同时对相应的非关键工作进行压缩，从而保证原关键线路仍然是关键线路。这样做虽然不会对压缩后的工期产生实质性的影响，但对费用的增加会有影响。如果相应的非关键工作在技术上无法实现压缩，则要考虑减少对关键工作压缩的时间，这样才能使工期得到真正的压缩。

综上所述，本题双代号网络图中的关键线路是①→②→④→⑤→⑥→⑧→⑨→⑩→⑪，关键工作是 A、C、F、H、J、L，工期计算为 10+10+25+15+20+10＝90 天。根据"进度计划可压缩时间及费用增加表"可知，可以压缩的关键工作是 C、F、H、J、L，分别最多可以压缩的天数是 4 天、6 天、5 天、5 天、4 天。但在对 C 工作压缩 4 天后，其持续时间变为 6 天，而与其并列的 B 工作持续时间是 8 天，因此必须同时对 B 工作压缩 2 天，这样 B 工作持续时间也是 6 天，才能使原关键线路仍为关键线路。同理 F 工作压缩 6 天后，还要对与其并列的 E 工作压缩 1 天。由于 B 工作和 E 工作均属于非关键工作，因此对 B 工作和 E 工作压缩了 2 天和 1 天，并不会对可压缩的工期产生影响，但会对增加的费用产生影响。由此可知，本题最多可压缩的工期是 4+6+5+5+4＝24 天，增加的费用是 4×0.5+6×1.5+5×1+5×1+4×1+2×0.5+1×1.5＝27.5 万元。

作答本题，可以在给出结论的同时辅以必要的文字说明，比如在回答工期的时候，写出关键线路或关键工作，在回答最多可压缩工期的时候，写出可以压缩的工作和与之对应的可以压缩的时间。

问题 2：作业人员优化配置的依据是什么？项目部应根据哪些内容的变化对劳动力进行动态管理？

【参考答案】

（1）作业人员优化配置的依据是：项目所需劳动力的种类及数量；项目的进度计划；项目的劳动力供给市场状况，包括劳动力供给方的议价能力和可获得性。

（2）项目部应根据生产任务和施工条件的变化对劳动力进行动态管理。

【分析思路及作答要求】

本题以常规问答题的形式考查了优化配置劳动力的依据和劳动力的动态管理。首先，作业人员优化配置的依据应从三个方面分析作答，即满足自身需求、满足进度要求、考虑市场环境；其次，对劳动力的动态管理，主要目的是跟踪平衡和协调，以解决劳务失衡、劳务与生产要求脱节的问题。因此，对劳动力进行动态管理的依据就应该是现场可能发生的各种变化，即生产任务的变化、施工条件的变化。作答本题，需要准确回答出上述相应的得分要点，然而其虽然属于问答题，但在对相关知识点不熟悉的情况下，也可结合自身认识和工程实际进行拓展分析。

问题 3：项目部的施工准备包括哪几个方面的准备？应落实哪些资源配置？

【参考答案】

（1）项目部的施工准备包括：技术准备、现场准备、资金准备。

（2）项目部应落实劳动力资源配置、物资资源配置。

【分析思路及作答要求】

本题以常规问答题的形式考查了施工方案的编制内容。施工准备与资源配置的目的是确保能施工，且能按计划施工，因此施工单位的施工准备除了现场准备外，还应从技术和资金两方面作答，以解决能施工的问题。资源配置应从人力资源和物资资源两方面作答，以解决能按计划施工的问题，即满足施工进度计划的要求。

由于该内容出自《建筑施工组织设计规范》GB/T 50502—2009 第 6.4.1 条和第 6.4.2 条，而且是以问答题的形式进行考查，因此原则上需要准确书写答题要点，无需展开论述。

问题 4：图 2 是变压器施工程序中的哪个工序？图 2 中的兆欧表电压等级应选择多少伏？各工序之间的逻辑关系主要有哪几个？

【参考答案】

（1）图 2 是变压器施工程序中的变压器交接试验。

（2）图 2 中的兆欧表电压等级应选择 2500V。

（3）各工序之间的逻辑关系主要有顺序、平行、交叉。

【分析思路及作答要求】

本题以图表分析和常规问答题的形式考查了变压器的交接试验及施工方案编制内容中的施工方法和工艺要求。答题的关键在于必须明白工序的概念，诸如开箱检查、二次搬运、本体安装、附件安装、交接试验、送电前的检查、送电运行验收等均属于工序，而绝缘电阻测量属于变压器交接试验的一部分，因此图 2 中所绘虽然是绝缘电阻测量，但是其对应的工序应为变压器的交接试验。

另外由图 2 可知，图 2 中所绘采用兆欧表测量变压器高压绕组对外壳的绝缘电阻值，因此兆欧表的电压等级应选择 2500V。最后，各工序之间的逻辑关系可以结合工程实际作答，诸如顺序施工、平行施工、交叉施工。作答本题的关键在于区分施工程序中的工序和工序所包含的具体工作内容，因此对于第一个小问题必须回答变压器的交接试验方能得分，后面两个小问题则主要考查考生的记忆能力，无需展开论述。

问题 5：变配电装置空载运行时间是否满足验收要求？项目部整理的技术资料应包括哪些内容？

【参考答案】

（1）变配电装置空载运行时间 24h，满足验收要求。

（2）项目部整理的技术资料应包括：施工图纸、施工记录、产品合格证、使用说明书。

【分析思路及作答要求】

本题以判定和常规问答题的形式考查了变配电装置送电运行验收的时间要求和资料要求。针对时间方面，变压器、配电装置等均需要空载运行 24h，无异常情况方可投入负荷运行，而电动机则仅需要空载运行 2h 即可。针对资料方面，施工单位要保证的是设备本身没有问题且设备安装也没有问题，因此为了证明设备本身没有问题，需要提交的是产品合格证和使用说明书，为了证明安装没有问题，则需提交施工图纸和施工记录，以此体现按图施工。作答第一个小问题的关键在于记忆准确，需要牢记与时间有关的各种参数。第二个小问题虽然考的是记忆，但是也能结合自己对事物的认知而轻松作答，灵活应对。

案例 10 2023 年一建案例题五

▶▶ 考情先知

（1）危大工程范围的界定和方案实施
（2）特种设备的施工告知
（3）高强度螺栓的连接要求
（4）利用构筑物进行设备吊装的基本要求
（5）锅炉系统水压试验

某安装公司承接一个干熄焦发电项目。工程内容包括：干熄焦系统、工业炉系统、热力系统、电站、电气、仪表及自动化控制系统。电站主厂房设计有 1 台供检修用的电动双梁桥式起重机（起重量 32/5t，跨距 16.5m）。

干熄焦的动力驱动设备：电机车、焦罐台车和提升机（提升负荷 87t，提升高度 37.5m）。电机车负责将焦罐及焦罐台车运至提升框架正下方。提升机负责焦罐提升并横移至干熄炉炉顶，通过装入装置将焦炭装入干熄炉内。

工程中配置 1 套高温高压自然循环锅炉及辅助系统，同时配套发电机组及辅助系统，利用锅炉产生的高温高压蒸汽发电，高温高压自然循环锅炉参数见下表。

高温高压自然循环锅炉参数

蒸汽压力	锅炉出口	9.50MPa	蒸汽温度	蒸发量	95t/h
	汽包	11.28MPa		过热器出口处	(540±5)℃
	过热器出口	9.81MPa		允许最高工作温度	550℃
锅炉入口烟气温度		800~960℃	锅炉出口烟气温度		160~180℃

安装公司项目部进场后，进行各项准备工作。根据施工图纸及相关资料，对工程中可能涉及的特种设备及危险性较大的分部分项工程进行了识别，由项目经理组织相关技术人员编制了项目施工组织设计和分部分项工程专项施工方案。

提升机框架主梁上平标高为+60.00m，为提高施工效率、保证施工安全，在提升框架施工前，需先安装一台建筑塔式起重机（最大起重量 25t）进行提升框架构件的吊装。项目部按《建筑起重机械安全监督管理规定》要求，在施工所在地建设主管部门办理了施工告知。

提升机安装在提升框架顶部主梁轨道上。提升框架主梁是钢制焊接箱型结构，框架中部设有水平支撑及剪刀撑。钢结构连接采用扭剪型高强度螺栓。

冷焦排出装置重量 8.98t，安装于干熄炉底部。由于场地原因，冷焦排出设备卸车后只能放在距离干熄炉炉底中心 8m 距离的地方，无法用吊车将设备吊装就位。施工班组利用滚杠、拖排、枕木及手拉葫芦等工具，完成了冷焦排出装置的水平运输工作。

问题1：本工程有哪几台设备安装需编制安全专项施工方案并进行专家论证？说明理由。

【参考答案】

(1) 电动双梁桥式起重机的安装需要编制安全专项施工方案并进行专家论证。

理由：起重量32/5t电动双梁桥式起重机的额定起重量超过300kN。

(2) 提升机的安装需要编制安全专项施工方案并进行专家论证。

理由：提升负荷87t提升机的额定起重量超过300kN。

【分析思路及作答要求】

本题以判定论述题的形式考查了危大工程范围的界定和方案实施。针对起重吊装工程中的危大工程和超过一定规模的危大工程的范围界定要求如下表所示。

危大工程和超过一定规模的危大工程的范围界定

危大工程	(1) 采用非常规起重设备、方法，且单件起吊重量在10kN及以上的起重吊装工程； (2) 采用起重机械进行安装的工程； (3) 起重机械自身安装和拆卸工程
超过一定规模的危大工程	(1) 采用非常规起重设备、方法，且单件起吊重量在100kN及以上的起重吊装工程； (2) 起重量300kN及以上，或搭设总高度200m及以上，或搭设基础标高在200m及以上的起重机械自身安装和拆卸工程

作答本题的关键在于准确界定危大工程和超过一定规模的危大工程的范围，危大工程和超过一定规模的危大工程均需要编制安全专项施工方案，但前者不需要专家论证，后者需要专家论证。作答本题必须给出准确的答案，既要保证观点正确，又要保证理由充分，方能得满分。

问题2：项目部在建筑塔式起重机安装前，办理安装告知的做法是否正确？说明理由。

【参考答案】

(1) 项目部在建筑塔式起重机安装前，在施工所在地建设主管部门办理施工告知的做法不正确。

(2) 建筑塔式起重机的安装属于特种设备的安装，特种设备安装、改造、修理的施工单位应当在施工前将拟进行的特种设备安装、改造、修理情况书面告知直辖市或者设区的市级人民政府负责特种设备安全监督管理的部门。

【分析思路及作答要求】

本题以判断改错题的形式考查了特种设备的施工告知。根据《特种设备安全法》的规定，特种设备安装、改造、修理的施工单位应当在施工前将拟进行的特种设备安装、改造、修理情况书面告知直辖市或者设区的市级人民政府负责特种设备安全监督管理的部门。另外，特种设备监督检验的要求也需要考生重点关注，即锅炉、压力容器、压力管道元件等特种设备的制造过程和锅炉、压力容器、压力管道、电梯、起重机械、客运索道、大型游乐设施的安装、改造、重大修理过程，应当经特种设备检验机构按照安全技术规范的要求进行监督检验。未经监督检验或者监督检验不合格的，不得出厂或者交付使用。此为送分题，作为考生熟知的内容，作答本题必须给出准确的答案，既要保证观点正确，又要保证理由正确，方能得满分。

问题3：高强度螺栓连接副在安装前需做哪些试验？高强度螺栓终拧合格的标志是什么？

【参考答案】

（1）高强度螺栓连接副在安装前需做连接摩擦面（含涂层摩擦面）的抗滑移系数试验和复验。

（2）本工程钢结构连接采用扭剪型高强度螺栓，终拧合格的标志是拧断螺栓尾部梅花头。

【分析思路及作答要求】

本题以常规问答题的形式考查了高强度螺栓的连接要求。抗滑移系数试验是指通过一定的试验方法和手段，对建筑材料或构件在特定条件下的抗滑移性能进行测定和评估的过程。在高强度螺栓连接中，抗滑移系数是指连接件摩擦面产生滑动时的外力与垂直于摩擦面的高强度螺栓预拉力之和的比值，其描述的是材料或构件在受到剪切力作用时，抵抗滑移的能力。

另外，常用的高强度螺栓如大六角头螺栓和扭剪型高强度螺栓，准确区分这两种螺栓的紧固合格的标准也是做对本题的关键，大六角头螺栓紧固合格的标准是终拧扭矩值符合要求，扭剪型高强度螺栓紧固合格的标准是终拧以拧断螺栓尾部梅花头为合格。

问题4：如何使用背景中的工具实施冷焦排出装置的水平运输工作？

【参考答案】

（1）编制专门的吊装方案，并对承载的结构（立柱）在受力条件下的强度和稳定性进行校核。

（2）选择的受力点（立柱）和方案应征得设计人员的同意。

（3）利用枕木对锚固点或直接捆绑的承载部位（立柱）进行局部补强。

（4）将钢丝绳捆绑在立柱上，并将钢丝绳末端作为手拉葫芦的固定点。

（5）分别将滚杠和拖排放置完好，并将冷焦排出装置吊装至拖排滚杠上，并利用手拉葫芦进行水平牵引运输。

（6）水平牵引运输时，设专人对受力点的结构进行监视。

【分析思路及作答要求】

本题以常规问答题的形式考查了利用构筑物进行设备吊装的基本要求，且属于实操类型的题目。分析问题的关键在于，一方面理论上要做到编方案、找设计、定措施、设专监这四个基本要求，另一方面实际上还要结合背景资料中所给工具组织实施，因此可以采用理论加实践的方式来展开详细的论述。需要注意的是，上面所说"设专监"并非通常意义上的专业监理工程师，而是设专人对受力点的结构进行监视。作答本题可以结合2018年案例二所给图形进行参考作答。

问题 5：计算锅炉整体水压试验压力。进行锅炉水压试验时，对设置的压力表有哪些要求？（超钢）

【参考答案】

(1) 锅炉整体水压试验的试验压力：$1.25 \times 11.28 = 14.10 \text{MPa}$。

(2) 进行锅炉水压试验时，对设置的压力表的要求是：试压系统的压力表不应少于 2 只；压力表的精度等级不应低于 1.6 级；压力表应经过校验并合格，其表盘量程应为试验压力的 1.5~3 倍。

【分析思路及作答要求】

本题以分析计算和常规问答题的形式考查了锅炉系统水压试验的基本要求。根据《锅炉安装工程施工及验收标准》GB 50273—2022 第 5.0.4 条的规定，锅炉水压试验的试验压力，应符合下表规定。

锅炉本体水压试验的试验压力（MPa）

锅筒工作压力	试验压力
<0.8	锅筒工作压力的 1.5 倍，且不小于 0.2
0.8~1.6	锅筒工作压力加 0.4
>1.6	锅筒工作压力的 1.25 倍

另外，针对锅炉系统水压试验时压力表的设置，根据《锅炉安装工程施工及验收标准》GB 50273—2022 第 5.0.3 条第 4 款的规定：试压系统的压力表不应少于 2 只；额定工作压力大于或等于 2.5MPa 的锅炉，压力表的精度等级不应低于 1.6 级；额定工作压力小于 2.5MPa 的锅炉，压力表的精度等级不应低于 2.5 级；压力表应经过校验并合格，其表盘量程应为试验压力的 1.5~3 倍。

综上所述，针对本题的作答：首先，锅炉整体水压试验的试验压力应按照 1.25 倍的汽包工作压力进行计算，且答案唯一；其次，针对压力表的设置，应从三个方面作答，即数量、精度、量程，三者缺一不可。

案例 11 2022 年一建案例题一

▶▶ **考情先知**

(1) 风机盘管的安装要求
(2) 通风与空调水系统管道绝热施工要求
(3) 通风与空调系统的调试和检测
(4) 通风与空调系统进口材料与设备的进场验收要求

某施工单位中标南方一高档商务楼的机电安装工程项目，工程内容包括建筑给水排水、建筑电气、通风与空调和智能化系统等，工程的主要设备由建设单位指定品牌，施工单位组

织采购。

商务楼空调采用风机盘管加新风系统，空调水为二管制系统，机房空调系统采用进口的恒温恒湿空调机组，管道保温采用岩棉管壳并用铁丝捆扎。

商务楼机电工程完工时间正值夏季，商务楼空调系统进行了带冷源的联合调试，空调系统试运行平稳可靠。

施工单位组织了项目竣工预验收，预验收中发现以下质量问题：

（1）风机盘管机组的安装资料中，没有查到水压试验记录，其安装如下图所示。

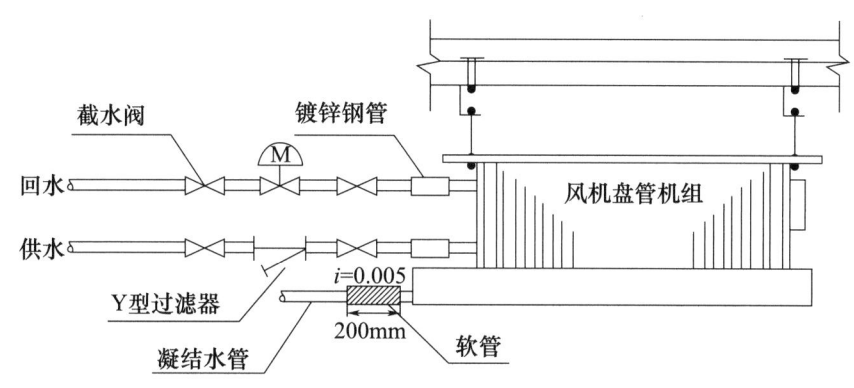

风机盘管机组安装示意图

（2）管道保温壳的捆扎金属丝间距为400mm，且每节捆扎一道。

（3）竣工资料中的恒温恒湿机组无中文说明。

施工单位对预验收中存在的工程质量问题进行了整改，并整理竣工资料，将工程项目移交给建设单位。

问题1：风机盘管安装前应进行哪些试验？图中的风机盘管安装存在哪些错误？如何整改？

【参考答案】

（1）风机盘管安装前应进行风机三速试运转及盘管水压试验。

（2）图中风机盘管安装的错误之处及整改要求如下。

错误1：供回水管道与风机盘管机组采用镀锌钢管刚性连接错误。

整改1：供回水管道与风机盘管机组的连接，应采用耐压值大于或等于1.5倍工作压力的金属或非金属柔性连接。

错误2：供水管道上的过滤器的安装方向错误。

整改2：调转供水管道上的过滤器的安装方向。

错误3：凝结水管道与设备的软连接长度200mm错误。

整改3：凝结水管道与设备的软连接长度应不大于150mm，且采用透明软管。

错误4：凝结水管道的坡度 $i=0.005$ 错误。

整改4：凝结水支管的坡度宜大于或等于1%，且坡向出水口。

【分析思路及作答要求】

本题以常规问答和图表分析题的形式考查了风机盘管的安装要求。首先，要区分风机盘管的复验和试验，风机盘管的复验指的是风机盘管进场施工前，要对供冷量、供热量、风量、水阻力、功率和噪声等性能参数进行复验，风机盘管的试验指的是风机盘管安装前，要进行风机三速试运转及盘管水压试验。其次，要熟练掌握风机盘管机组与管道的连接要求，主要有供水管道、回水管道、凝结水管道等三种管道，其中包括过滤器的安装方向及凝结水管道的坡度要求。

作答本题必须坚持两个基本原则：第一，风机盘管试验的内容要围绕着风和水两部分作答，即风机试运转和盘管水压试验；第二，设备和管道的连接均应采用软连接。

问题 2：管道的绝热施工是否符合要求？说明理由。
【参考答案】
(1) 管道的绝热施工不符合要求。
(2) 理由：管道保温层采用岩棉管壳保温时，管壳应采用金属丝或黏结带等捆扎，捆扎间距应为 300~350mm，且每节至少应捆扎两道。因此项目部施工的管道保温壳的捆扎金属丝间距为 400mm，且每节捆扎一道不符合要求。

【分析思路及作答要求】
本题以判断改错题的形式考查了通风与空调水系统管道绝热施工要求。根据《通风与空调工程施工质量验收规范》GB 50243—2016 第 10.3.6 条的规定：管道采用玻璃棉或岩棉管壳保温时，管壳规格与管道外径应相匹配，管壳的纵向接缝应错开，管壳应采用金属丝、黏结带等捆扎，间距应为 300~350mm，且每节至少应捆扎两道。本题的难度在于需要将背景资料中的"400mm"精准地改为"300~350mm"，否则不得分。

问题 3：商务楼工程未进行带热源的系统联合试运转，是否可以进行竣工验收？
【参考答案】
(1) 商务楼工程未进行带热源的系统联合试运转，可以进行竣工验收。
(2) 理由：商务楼机电工程完工时间正值夏季，此时由于带热源的联合试运转的条件与环境条件相差较大，因此只适合做带冷源的联合试运转，且进行了带冷源的联合试运转，即可实现使用功能，具备竣工验收条件。但需要在竣工验收报告中注明系统未进行带热源的联合试运转，待室外温度条件合适时补做完成。

【分析思路及作答要求】
本题以判定题的形式考查了通风与空调系统的调试和检测。首先观点正确，其次理由充分即可。本题属于易得分题目，基本都能得满分，其最大的难点在于语言组织，因此考生在平时的备考过程中，一定要多动笔书写，锻炼自己的语言组织能力，同时养成良好的做题习惯。

问题 4：恒温恒湿空调机组无中文说明是否符合验收要求？如何改正？
【参考答案】
(1) 恒温恒湿空调机组无中文说明不符合验收要求。
(2) 进口材料与设备应提供有效的商检合格证明、中文质量证明等文件资料，因此施工单位应与设备供应商联系，获取中文说明书，以便移交业主，保证物业今后的运行。

【分析思路及作答要求】

本题以判断改错题的形式考查了通风与空调系统进口材料与设备的进场验收要求。根据《通风与空调工程施工质量验收规范》GB 50243—2016 第 3.0.3 条第 2 款的规定：进口材料与设备应提供有效的商检合格证明、中文质量证明等文件。因此结合上述规定，作答本题首先要保证观点正确，其次要保证理由充分。本题属于易得分题目，作答本题也可结合背景资料所给内容进行反向论述，因此本题同上题一样，唯一的难度在于组织语言。

案例 12　2022 年一建案例题二

▶▶ 考情先知
（1）设备采购文件的编制依据和审批程序
（2）劳动力的动态管理
（3）配电装置的柜体安装要求
（4）不合格品的处理

某电力工程公司承接一办公楼变配电室安装工程，工程内容包括：高低压成套配电柜、电力变压器、插接母线、槽盒、高压电缆等的采购及安装。

电力公司的采购经理依据业主方提出的设备采购相关规定编制了设备采购文件，经各部门工程师审核及项目经理审批后实施采购。

因疫情原因，导致劳务人员无法从外省市来该项目施工，造成项目劳务失衡、劳务与施工要求脱节，配电柜安装不能按计划进行，电力公司对劳务人员实施动态管理，调配本市的劳务人员前往该项目施工。

配电柜柜体安装固定后，专业监理工程师检查指出部分配电柜安装不符合规范要求，如下图所示，施工人员按要求进行了整改。

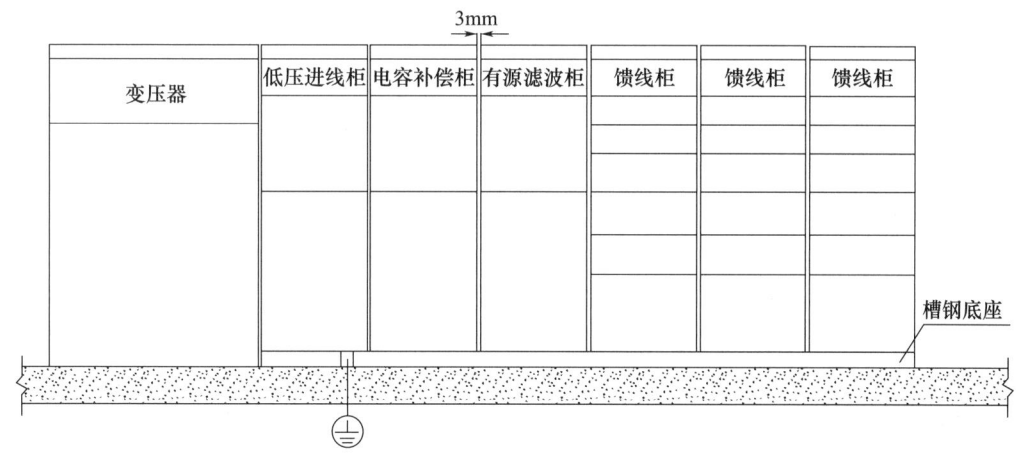

低压侧配电柜安装示意图

在敷设配电柜信号传输线时，质检员巡视中，发现信号传输线的线芯截面没有达到设计要求，属于不合格材料，要求施工人员停工，在上报项目部后，施工人员按要求将已敷设的信号线全部拆除。

问题1：设备采购文件编制依据应包括哪些文件？本项目的设备采购文件审批人是否正确？

【参考答案】

（1）设备采购文件编制依据应包括：工程项目建设合同、设备请购书、采购计划、业主方对设备采购的相关规定。

（2）本项目的设备采购文件审批人正确，理由是设备采购文件由项目采购经理编制后，经进度工程师和费控工程师审核，由项目经理审批后实施。

【分析思路及作答要求】

本题以常规问答和判断改错题的形式考查了设备采购文件的编制依据和审批程序。首先，设备采购文件的编制依据主要考虑三个方面，分别是项目的合同、业主的规定、采购方的采购计划和请购书。其次，要明确设备采购文件的编制和审批主要涉及两位经理，分别是采购经理和项目经理。作答本题第一问的关键在于准确书写四个依据，且按数量得分，作答本题第二问的关键在于熟练掌握两位经理的职责并在此基础上组织语言加以阐述。

问题2：电力公司如何对劳务人员进行动态管理？对进场的劳务人员有何要求？

【参考答案】

（1）电力公司应根据生产任务和施工条件的变化对劳动力进行跟踪、平衡、协调，以解决劳务失衡、劳务与生产要求脱节的问题。

（2）进场劳务人员应取得特种作业操作证（电工证）。

【分析思路及作答要求】

本题以常规问答题的形式考查了劳动力的动态管理。对劳动力的动态管理，就是根据……的变化对劳动力实施……，以解决……的问题。变化的因素是现场可能发生的生产任务的变化和施工条件的变化，实施的手段是跟踪平衡和协调，解决的问题是劳务失衡、劳务与生产要求脱节。对进场的劳务人员的要求是持证上岗，其中，电工、焊工、起重吊装工、场内运输工、架子工等特种作业人员应取得特种作业操作证。

问题3：写出图中整改的规范要求，柜体垂直度及盘面允许偏差是多少？

【参考答案】

（1）基础型钢的接地应不少于2处，且连接牢固、导通良好。

（2）每台柜体均应单独与基础型钢做接地保护连接。

（3）柜体相互间接缝不应大于2mm。

（4）柜体安装垂直度允许偏差不应大于1.5‰，成列盘面偏差不应大于5mm。

【分析思路及作答要求】

本题以图表分析和常规问答题的形式考查了配电装置的柜体安装要求。针对配电装置的柜体安装要求,相关内容根据性质不同可以有两种不同的考查方式,这也是为什么本题既有识图的内容,又有问答的内容。作答本题的关键在于要结合图形和所标注的信息进行分析,分析出图中存在的问题,按照"凡是有所标注,必然有所考查"的原则去做题,如图中标注的"3mm"和"1处接地"等。另外,关键在于精准记忆偏差数值,只需要准确作答,不需要展开论述,因此考生在平时备考的过程中,要特别注重对时间参数、数字偏差、抽检比例等内容的归纳总结。

问题4:当发现不合格信号线时应如何处置?
【参考答案】
(1)当发现不合格信号线时,应及时停止该工序的施工作业或停止材料使用,并进行标识隔离。
(2)已经发出的材料应及时追回。
(3)属于业主提供的材料应及时通知业主和监理。
(4)对于不合格的信号线,应联系供货单位提出更换或退货要求。
(5)已经形成半成品或制成品的过程产品,应组织相关人员进行评审,提出处置措施。
(6)实施处置措施。
【分析思路及作答要求】
本题以常规问答题的形式考查了不合格品的处理。对不合格品的处理包括不合格物资的处理和不合格工序的处理,其中,对不合格工序的处理比较简单,主要包括考生熟知的返修处理、返工处理、不做处理、降级使用和报废处理,而对不合格物资的处理主要围绕"停止使用、更换退货、评审处置"等三个方面进行阐述分析。本题意在考查对不合格物资的处理,因此作答本题的关键在于组织语言将上述三个方面串联起来,并得出自己对该问题的处理意见。

案例13 2022年一建案例题三

▶▶ **考情先知**
(1)特种设备的范围
(2)特种作业人员的配置要求
(3)工业管道的压力试验
(4)施工机具的选用

某工程使用3台热管蒸汽发生器提供蒸汽,产生的蒸汽经集汽缸汇集后,由一条蒸汽管道输送至用汽车间,热管蒸汽发生器部分数据如表1所示,蒸汽集汽缸数据如表2所示。

表 1　热管蒸汽发生器部分数据

额定蒸发量（t/h）	1.0	额定蒸汽压力（MPa）	1.0
锅内水容积（L）	27	额定蒸汽温度（℃）	190
NO$_X$ 排放（mg/m³）	<30	机组重量（kg）	2980

表 2　蒸汽集汽缸数据

产品名称	集汽缸				TS
产品编号		压力容器类型	Ⅱ类	制造日期	
设计压力	1.6MPa	耐压试验压力	2.2MPa	最高允许工作压力	—
设计温度	203℃	容器净重	296kg	主体材料	Q345R
容积	0.28m³	工作介质	水蒸气	产品标准	
制造许可级别	D	制造许可证编号			

蒸汽管道采用无缝钢管，材质为 20#钢，蒸汽管道设计压力为 1.0MPa，设计温度为 190℃，属于 GC2 级压力管道。管道连接方式为氩电联焊，焊缝按照设计要求进行射线检测。管道阀门采用法兰连接，管道需进行保温。

工程所有设备、工艺管道、电气系统及自控系统等安装工程由 A 安装公司承担，B 咨询公司担任工程监理。

工程开工后，A 公司根据特种设备的有关法规向特种设备安全管理部门提交了蒸汽管道和集汽缸的施工告知书，监理工程师认为蒸汽发生器是整个系统压力和温度最高的设备，也应按特种设备的要求办理施工告知。

问题 1：监理工程师要求蒸汽发生器也按特种设备的要求办理施工告知是否正确？说明理由。

【参考答案】

（1）监理工程师要求蒸汽发生器也按特种设备的要求办理施工告知不正确。

（2）理由：蒸汽发生器虽然工作压力超过了 0.1MPa，但是其容积低于规定的 30L，因此蒸汽发生器不属于《中华人民共和国特种设备安全法》所规定的特种设备，不需要在施工前办理书面告知。

【分析思路及作答要求】

本题以判断改错题的形式考查了特种设备的范围。针对特种设备的范围，历年来，锅炉、压力容器、压力管道、起重机械等四种特种设备的范围界定最为重要。例如，本题所考的蒸汽发生器就属于特种设备中的锅炉，而界定蒸汽锅炉为特种设备的条件不仅是额定蒸汽压力大于等于 0.1MPa，还要求设计正常水位容积大于等于 30L。因此对于本题中的锅内水容积为 27L 的蒸汽发生器就不属于特种设备的范畴。作答本题首先要给出明确的观点，其次要给出符合《中华人民共和国特种设备安全法》要求的理由，即"0.1MPa"和"30L"这两个数字要答出来，否则不得满分。

问题 2：管道安装中，哪些人员需要持证上岗？

【参考答案】

管道安装中，需要持证上岗的人员有：电工作业人员、金属焊接切割作业人员、起重机械作业人员、企业内机动车辆驾驶人员、登高架设人员、放射线作业人员。

【分析思路及作答要求】

本题以常规问答题的形式考查了特种作业人员的配置要求。特种作业人员需要持证上岗，所持证书为特种作业操作证，涉及的相关人员主要有电工、焊工、起重吊装工、场内运输工、架子工。此外，本题背景资料要求对焊缝进行射线检测，因此相应的无损检测人员也应持证上岗。作答本题可以按照参考答案书写，亦可按照上述解析进行书写。

问题 3：计算蒸汽管道的水压试验压力，蒸汽集汽缸能否与管道作为一个系统按管道试验压力进行试验？说明理由。

【参考答案】

(1) 蒸汽管道的水压试验压力应为设计压力的 1.5 倍，即 1.5×1.0＝1.5MPa。

(2) 蒸汽集汽缸可以与管道作为一个系统，并按管道的试验压力进行压力试验。

(3) 根据相关规定，当管道的试验压力小于等于设备的试验压力时，管道与设备可以作为一个系统，并按管道的试验压力进行压力试验。本工程管道的试验压力是 1.5MPa，蒸汽集汽缸的试验压力是 2.2MPa，管道的试验压力小于设备的试验压力，因此蒸汽集汽缸可以与管道作为一个系统并按管道的试验压力进行压力试验。

【分析思路及作答要求】

本题以分析计算和判定论述题的形式考查了工业管道的压力试验。根据《工业金属管道工程施工规范》GB 50235—2010 第 8.6.4 条第 4 款和第 6 款的规定：承受内压的地上钢管道及有色金属管道试验压力应为设计压力的 1.5 倍。当管道与设备作为一个系统进行试验，管道的试验压力等于或小于设备的试验压力时，应按管道的试验压力进行试验；当管道试验压力大于设备的试验压力，并无法将管道与设备隔开，以及设备的试验压力大于按本规范计算的管道试验压力的 77% 时，经设计或建设单位同意，可按设备的试验压力进行试验。

综上所述，管道和设备组合在一起进行压力试验或管道试验，且无法将设备隔离开时，应兼顾管道和设备的试验压力，就低不就高。当管道的试验压力小于等于设备的试验压力时，按管道的试验压力进行试验。当管道的试验压力大于设备的试验压力时，可以将试验压力降低至设备的试验压力，但前提是"设备的试验压力应大于管道试验压力的 77%，且经设计或建设单位同意"。

问题 4：本工程施工需要哪些主要施工机械及工具？

【参考答案】

本工程施工需要用到的主要施工机械及工具有：汽车起重机、轻小型起重工具、管道切割机、电焊机、射线探伤机、力矩扳手、钢卷尺、螺丝刀、钳子、试压泵。

【分析思路及作答要求】

本题以常规问答题的形式考查了施工机具的选用。设备和管道的吊装需要汽车起重机和轻小型起重工具。对管道进行切割加工、焊接、射线检测等需要管道切割机、电焊机、射线探伤机。对管道进行法兰连接需要力矩扳手。对管道进行保温作业需要钢卷尺、螺丝刀、钳子。最后对管道系统进行压力试验需要试压泵。

本题的主要难点在于作答时无法给出完整的答案，因此很难得满分。而作答本题的关键则是需要根据背景资料的提示来作答，比如背景资料中的"无缝钢管""氩电联焊""射线检测""法兰连接""进行保温"等字眼均是对本题作答的提示信息，最后不要忘记压力试验所需的试压泵。

案例 14　2022 年一建案例题四

▶▶ 考情先知

（1）设备监造
（2）自动扶梯设备的进场验收要求
（3）自动扶梯设备的组成
（4）影响设备安装精度的因素
（5）总包对分包的管理及索赔管理

某机电施工单位通过招标，总承包某超高层商务楼机电安装工程，承包范围包括建筑给水排水、建筑电气、通风空调、消防和电梯等工程。

工程所需的三联供机组、电梯和自动扶梯等主要设备已由建设单位通过招标选定制造厂家，且建设单位已与制造厂签订了三联供机组等设备的供货合同。

招标文件中，电梯和自动扶梯是由电梯制造厂负责安装及运维。为方便现场施工协调，建设单位授权机电施工单位按主合同的招标条件与电梯制造厂签订供货和安装合同，工期为210天，不可延误，每延误一天扣罚人民币5万元。

因电梯和自动扶梯均属特种设备，机电施工单位对电梯制造厂的安装资质进行了审核，并检查了电梯制造厂提交的安装资料，自动扶梯等设备进场验收合格，资料齐全。

设备安装后，某台自动扶梯试运行时机械传动部分发生故障。经检查是某个梯级轴存在质量问题，影响了自动扶梯的安装精度和运行质量，损坏了中间传动环节，如左图所示。

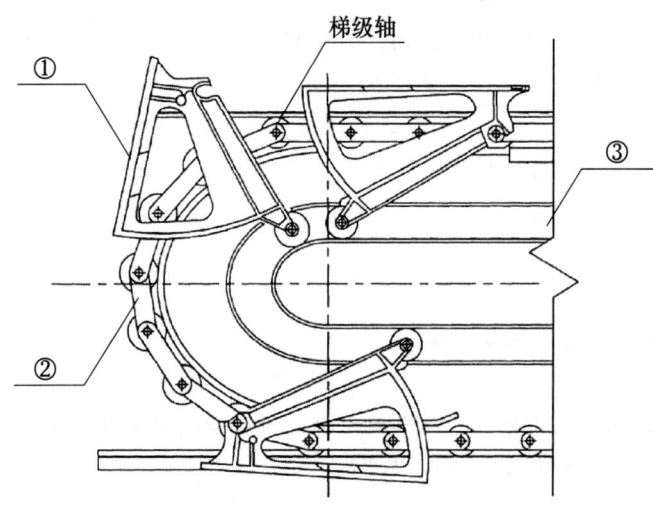

自动扶梯机械传动部分安装示意图

制造厂提供零部件返工返修后,自动扶梯安装试运行合格,但使整个工期耽误了14天,为此建设单位扣罚了机电施工单位的延误费用,机电施工单位对扣罚的费用提出异议。

问题1:三联供机组、电梯和自动扶梯应分别由哪个单位负责监造?

【参考答案】

(1) 三联供机组由建设单位负责监造,因为三联供机组是由建设单位与制造厂签订的供货合同。

(2) 电梯和自动扶梯由机电施工单位负责监造,因为电梯是建设单位授权机电施工单位按主合同招标条件与电梯制造厂签订供货和安装合同,其合同主体是机电施工单位和电梯制造厂。

【分析思路及作答要求】

本题以常规问答题的形式考查了对设备监造单位的要求。设备监造大纲中应明确设备监造单位,原则上应由设备采购单位负责设备的监造,若外委则需签订设备监造委托合同。根据背景资料可知,三联供机组的采购单位是建设单位,电梯和自动扶梯的采购单位是机电施工单位。作答本题的关键是从背景资料所给信息中找到各种设备的采购单位,即各种设备分别是由哪个单位与设备供货单位签订合同,也就是要找到各种设备的采购合同的主体。本题难度极小,属于必得分题目。

问题2:自动扶梯进场验收的技术资料必须提供哪些文件的复印件?随机文件应有哪些内容?

【参考答案】

(1) 自动扶梯进场验收的技术资料必须提供梯级或踏板的型式检验报告复印件,或胶带的断裂强度证明文件复印件,对公共交通型自动扶梯应有扶手带的断裂强度证书复印件。

(2) 随机文件应有设备装箱单、土建布置图、动力电路和安全电路的电气原理图、产品合格证、安装使用维护说明书。

【分析思路及作答要求】

本题以常规问答题的形式考查了自动扶梯设备的进场验收要求。首先,自动扶梯的技术资料应包括4个文件的复印件,其所涉及的部件均与人体有直接接触,即梯级、踏板、胶带、扶手带,其中梯级和踏板需要提供的是型式检验报告复印件,胶带和扶手带需要提供的是断裂强度证明文件复印件,型式检验是对一个或多个具有生产代表性的产品样品利用检验的手段进行的合格评价。其次,随机文件包括的内容要从"一单两图"和常规性资料出发,"一单两图"指的是设备装箱单、土建布置图和电气原理图,常规性资料主要有产品合格证和安装使用维护说明书。本题考查内容虽以记忆为主,但并非死记硬背,其技巧性会更强一些,考生在复习时,可以按照上述解析强化对该内容的理解和记忆。

问题3:自动扶梯机械传动部分安装示意图中的①、②、③分别表示什么部件?

【参考答案】

自动扶梯机械传动部分安装示意图中的①表示梯级、②表示牵引链条、③表示导轨系统。

【分析思路及作答要求】

本题以图表分析题的形式考查了自动扶梯设备的组成。自动扶梯主要部件有梯级、牵引链条、导轨系统、扶手系统、传动系统、安全装置和电气系统、张紧装置、驱动主轴、扶梯骨架、上下盖板、梳齿板等。本题上图中所示即前三个部件，分别为梯级、牵引链条、导轨系统。本题难度较大，虽然不需要全面记住自动扶梯设备的组成，但是要准确识别图中部件的名称。另外，近年来的考试，类似的识图题越来越多地出现在了一、二建的机电实务试卷中，因此需要引起考生对这种考查方式的足够重视，这就需要考生在学习文字内容的基础上，从实务上真正学透学懂学明白。

问题4：自动扶梯设备制造对安装精度的影响主要是哪几个原因？直接影响自动扶梯设备运行质量的原因有哪几个？

【参考答案】

（1）自动扶梯设备制造对安装精度的影响主要是加工精度和装配精度。

（2）直接影响自动扶梯设备运行质量的原因有：自动扶梯设备各运动部件之间的相对运动精度、配合面之间的配合精度和接触质量。

【分析思路及作答要求】

本题借电梯工程以常规问答题的形式考查了机械设备安装技术中的影响设备安装精度的因素。首先，设备制造对安装精度的影响主要考虑两个方面，一个是整体设备在制造时的制造精度，另一个是解体设备到达现场组装后能够再现的制造精度和装配精度，制造精度即加工精度，因此本题第一问的答案为加工精度和装配精度；其次，解体设备的装配精度将直接影响设备的运行质量，但是本题意在考查具体的装配精度有哪几个，因此必须答出各运动部件之间的相对运动精度、配合面之间的配合精度和接触质量。作答本题需要熟练掌握影响设备安装精度的因素，并应将其作为接下来备考学习的重要内容之一。

问题5：建设单位扣罚机电施工单位多少延误费用？是否正确？说明理由。机电施工单位应如何处理？

【参考答案】

（1）建设单位扣罚机电单位延误费用：14×5＝70万元。

（2）建设单位扣罚机电施工单位正确。

（3）扣罚理由：电梯是建设单位授权机电施工单位按主合同招标条件与电梯制造厂签订供货和安装合同，其合同主体是机电施工单位和电梯制造厂，因此其延误损失应由机电施工单位负责。

（4）处理方式：由于是自动扶梯的质量问题造成了工期延误，因此机电施工单位应根据供货合同的相应条款，向电梯制造厂追讨相关费用。

【分析思路及作答要求】

本题以分析计算和判定论述题的形式考查了总包对分包的管理及索赔管理。首先，根据背景资料可知，规定每延误一天扣罚人民币5万元，一共延误14天，因此扣罚70万元；其次，总包单位和分包单位签订分包合同后，分包单位的任何影响到业主与总承包单位之间合同的违约或疏忽,均被视为总承包单位的违约行为。综上所述,建设单位扣罚机电施工单位正确,且扣罚的费用是 70 万元,而机电施工单位则可以按照分包合同的约定向电梯制造单位追讨相关费用。本题难度极小,属于必得分题目。

案例 15　2022 年一建案例题五

▶▶ **考情先知**

(1) 绿色施工要点及绿色施工评价
(2) 施工现场危险源的辨识
(3) 钢结构的制作要求
(4) 平衡梁的作用
(5) 赢得值法的三个基本参数和四个评价指标

背景资料

A 施工单位中标北方某石油炼化项目,项目的冷换框架采用模块化安装,整个冷换框架分成 4 个模块,最大一个模块重 132t,体积 12m×18m×26m,并在项目旁设立预制厂,进行模块的钢结构制作、换热器安装、管道敷设、电缆桥架安装和照明灯具安装等。由项目部对模块制造的质量、进度、安全等方面进行全过程管理。

A 施工单位项目部进场后策划了节水、节地的绿色施工内容,组织单位工程绿色施工的施工阶段评价,对预制厂的模块制造进行了危险识别,识别了触电、物体打击等风险,监理工程师要求项目部完善策划。

在气温-18℃时,订购的低合金材料运抵预制厂,项目部质检员抽查了材料质量,并在材料下料切割时抽查了钢材切割面有无裂纹和大于 1mm 的缺棱,对变形的型材,在露天进行冷矫正,项目部质量经理发现问题后,及时进行了纠正。

模块制造完成后,采用 1 台 750t 履带起重机和 1 台 250t 履带起重机及平衡梁的抬吊方式安装就位。

模块建造费用见下表,项目部采用赢得值法分析项目的相关偏差,指导项目运行,经过 4 个月的紧张施工,单位工程陆续具备验收条件。

模块建造费用

	第一个月底时累计（万元）	第二个月底时累计（万元）	第三个月底时累计（万元）	第四个月底时累计（万元）
已完工程预算费用	600	960	1350	1680
计划工程预算费用	550	950	1500	1700
已完工程实际费用	660	1080	1580	1760

问题 1：项目部的绿色施工策划还应补充哪些内容？单位工程施工阶段的绿色施工评价由谁组织？并由哪些单位参加？

【参考答案】

（1）项目部的绿色施工策划还应补充节材、节能、临时设施、施工现场环境保护、人力资源节约保护、技术创新、绿色施工管理等内容。

（2）单位工程施工阶段的绿色施工评价由建设单位或监理单位组织，并由建设单位、监理单位和施工单位参加。

【分析思路及作答要求】

本题以补充问答题的形式考查了绿色施工要点及绿色施工评价。首先，绿色施工要点包括的内容有：绿色施工管理、资源节约、环境保护、人力资源节约和保护、技术创新等，同样的问题也在 2015 年考过。其次，针对绿色施工评价，考生可以参考下面总结的内容进行复习，以便减轻学习压力，提高效率。

绿色施工评价框架体系

基本规定评价	无具体要求
指标评价	控制项、一般项、优选项
要素评价	资源节约、环境保护、人力资源节约和保护
批次评价	在要素评价的基础上随工程进度分批进行评价
阶段评价	地基与基础工程、主体结构工程、装饰装修与机电安装工程
单位工程评价	在阶段评价的基础上进行，评价等级分为不合格、合格和优良
评价频次	绿色施工批次评价次数每季度不少于 1 次，且每阶段不少于 1 次
评价组织和程序	批次评价→施工单位组织 阶段评价→建设单位或监理单位组织 单位工程绿色施工评价→建设单位组织

问题 2：项目部还应在预制厂中识别出模块制造时的哪些风险？

【参考答案】

项目部还应在预制厂识别出的风险有：触电、火灾、倒塌坍塌、高空坠落、物体打击、吊装伤害、机械伤害、射线伤害。

【分析思路及作答要求】

本题以常规问答题的形式考查了施工现场危险源的辨识。施工安全重大危险源的主要类型包括：高空作业→高空坠落；机械作业→机械伤害；吊装作业→吊装伤害；交叉作业→物体打击；临时用电→触电；动火作业→火灾；电气焊作业→火灾爆炸；密闭容器内作业→中毒、窒息；脚手架搭设作业、深基坑作业→倒塌、坍塌；其他作业→滑倒、失稳等。作答本题需注意，由于其需要结合背景资料进行作答，因此回答此问题可以从多角度多方面进行分析，从而确保所给答案全面准确，尽可能多得分。

问题3：在型钢矫正和切割面检查方面有哪些不妥和遗漏之处？

【参考答案】

（1）型钢矫正方面，在气温-18℃的预制厂对变形的型材在露天进行冷矫正不符合要求。低合金结构钢在环境温度低于-12℃时不应冷矫正和冷弯曲，应加热矫正，加热温度应为700~800℃，最高温度严禁超过900℃，最低温度不得低于600℃，加热矫正后自然冷却。

（2）切割面检查方面，抽查了钢材切割面有无裂纹和大于1mm的缺棱不符合要求。钢材切割面应全数检查有无裂纹、夹渣、分层等缺陷和大于1mm的缺棱。

【分析思路及作答要求】

本题以判断改错和补充问答题的形式考查了钢结构的制作要求。钢结构的制作主要涉及两个方面，分别是钢结构的变形矫正和钢结构的切割加工。依据《钢结构工程施工规范》GB 50755—2012 第8.4.2条、第8.3.5条和第8.3.2条的规定：针对钢结构的变形矫正，碳素结构钢在环境温度低于-16℃、低合金结构钢在环境温度低于-12℃时，不应进行冷矫正和冷弯曲；针对钢结构的切割加工，碳素结构钢在环境温度低于-20℃、低合金结构钢在环境温度低于-15℃时，不得进行剪切、冲孔；钢材切割面应无裂纹、夹渣、分层等缺陷和大于1mm的缺棱，且应全数检查。

作答本题的关键在于，严格区分碳素结构钢和低合金结构钢两种不同的钢材对于变形矫正和切割加工的最低环境温度的要求，同时牢记对钢材切割面检查的要求。

问题4：吊装作业中的平衡梁有何作用？

【参考答案】

吊装作业中平衡梁的作用有：

（1）减少被吊设备起吊时所承受的水平压力，避免损坏设备；

（2）缩短吊索的高度，减少动滑轮的起吊高度；

（3）多点起吊时平衡和分配各吊点的载荷；

（4）转换吊点。

【分析思路及作答要求】

本题以常规问答题的形式考查了平衡梁的作用。平衡梁又称铁扁担，在起重吊装工程中被广泛使用，针对平衡梁的作用，简记为"减压力、短吊索、分载荷、换吊点。"作答本题的关键在于是否牢记平衡梁的四个作用，因此在平时的备考过程中，对于常考问答题的内容，一定要不断地加强记忆和复习，这样即使没能完全记下来，也能根据自己的理解将问题回答出来。另外，记忆的关键还是在于理解，在理解的基础上进行记忆，从而达到事半功倍的效果。

问题5：第二个月底到第三个月底期间项目进度是超前还是落后了多少万元？在此期间项目盈利还是亏损了多少万元？

【参考答案】

由模块建造费用表可知，第二个月底到第三个月底期间。

已完工程预算费用为1350-960=390万元

计划工程预算费用为 1500-950＝550 万元

已完工程实际费用为 1580-1080＝500 万元

进度偏差＝已完工程预算费用-计划工程预算费用＝390-550＝-160 万元

费用偏差＝已完工程预算费用-已完工程实际费用＝390-500＝-110 万元

由此可知，第二个月底到第三个月底期间项目进度落后 160 万元，在此期间项目亏损 110 万元。

【分析思路及作答要求】

本题以分析计算题的形式考查了赢得值法的三个基本参数和四个评价指标。关键在于找到问题所问的正确时间节点，也就是"第二个月底到第三个月底"这段时间，并计算出这段时间对应的赢得值法的三个基本参数和四个评价指标。但由题意可知，针对四个评价指标只需要计算出其中两个即可，即进度偏差和费用偏差，并据此来判断项目进度是超前了还是落后了，项目费用是盈利了还是亏损了。另外，作答本题必须给出完整的分析和计算过程。

案例 16　2021 年一建案例题一

▶▶ **考情先知**

（1）施工方案的编制内容和施工方案的交底要求

（2）电动机的安装接线和干燥注意事项

（3）电动机试运行中的检查

（4）设备的仓储管理

背景资料

某施工单位承建一安装工程，项目地处南方，正值雨季。项目部进场后，编制了施工进度计划和施工方案，方案中确定了施工方法、工艺要求及质量保证措施等，并对施工人员进行方案交底。

因工期紧张，设备提前到达施工现场，施工人员在循环水泵电动机安装接线时，发现接线盒内有水珠，擦拭后进行接线，如下图所示。

项目部在循环水泵单体试运转前，对电动机绝缘检查时，发现绝缘电阻不满足要求，采用电流加热干燥法对电动机进行干燥处理，用水银温度计测量温度时，被监理叫停。

项目部整改后，严格控制干燥温度，绝缘电阻达到规范要求。试运转中检查电动机的转向及杂声、机身及轴承温升均符合要求。

试运转完成后，项目部对电动机受潮原因调查分析，是因电动机到货后未及时办理入库、露天存放未采取防护措施所致。为防止类似事件发生，项

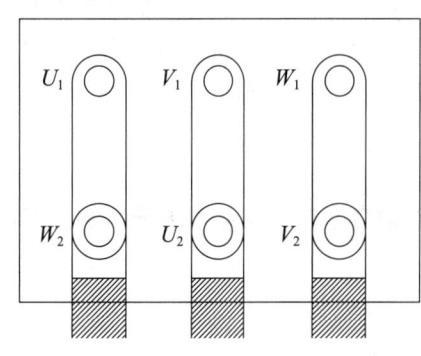

电动机接线示意图

目部加强了设备仓储管理,保证了后续施工的顺利进行。

问题1:施工方案中的工序质量保证措施主要有哪些?由谁负责向作业人员进行施工方案交底?

【参考答案】

(1) 施工方案中的工序质量保证措施主要有制定工序控制点、明确工序质量控制方法。

(2) 工程施工前,由施工方案编制人员向施工作业人员进行施工方案交底。

【分析思路及作答要求】

本题以常规问答题的形式考查了施工方案编制内容中的质量和安全环境保证措施,以及施工方案的交底要求。首先,回答施工方案中的质量保证措施的关键在于先找到质量控制点,再明确质量控制方法;其次,对于交底的要求,无论是施工组织设计交底,还是施工方案交底,抑或是危大工程安全专项施工方案的交底,均是由编制人员交底,只不过危大工程安全专项施工方案也可以由项目技术负责人进行交底。本题难度较小,属于必得分题目。

问题2:图中电动机接线为何种接线方式?电动机干燥处理时为什么被监理叫停?应如何整改?

【参考答案】

(1) 图中电动机接线方式为三角形连接。

(2) 电动机干燥时,施工单位使用水银温度计测量温度不符合要求,因此被监理叫停。

(3) 电动机干燥时,施工单位应使用酒精温度计、电阻温度计或温差热电偶测量温度。

【分析思路及作答要求】

本题以图表分析和判断改错题的形式考查了电动机的安装接线和干燥注意事项。首先,针对电动机的安装接线方法,有星形连接和三角形连接,其对应的实物图如下图所示,左为

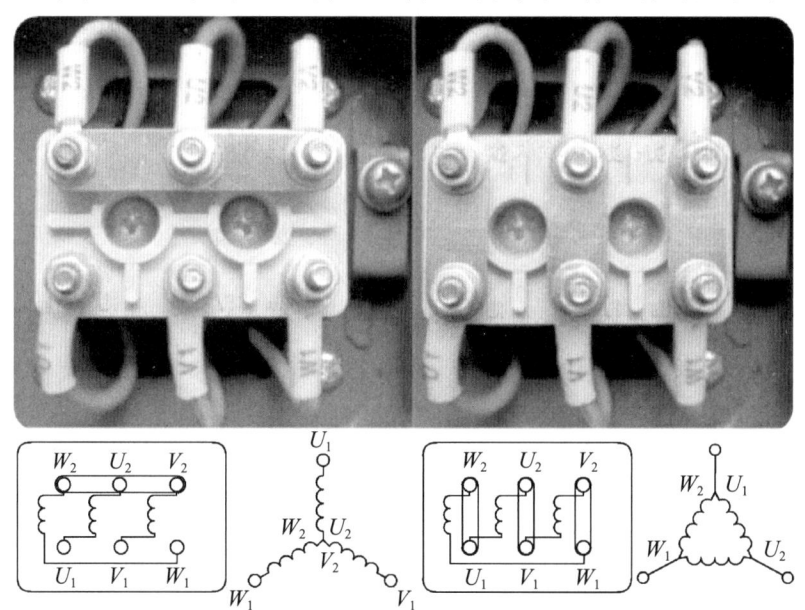

电动机的星形连接和三角形连接

星形连接，右为三角形连接；其次，电动机在干燥时，需要对绕组温度进行测量，但是对温度的测量严格要求，不允许使用水银温度计，原因在于水银温度计反应不灵敏，测量时间较长且不便于读数，更重要的是一旦破损，水银进入电动机内部，在电动机通电时会导致短路，从而损毁电动机，因此必须使用反应灵敏且更加安全的酒精温度计、电阻温度计或温差热电偶测量温度。作答本题需要准确回答出应使用的温度计类别，因此对于可以使用的三种温度计的名称需要准确记忆，方可得分。

问题3：电动机试运转中还应检查哪些项目？如何改变电动机的转向？

【参考答案】

（1）电动机试运转中还应检查的项目有：换向器、滑环及电刷的工作情况应正常；振动不应大于标准规定值；电动机第一次启动在空载情况下进行，空载运行时间2h，并记录空载电流。

（2）在电源侧或电动机接线盒侧任意对调两根电源线即可改变电动机转向。

【分析思路及作答要求】

本题以补充问答和常规问答题的形式考查了电动机试运行中的检查。首先，电动机试运行中的检查内容需要在理解的基础上进行记忆，并应围绕着电动机的转向杂声、温度温升、振动以及相关部件的工作情况展开论述，并记录空载电流；其次，对于第二问，电动机的定子绕组通常由三相交流电供电，每相之间的电流相位差为120度，任意对调两根电源线，相当于改变了这两相电流的相对相位，从而改变了磁场的旋转方向，而电动机的转向是由定子绕组产生的磁场的旋转方向决定的，因此改变了磁场的旋转方向即改变了电动机的转向。作答本题的关键在于理解电动机试运行中可能出现的问题，并结合这些问题进行检查，切不可死记硬背。

问题4：到达现场的设备在检查验收合格后应如何管理？只能露天保管的设备应采取哪些措施？

【参考答案】

（1）到达现场的设备在检查验收合格后，应及时办理入库手续，对所到设备分别存储，进行标识。

（2）对保管在露天的设备应经常检查，采取防雨、防风措施，如搭设防风雨棚。

【分析思路及作答要求】

本题以常规问答题的形式考查了设备的仓储管理。针对本题的作答，考生既可以按照要求进行记忆书写，也可以根据自己的实践经验展开分析。首先第一问，主要围绕着设备进场后的相关工作进行阐述，比如办理入库手续，不同的设备放在不同的位置分别存储，并且对不同的设备进行标识等；其次第二问，只能露天保管的设备由于是放在户外，因此主要面临的是风雨的侵害，那么采取的措施就是防雨措施和防风措施，同时，也可以从其他角度进一步阐述，比如采取防火措施、防盗措施等。本题虽是问答题，但完全可以结合自己的实践经验从不同角度进行阐述，因此得分并不难，后续考生在遇到类似问题时，一定要静下心来，设身处地地想一想，如果真的是自己在现场遇到了类似的问题，应该如何处理。

案例 17　2021 年一建案例题二

▶▶ **考情先知**

（1）应急预案的分类和演练
（2）自动化仪表取源部件的安装要求
（3）机械设备过盈配合件和联轴器的安装要求
（4）设备采购的工作要求

某工程公司采用 EPC 方式承包一供热站安装工程，工程内容包括换热器、疏水泵、管道、电气及自动化安装等。

工程公司成立采购小组，根据工程施工进度、关键工作和主要设备进场时间采购设备、材料等物资，保证设备材料采购与施工进度合理衔接。

疏水泵联轴器为过盈配合件，施工人员在装配时，将两个半联轴器一起转动，每转 180°测量一次，并记录 2 个位置的径向位移值和位于同一直径两端测点的轴向位移值，质量部门对此提出异议，认为不符合规范要求，要求重新测量。

为加强施工现场的安全管理，及时处置突发事件，工程公司升级了《生产安全事故应急救援预案》，并进行了应急预案的培训、演练。

取源部件到货后，工程公司进行取源部件的安装，压力取源部件的取压点选择范围如图 1 所示，温度取源部件在管道上开孔焊接安装如图 2 所示，在准备系统水压试验时，温度取源部件的安装被监理要求整改。

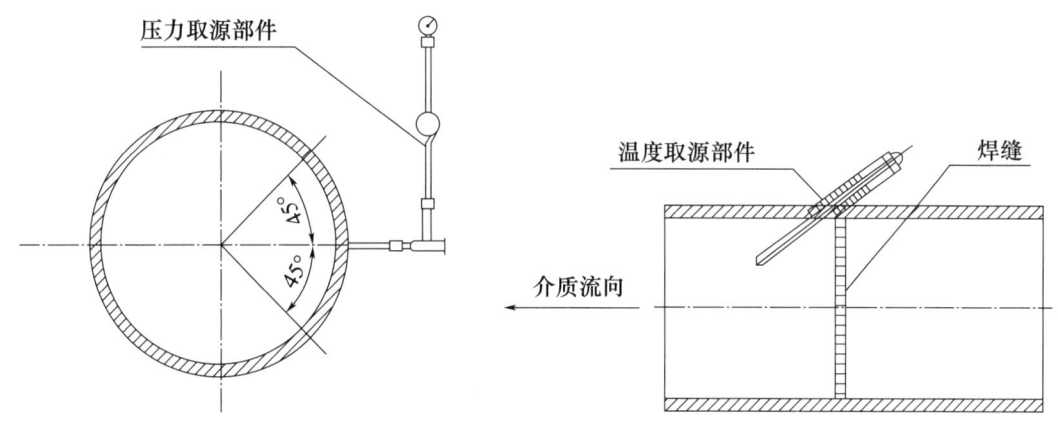

图 1　压力取源部件安装范围示意图　　　图 2　温度取源部件安装示意图

问题 1：本工程中，工程公司应当多长时间组织 1 次现场处置方案演练？应急预案演练效果应由哪个单位来评估？

【参考答案】

（1）本工程中，工程公司应当每半年至少组织 1 次现场处置方案演练。

（2）应急预案演练结束后，应急预案演练组织单位应当对应急预案演练效果进行评估，撰写应急预案演练评估报告，分析存在的问题，并对应急预案提出修订意见。

【分析思路及作答要求】

本题以常规问答题的形式考查了应急预案的分类和演练。应急预案分类有综合应急预案、专项应急预案、现场处置方案。企业级的综合应急预案演练和专项应急预案演练的频次是每年至少 1 次，项目部级的现场处置方案演练的频次是每半年至少 1 次。另外，针对应急预案，考生还应知道的是"至少每 3 年修订 1 次"。关于应急预案这部分内容较少，但是考试频率极高，因此考生应将其作为重点内容之一进行重点学习，不断地复习巩固强化记忆。

问题 2：图 1 中取压点范围适用于何种介质管道？说明温度取源部件安装被监理要求整改的原因。

【参考答案】

（1）图 1 中取压点范围适用于蒸汽介质管道。

（2）温度取源部件安装被监理要求整改的原因：

① 温度取源部件顺着介质流向安装不正确。温度取源部件与管道呈倾斜角度安装时，宜逆着介质流向安装，其轴线与管道轴线相交。

② 温度取源部件在管道的焊缝上开孔焊接不正确。安装取源部件时，不应在设备或管道的焊缝及其边缘上开孔及焊接。

【分析思路及作答要求】

本题以图表分析题的形式考查了自动化仪表取源部件的安装要求。取源部件是在被测对象上为安装检测元件而设置的专用管件、引出口和阀门等元件，最常见的有温度取源部件、压力取源部件、流量取源部件等，其中学习难度最大的点在于压力取源部件和流量取源部件的区分，考生可以结合下面图形进行区分学习。作答本题第一问，由于图 1 中所绘制的是压力取源部件，而且从图 1 中安装范围来看，既可以安装在图 1 中的右上部分，也可以安装在图 1 中的右下部分，因此结合不同介质压力取源部件的安装位置可知，该压力取源部件测量的是蒸汽压力，即该取压点的范围适用于蒸汽介质管道。作答本题第二问较为容易，属于必得分项目，此处不再赘述，但一定要分条阐述，以多得印象分。

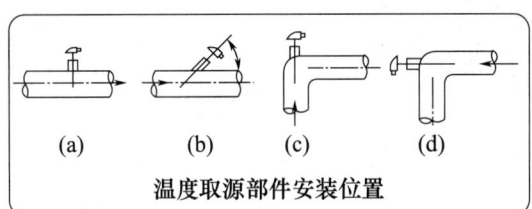

温度取源部件安装位置

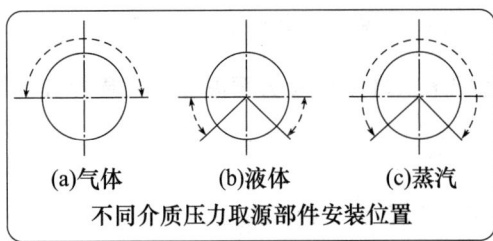

不同介质压力取源部件安装位置

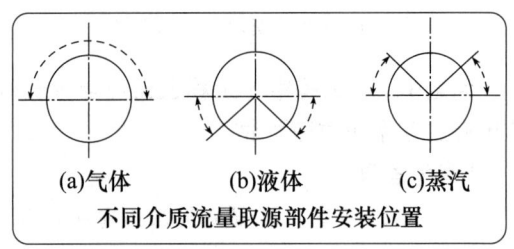

不同介质流量取源部件安装位置

问题3：联轴器是采用了哪种过盈装配方式？质量部门提出异议是否合理？写出正确的要求。

【参考答案】

（1）联轴器的装配采用加热装配法。

（2）质量部门提出异议合理。

（3）正确做法：将两个半联轴器一起转动，应每转90°测量一次，并记录5个位置的径向位移测量值和位于同一直径两端测点的轴向测量值。

【分析思路及作答要求】

本题以常规问答和判断改错题的形式考查了机械设备过盈配合件和联轴器的安装要求。首先，过盈配合件的装配方法有压入装配、低温冷装配和加热装配法，安装现场主要采用加热装配法，原因在于：加热装配法能够有效应对各种安装需求和环境条件，通过加热零件使其膨胀软化，从而更容易将其安装到位，能够减少对力量的需求，也能够减少对零件的损伤，还能够降低对工具的依赖，并提高装配效率。其次，结合背景资料分析联轴器在装配时存在的问题，做题的关键是将背景资料中的"180°"和"2次"修改为"90°"和"5次"即可。

从考试的角度来看，机械设备典型零部件的装配是每年必考内容，但是题目本身难度并不大，考生可以结合历年真题的考查方式进行有针对性地学习，正所谓知己知彼，百战百胜。

问题4：为保证项目整体进度，应优先采购哪些设备？

【参考答案】

为保证项目整体进度，应优先采购设备主装置、需要先期施工的设备及关键线路上的设备。

【分析思路及作答要求】

本题以常规问答题的形式考查了设备采购的工作要求。针对需要优先采购的设备这个问题，可以结合工程实践经验从三个方面进行回答，设备性质上是主要设备还是辅助设备，施工顺序上是先期施工还是后期施工，进度分析上是关键工作还是非关键工作。本题虽然是以问答题的形式考查设备采购的工作要求，但同时也是对考生的现场管理能力的考查，针对管理部分内容的考查，很多题目均是如此，只要多想一想，很多答案都来源于工程实践。

案例18　2021年一建案例题三

▶▶ 考情先知

（1）施工成本控制方法

（2）通风与空调系统制冷剂管道的试验要求

（3）通风与空调系统柔性短管的制作安装要求

（4）竣工验收的实施

背景资料

某安装公司承接某商务楼机电安装工程，工程内容主要包括设备、管道和通风空调等的安装，商务楼办公区域空调系统采用多联机组。

项目部在施工成本分析预测后，采取劳动定额管理，实行计件工资制，控制设备采购，在量和价两个方面控制材料采购，控制施工机械租赁等措施控制施工成本，使计划成本小于安装公司下达给项目部的目标成本。

项目部依据施工总进度计划，编制多联机组空调系统施工进度计划，如下表所示，报公司审批时被否定，要求重新编制。

多联机组空调系统施工进度计划表

序号	工作内容	3月			4月			5月			6月		
		1	11	21	1	11	21	1	11	21	1	11	21
1	施工准备	━━											
2	室外机组安装			━━━━━━									
3	室内机组安装			━━━━━━━━━									
4	制冷剂管路连接					━━━━━━━━							
5	冷凝水管道安装							━━━━					
6	风管安装				━━━━━━━━━━━━								
7	制冷剂灌注									━━			
8	系统压力试验										━━		
9	调试及验收移交												━━

在施工质量检查时，监理工程师要求项目部整改下列问题：
（1）个别柔性短管长度为300mm，接缝采用粘接。
（2）矩形柔性短管与风管连接采用抱箍固定。
（3）柔性短管与法兰连接采用压板铆接，铆钉间距为100mm。

商务楼机电工程完成后，安装公司、设计单位和监理单位分别向建设单位提交报告申请竣工验收，建设单位组织成立验收小组，制定验收方案；安装公司、设计单位和监理单位分别向建设单位移交了工程建设交工技术文件和监理文件。

问题1：项目部主要采取了哪几类施工成本控制措施？

【参考答案】

项目部主要采取了下列施工成本控制措施：
（1）人工费成本控制措施：采取劳动定额管理，实行计件工资制。
（2）工程设备成本控制措施：控制设备采购。
（3）工程材料成本控制措施：在量和价两个方面控制材料采购。
（4）施工机械成本控制措施：控制施工机械租赁。

【分析思路及作答要求】

本题以判定论述题的形式考查了施工成本控制方法。施工成本控制方法，即施工成本控制措施，主要是围绕着人、材、机等对施工成本进行有效的控制，有人工费成本控制、工程设备成本控制、工程材料成本控制、施工机械成本控制等。作答本题的关键是将背景资料中施工单位项目部所采取的各种措施进行归类，因此本题难度极小，属于必得分题目。

问题2：项目部编制的施工进度计划为什么被安装公司否定？在制冷剂灌注前，制冷剂管道需要进行哪些试验？

【参考答案】

(1) 项目部编制的施工进度计划被安装公司否定的主要原因在于制冷剂灌注与系统压力试验顺序错误，应先进行系统压力试验，合格后再进行制冷剂灌注。

(2) 制冷剂管道安装完毕，检查合格后，制冷剂灌注前应进行系统管路强度试验、气密性试验、真空试验和充注制冷剂检漏试验。

【分析思路及作答要求】

本题以图表分析和常规问答题的形式考查了通风与空调系统制冷剂管道的试验要求。首先针对第一问，由横道图所列工作内容可知，施工准备后，室内外机组的安装涉及的作业面不一样，因此可以同时进行互不影响，制冷剂管道和冷凝水管道，以及风管的安装亦可同时进行，系统调试及验收移交作为最后一个工作内容也无问题。通过对横道图各个工作内容的分析可知，该进度计划之所以被否定，是因为问题出在了"制冷剂灌注"和"系统压力试验"这两个工作内容的先后顺序上，而根据规范要求，制冷剂灌注和系统压力试验也确实不能同时进行，应先进行压力试验，压力试验合格后才能灌注制冷剂。另外，根据《通风与空调工程施工质量验收规范》GB 50243—2016 第8.2.2条和第8.2.6条的规定。

8.2.2 制冷剂管道系统应按设计要求或产品要求进行强度、气密性及真空试验，且应试验合格。

8.2.6 组装式的制冷机组和现场充注制冷剂的机组，应进行系统管路吹污、气密性试验、真空试验和充注制冷剂检漏试验，技术数据应符合产品技术文件和国家现行标准的有关规定。

综上所述，制冷剂灌注前应进行的试验有：系统管路强度试验、气密性试验、真空试验和充注制冷剂检漏试验。

制冷剂管道做真空试验的主要目的是排除系统中的空气和水汽，确保系统的气密性，并防止制冷剂与空气直接接触导致的安全问题。具体原因包括防止燃爆风险、防止冰堵和腐蚀、确保气密性。

问题3：监理工程师要求项目部整改的要求是否合理？说明理由。

【参考答案】

监理工程师要求项目部整改的要求合理，原因在于按照规范要求：

(1) 柔性短管的长度宜为 150~250mm。

(2) 矩形柔性短管与风管连接不得采用抱箍固定。

(3) 柔性短管与法兰组装采用压板铆接连接的铆钉间距宜为 60~80mm。

【分析思路及作答要求】

本题以判断改错题的形式考查了通风与空调系统柔性短管的制作安装要求。作答本题的关键在于对背景资料给定的两组数据进行准确的修正，这就要求考生对于重点考查内容所涉及的数字问题进行归纳总结并准确记忆。同时将"采用抱箍固定"改为"不得采用抱箍固定"，其原因在于抱箍固定无法确保连接的严密性和稳固性，该种连接方式可能导致风管系统在运行过程中出现漏气漏风或连接松动的问题，因此在实际工程中，通常采用法兰连接或压板铆接，以便能够提供更好的严密性和稳固性，确保风管系统的正常运行。作答本题要结合背景资料逐条修改，改对即可，切不宜长篇大论。

问题4：安装公司、设计单位和监理单位应分别向建设单位提交什么报告？在验收中，设计单位需完成什么图纸？安装公司需出具什么保证书？

【参考答案】

(1) 安装公司应提交竣工报告，设计单位应提交工程质量检查报告，监理单位应提交工程质量评估报告。

(2) 设计单位需完成竣工图。

(3) 安装公司需出具工程质量保修书。

【分析思路及作答要求】

本题以常规问答题的形式考查了竣工验收的实施。首先，作答本题第一问的关键在于准确记忆各种报告的名称，可以按照如下的对应关系进行记忆，施工单位→竣工、设计单位→检查、监理单位→评估。其次，针对第二问，设计单位需完成什么图纸，此处答案应为竣工图。当然，竣工图不一定都是设计单位完成，但是由于设计单位原因导致结构形式的改变、平面布置的改变、工艺改变、项目改变及其他重大改变，不宜在原施工图上修改、补充的，应由设计单位负责重新绘图，因此只需回答问题即可，不需判断哪种情况图纸应由设计单位完成。最后，针对第三问，安装公司出具工程质量保修书，其为常识内容，此处不再赘述。

案例19 2021年一建案例题四

▶▶ 考情先知

(1) 总包单位对分包单位的全过程管理

(2) 索赔管理

(3) 管道工程的压力试验和吹扫清洗

(4) 管道施工技术要求

背景资料

A 公司中标某工业改建工程,合同内容包含厂区内所有的设备及工艺管线安装等施工总承包,A 公司进场后,根据工程特点对工程合同进行了分析管理,将其中亏损风险较大的部分埋地工艺管道(设计压力 0.2MPa)的施工分包给具有相应资质的 B 公司。

A 公司对 B 公司进行合同交底后,A 公司派出代表对 B 公司从施工准备、进场施工、工序交验、工程保修及技术等方面进行了管理。

B 公司进场后,由于建设单位无法提供原厂区埋地管线图,B 公司在施工时挖断供水管道,造成 A 公司 65 万元材料浸水无法使用,机械停滞总费用 43 万元,每天人员窝工费用 4.8 万元,工期延误 25 天,B 公司机械停滞费用 18 万元。

管沟开挖完成后,当地发生疫情,导致所有员工被集中隔离,产生总隔离费用 54 万元,为此 A 公司向建设单位提交了工期及费用索赔文件。

B 公司在埋地钢管施工完成后,编制了该部分管道的液压清洗方案,方案因工艺管道埋地部分设计未明确试验压力,拟用 0.3MPa 的试验压力进行试验,管道油清洗后采取保护措施,该方案被 A 公司否定。

A 公司在质量巡查中,发现工艺管道安装中的膨胀节内套焊缝、法兰及管道对口部位不符合规范要求,如下图所示,要求整改。

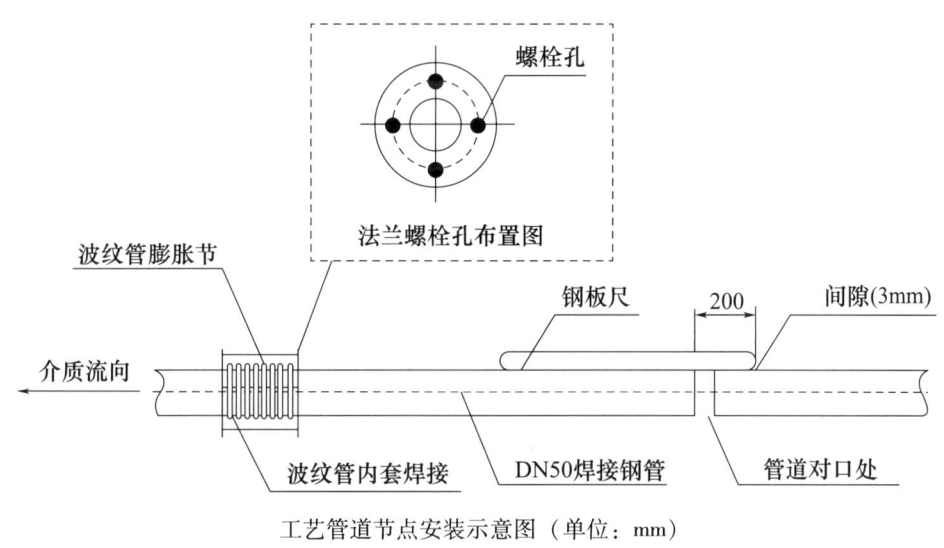

工艺管道节点安装示意图(单位:mm)

问题 1:A 公司还应从哪些方面对 B 公司进行全过程管理?
【参考答案】

A 公司还应从竣工验收、质量、安全、进度、工程款支付等方面对 B 公司进行全过程管理。

【分析思路及作答要求】

本题以补充问答题的形式考查了总包单位对分包单位的全过程管理。针对本题的作答,其难度在于是否准确记忆全过程管理所涉及的内容,因此可以按照以下方法分两部分进行记忆,首先从时间维度记忆有施工准备、进场施工、工序交验、竣工验收、工程保修,其次从管理维度记忆有技术、质量、安全、进度、工程款支付。作答本题要注意，只需要按照自己所记内容将背景资料未给出的内容回答出来即可，无需再次摘抄背景资料中的已给内容，亦无需展开论述。

问题 2：计算 A 公司可以索赔的费用。索赔成立的前提条件是什么？
【参考答案】
（1）A 公司可以索赔的费用：
$65+43+4.8\times25+18=246$ 万元
（2）索赔成立的前提条件是：
① 与合同对照，事件已经造成了承包人工程项目成本的额外支出或直接工期损失。
② 造成费用增加或工期损失的原因，按合同约定不属于承包人的行为责任或风险责任。
③ 承包人按合同规定的程序和时间提交索赔意向通知和索赔报告。

【分析思路及作答要求】
本题以分析计算和常规问答题的形式考查了索赔管理。首先，由于建设单位无法提供原厂区埋地管线图，B 公司在施工时挖断供水管道造成的时间损失和费用损失，均可索赔。但由于疫情属于不可抗力，不可抗力导致的工期延误可以顺延工期，但是各单位的费用损失由遭受损失的单位各自承担，因此 A 公司可以向建设单位索赔的费用是 $65+43+4.8\times25+18=246$ 万元。其次，索赔成立的前提条件虽属问答题，但仍可根据自己的理解阐述作答，即施工单位有损失、造成损失的原因不在施工单位、施工单位提交了索赔意向通知和索赔报告。针对索赔管理的题目，均属于必得分题目，需要考生多做练习，以不变应万变。

问题 3：该工程的埋地管道试验压力应为多少兆帕？对清洗合格的管道应采取哪种保护措施？
【参考答案】
（1）根据规范要求，埋地钢管道的试验压力应为设计压力的 1.5 倍且不低于 0.4MPa，本工程埋地管道设计压力为 0.2MPa，经计算 $1.5\times0.2=0.3$ MPa，小于 0.4MPa，因此本工程埋地管道的试验压力应为 0.4MPa。
（2）油清洗合格后的管道，应采取封闭或充氮保护措施。

【分析思路及作答要求】
本题以分析计算和常规问答题的形式考查了管道工程的压力试验和吹扫清洗。作答本题第一问的关键在于区分普通钢管道和埋地钢管道对于试验压力的不同要求，在计算时均要求是 1.5 倍的设计压力，但埋地钢管道的试验压力同时不得小于 0.4MPa。作答本题第二问的关键在于区分采用不同的吹扫清洗方法合格后各自应采取的保护措施，要求如下表所示。

管道吹扫清洗合格后应采取的保护措施

吹扫清洗的方法	合格后应采取的保护措施
水冲洗	排净积水、及时吹干
空气吹扫	—
蒸汽吹扫	—
脱脂	一般情况：排除残液、及时吹干。 防锈要求：充氮封存、气相防锈纸密封、气相防锈塑料袋密封
化学清洗	封闭或充氮
油清洗	封闭或充氮

问题4：说明A公司要求对工艺管道安装进行整改的原因。

【参考答案】

（1）波纹管膨胀节内套焊缝安装在介质流向的流出端不符合要求。波纹管膨胀节或补偿器内套有焊缝的一端，水平管路上应安装在水流的流入端，垂直管路上应安装在上端。

（2）法兰螺栓孔中心线与管道的垂直中心线和水平中心线重合不符合要求。法兰螺栓孔应跨中布置。

（3）管道对口处的平直度偏差为 3/200 = 1.5%，不符合要求。管道对口平直度允许偏差应为 1%。

【分析思路及作答要求】

本题以图表分析题的形式考查了管道施工技术要求。首先，背景资料已经告知，A公司一共发现3个问题，分别是膨胀节内套焊缝、法兰、管道对口。因此一定要紧紧围绕这3个问题作答。由此可见，本题虽然图形复杂，看上去难度较大，但是作答较为容易。

针对膨胀节的安装，在实际工作中，常常出现将波纹管的方向装反的情况，所以对波纹管的安装方向做出规定。水平管道中的介质会对焊缝造成冲刷和冲击，导致焊缝腐蚀，增大流动阻力，影响波纹管膨胀节的使用寿命。对于垂直管道而言，在波纹管与内套间易积存液体，故对波纹管膨胀节的安装方向提出要求。

法兰螺栓孔跨中布置，首先是为了增强结构的稳定性，在使用中，法兰连接件往往承受着巨大的拉力和剪力，跨中布置可以将拉力和剪力均匀分布在结构的两侧，提高结构的承载能力和抗震性能。其次，跨中布置安装方便，由于螺栓孔分布在结构的两侧，安装人员可以同时进行螺栓的插入和紧固，从而缩短了安装时间和成本。再次，跨中布置还可以减少安装误差，提高安装精度，保证连接件的稳定性和密封性。最后，如果法兰发生泄漏，介质可从两个螺栓之间流出，可以保护螺栓不受介质腐蚀。

作答本题只需要按照所给参考答案进行书写即可，后面分析内容意在帮助考生理解相关要求。

案例 20 2021 年一建案例题五

▶▶ 考情先知

（1）特种设备的施工告知
（2）危大工程安全专项施工方案的编制内容及方案实施
（3）计量器具的使用管理要求
（4）机械设备安装工程垫铁的设置要求
（5）压缩机的试运转

某安装公司中标某化工项目压缩厂房安装工程，主要包括厂房内设备和工艺管道的安装，工艺管道安装到厂房外第一个法兰接口，厂房内主要设备有压缩机组和 32/5t 桥式起重机，桥式起重机跨度 30.5m，压缩机组由活塞式压缩机、汽轮机、联轴器、分离器、冷却器、润滑油站、高位油箱、干气密封系统、控制系统等辅助设备和系统组成。

安装公司进场后，编制了工程施工组织设计及各项施工方案。《压缩机组安装方案》对安装所用的计量器具进行了策划，计划配备百分表、螺纹规、千分表、钢卷尺、钢板尺、深度尺。监理工程师审核后，认为方案中计量器具的种类不能满足安装测量的需要，要求补充。

《桥式起重机安装安全专项施工方案》的"验收要求"中，针对施工机械、施工材料、测量手段三项验收内容，明确了验收标准、验收人员及验收程序，该方案在专家论证时专家提出"验收要求"中的验收内容不完整，需要补充。

在压缩机组安装过程中，检查发现钳工使用的计量器具无检定标识，但施工人员解释，在用的计量器具全部检定合格，检定报告及检定合格证由计量员统一集中保管。

在压缩机组地脚螺栓安装前，已将基础预留孔中的杂物、地脚螺栓上的油污、氧化皮等清除干净，螺纹部分也按规定涂抹油脂，并按方案要求配置了垫铁，高度符合要求。

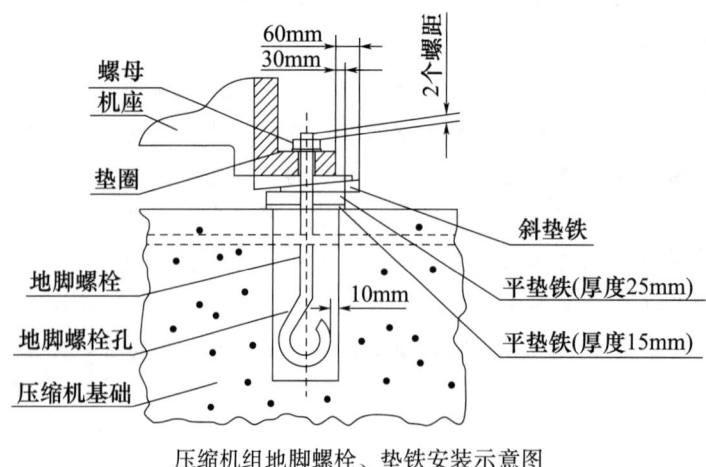

压缩机组地脚螺栓、垫铁安装示意图

在压缩机组初步找平、找正，地脚螺栓孔灌浆前，监理工程师检查后，认为压缩机组地脚螺栓和垫铁安装存在质量问题，如左图所示，要求整改。

压缩机组安装完毕后，按规定的运转时间进行了空负荷试运转，运行中润滑油油压保持 0.3MPa，曲轴箱及机身内润滑油的温度不高于 65℃，各部位无异常。

问题 1：本工程需要办理特种设备安装告知的项目有哪几个？在哪个时间段办理安装告知？

【参考答案】

（1）本工程需要办理特种设备安装告知的项目有工艺管道安装、32/5t 桥式起重机安装。

（2）安装公司应在特种设备安装施工前办理书面告知。

【分析思路及作答要求】

本题以判定和常规问答题的形式考查了特种设备的施工告知。首先，作答本题第一问，需要判定背景资料中所述设备是否为特种设备，工艺管道属于特种设备中的压力管道，32/5t 桥式起重机属于特种设备中的起重机械。除此之外，背景资料中的设备还有压缩机组，压缩机组由活塞式压缩机、汽轮机、联轴器、分离器、冷却器、润滑油站、高位油箱、干气密封系统、控制系统等辅助设备和系统组成，该机组作为一个整体不属于特种设备的范畴。

另外，根据《中华人民共和国特种设备安全法》第二十三条的规定：特种设备安装、改造、修理的施工单位应当在施工前将拟进行的特种设备安装、改造、修理情况书面告知直辖市或者设区的市级人民政府负责特种设备安全监督管理的部门。

作答本题的难点在于第一问，需要准确判定背景资料中的设备是否为特种设备，可以少答，但不可多答。本题第二问属于极简问答题，难度极小，属于必得分题目。

问题 2：桥式起重机安装方案论证时，还需补充哪些验收内容？方案论证应由哪个单位组织？

【参考答案】

（1）桥式起重机安装方案论证时，还需补充的验收内容有与危大工程施工相关的施工人员、施工环境、安全设施。

（2）方案论证应由安装公司组织。

【分析思路及作答要求】

本题以补充问答和常规问答题的形式考查了危大工程安全专项施工方案的编制内容及方案实施。首先，危大工程安全专项施工方案编制内容中的验收要求包括验收标准、验收程序、验收内容、验收人员，验收内容包括与施工安全有关的人员、机械设备、施工材料、施工环境、测量手段及安全设施（人机料法环测+安全，没有法）。其次，对于超过一定规模的危大工程，施工单位应当组织召开专家论证会对专项施工方案进行论证，实行施工总承包的，由施工总承包单位组织召开专家论证会。

本题第一问难度较大，然而对该知识点的记忆较为容易，考生可以按照"人机料法环测+安全，没有法"这个特点进行记忆。本题第二问属于极简问答题，难度极小，属于必得分题目。

问题3：压缩机组安装方案中还需补充哪几种计量器具？安装现场计量器具的使用存在什么问题？如何整改？

【参考答案】

（1）压缩机组安装方案中还需补充的计量器具有水平仪、水准仪、游标卡尺、塞尺、压力表、温度计、兆欧表、接地电阻测量仪等。

（2）安装现场计量器具的使用存在的问题是钳工使用的计量器具无检定标识。应对无检定标识的计量器具重新检定，且将检定合格证随附在计量器具上。

【分析思路及作答要求】

本题以补充问答和判断改错题的形式考查了计量器具的使用管理要求。首先第一问，属于现场实操题，压缩机组整体设备的安装需要控制水平度和安装标高，零部件的安装需要测量长度、内径、外径、间隙，试运行前需要测量绝缘电阻和接地电阻，试运行中需要测量压力和温度。其次第二问，计量器具的使用必须检定合格且具有检定标识，任何单位和个人不准在工作岗位上使用无检定合格印、证或者超过检定周期，以及经检定不合格的计量器具，因此钳工使用的计量器具无检定标识不得使用，应对其重新检定，且应将检定合格证随附在计量器具上。

作答本题第一问可以根据自己的理解或认知对所缺失的计量器具进行补充，尽量在合理范围内补充全面。作答本题第二问较为容易，只需要结合背景资料简单论述即可。

问题4：图中垫铁和地脚螺栓安装存在哪些质量问题？整改后的质量检查应形成哪个质量记录（表）？

【参考答案】

（1）垫铁和地脚螺栓安装存在的问题及整改措施如下：

① 15mm厚的平垫铁放在最下面不符合要求。放置平垫铁时，厚的放在下面，薄的放在中间，因此由图可知15mm厚的平垫铁应放在中间。

② 斜垫铁露出设备底面外缘60mm不符合要求。斜垫铁露出设备底面外缘宜为10~50mm。

③ 地脚螺栓距离孔壁10mm不符合要求。地脚螺栓任一部分与孔壁的间距不宜小于15mm，且底端不应碰触孔底。

（2）整改后的质量检查应形成隐蔽工程验收记录（表）。

【分析思路及作答要求】

本题以图表分析和常规问答题的形式考查了机械设备安装工程垫铁的设置要求。压缩机组地脚螺栓、垫铁安装示意图出自《机械设备安装工程施工及验收通用规范》GB 50231—2009第4.1.1条，图中单螺母符合要求，规范中的图形亦为单螺母，只要使螺栓紧固后露出螺母2~3个螺距即可。另外，本题主要考查了《机械设备安装工程施工及验收通用规范》GB 50231—2009中的下列条款内容。

4.1.1 安装预留孔中的地脚螺栓，应符合下列要求：

1 地脚螺栓在安放前，应将预留孔中的杂物清理干净。

2 地脚螺栓在预留孔中应垂直。

3 地脚螺栓任一部分与孔壁的间距不宜小于 15mm；地脚螺栓底端不应碰孔底。
4 地脚螺栓上的油污和氧化皮等应清除干净，螺纹部分应涂上油脂。
5 螺母与垫圈、垫圈与设备底座间的接触均应紧密。
6 拧紧螺母后、螺栓应露出螺母，其露出的长度宜为 2~3 个螺距。
7 应在预留孔中的混凝土达到设计强度的 75% 以上后拧紧地脚螺栓，各螺栓的拧紧力应均匀。

4.2.3 垫铁组的使用，应符合下列要求：
1 承受载荷的垫铁组，应使用成对斜垫铁。
2 承受重负荷或有连续振动的设备，宜使用平垫铁。
3 每一垫铁组的块数不宜超过 5 块。
4 放置平垫铁时，厚的宜放在下面，薄的宜放在中间。
5 垫铁的厚度不宜小于 2mm。
6 除铸铁垫铁外，各垫铁相互间应用定位焊焊牢。

4.2.5 机械设备调平后，垫铁端面应露出设备底面外缘，平垫铁宜露出 10~30mm，斜垫铁宜露出 10~50mm。垫铁组伸入设备底座底面的长度应超过设备地脚螺栓的中心。

作答本题一方面要求基础知识掌握牢固，另一方面还要清楚地认识到本题意在考查的内容，即地脚螺栓和垫铁，以免错答漏答。

问题 5：压缩机组空负荷试运转是否合格？说明理由。
【参考答案】
压缩机组空负荷试运转合格，理由如下：
（1）压缩机组运行中润滑油油压保持 0.3MPa，不小于规定值 0.1MPa，符合要求。
（2）运行中曲轴箱及机身内润滑油的温度不高于 65℃，未超过规定值 70℃，符合要求。
（3）各部位无异常现象，符合要求。
【分析思路及作答要求】
本题以判断改错题的形式考查了压缩机的试运转。涉及的内容，无论是空负荷试运转还是空气负荷试运转，均要求油压不小于 0.1MPa，温度不高于 70℃，只不过对于氧气压缩机而言，为了保证安全，其带负荷试运转要求温度不高于 60℃。对于常用设备的单机试运转，自 2017—2021 年均有一题，因此对于 2021 年的这个考题，难度极小，属于必得分题目。

案例 21　2020 年一建案例题一

▶ **考情先知**
（1）施工组织设计的编制内容
（2）工业管道压力试验前应具备的条件
（3）工业管道压力试验的替代形式
（4）通风与空调系统风管的制作要求

背景资料

某安装公司承包大型制药厂机电安装工程,工程内容包括设备、管道和通风空调等的安装。

安装公司对施工组织设计的前期实施进行了监督检查:施工方案齐全,临时设施通过验收,施工人员按计划进场,技术交底满足要求,但材料采购因资金问题影响了施工进度。

不锈钢管道系统安装后,施工人员使用洁净水(水中氯离子含量小于 $25×10^{-6}$)对管道系统进行试压时(下图),监理工程师认为压力试验条件不符合规范规定,要求整改。

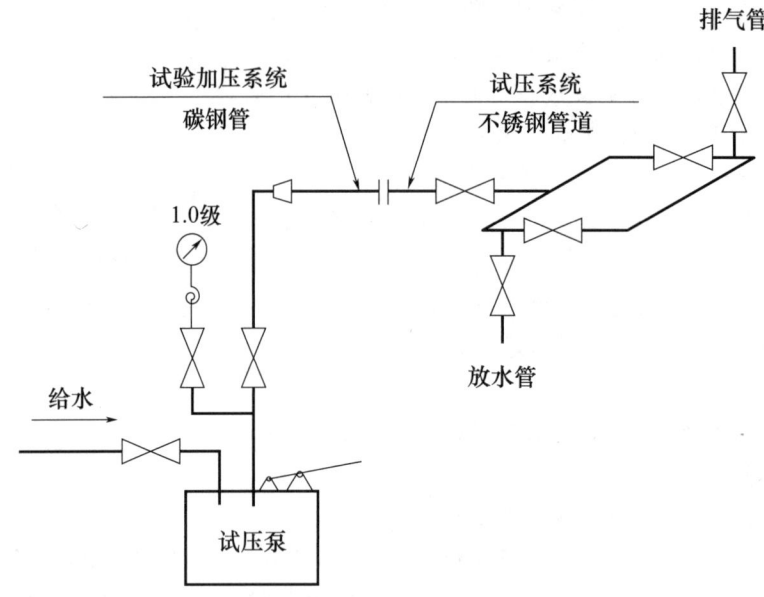

管道系统水压试验示意图

由于现场条件限制,有部分工艺管道系统无法进行水压试验,经设计和建设单位同意,允许安装公司对管道环向对接焊缝和组成件连接焊缝采用100%无损检测代替现场水压试验,检测后设计单位对工艺管道系统进行了分析,符合质量要求。

检查金属风管制作质量时,监理工程师对少量风管的板材拼接有十字形接缝的问题提出整改要求。安装公司对其进行了返修和加固处理,风管加固后外形尺寸改变但仍能满足安全使用要求,验收合格。

问题1:安装公司在施工准备和资源配置计划中哪几项完成的比较好?哪几项需要改进?

【参考答案】

(1)施工准备中的技术准备和现场准备完成的比较好,资金准备需要改进。

(2)资源配置计划中的劳动力配置计划完成的比较好,物资配置计划需要改进。

【分析思路及作答要求】

本题以判定题的形式考查了施工组织设计的编制内容。根据《建筑施工组织设计规范》GB/T 50502—2009 第5.4.1条和第5.4.2条的规定:

5.4.1 施工准备应包括技术准备、现场准备和资金准备等。

5.4.2 资源配置计划应包括劳动力配置计划和物资配置计划等。

结合背景资料可知，施工方案齐全，属于技术准备，完成的比较好；技术交底满足要求，属于技术准备，完成的比较好；临时设施通过验收，属于现场准备，完成的比较好；材料采购因资金问题影响了施工进度，属于资金准备，需要改进；施工人员按计划进场，属于劳动力配置计划，完成的比较好；材料采购因资金问题影响了施工进度，属于物资配置计划，需要改进。虽然本题不是直接以问答题的形式考查施工准备和资源配置计划所包含的内容，但是如果不知其所包含的内容，亦无法作答本题。

问题2：图中的水压试验有哪些不符合规范规定？写出正确的做法。

【参考答案】

（1）压力表的数量仅为1块不符合规范要求，压力表的数量应不少于2块，需增加1块压力表。

（2）压力表的安装位置不符合规范要求。压力表应安装在加压系统的第一个阀门后和系统最高点排气阀处。

（3）碳钢管和不锈钢管直接连接会发生电化学腐蚀不符合规范要求。不同材质的管道的连接应采取防止发生电化学腐蚀的措施，可采用与管道相同材质的过渡件进行连接，或用与管道相同材质的法兰分别与管道焊接后，再用螺栓连接。

【分析思路及作答要求】

本题以图表分析题的形式考查了工业管道压力试验前应具备的条件。由图可知，图中所标注的各种信息，如"给水"、"试压泵"、高点"排气管"、低点"放水管"等均无问题。除此之外，还标注了"精度等级为1.0级的设置了缓冲装置的1块压力表"和"碳钢管与不锈钢管道的连接"，针对压力表，由于其精度等级1.0级不小于1.6级，因此其精度等级符合要求，而且设置了缓冲装置亦符合要求，但是其数量和安装位置不符合要求，数量应不少于2块，并在加压系统第一个阀门后（始端）和系统最高点（末端、排气阀处）各装1块。其次，针对不同材质金属管道的连接需要采取防止发生电化学腐蚀的措施。

作答本题的关键是要在复杂的图形中排除干扰信息，并能准确且全面地找到压力表的设置及不同材质管道连接存在的问题。

问题3：背景中的工艺管道系统的焊缝应采用哪几种检测方法？设计单位对工艺管道系统应如何分析？

【参考答案】

（1）对管道环向对接焊缝应进行100%射线检测或100%超声检测；对组成件连接焊缝应进行100%渗透检测或100%磁粉检测。

（2）设计单位对工艺管道系统应进行柔性分析。

【分析思路及作答要求】

本题以常规问答题的形式考查了工业管道压力试验的替代形式。根据《工业金属管道工程施工规范》GB 50235—2010第8.6.2条第4款的规定：

8.6.2 压力试验的替代应符合下列规定：

4 现场条件不允许进行管道液压和气压试验时，可同时采用下列方法代替压力试验，但应经建设单位和设计单位同意：

（1）所有环向、纵向对接焊缝和螺旋焊焊缝应进行100%射线检测或100%超声检测。

（2）除本规范第8.6.2条第4款第1项规定以外的所有焊缝（包括管道支撑件与管道组成件连接的焊缝），应进行100%的渗透检测或100%的磁粉检测。

（3）应由设计单位进行管道系统的柔性分析。

（4）管道系统应采用敏感气体或浸入液体的方法进行泄漏试验，试验要求应在设计文件中明确规定。

综上所述，背景资料中的管道环向对接焊缝应进行100%射线检测或100%超声检测，对组成件连接焊缝应进行100%渗透检测或100%磁粉检测，并由设计单位对工艺管道系统进行柔性分析。本题需要结合背景资料作答，切不可照搬上述规范原文。

问题4：监理工程师提出整改要求是否正确？说明理由。加固后的风管可按什么文件进行验收？

【参考答案】

（1）监理工程师提出整改要求的做法正确。风管板材拼接的接缝应错开，不得有十字形接缝。

（2）加固后的风管可按技术处理方案和协商文件进行验收。

【分析思路及作答要求】

本题以判断改错和常规问答题的形式考查了通风与空调系统风管的制作要求。作答本题第一问，只需要针对监理工程师提出的问题进行简单阐述，即风管板材拼接的接缝应错开，不得有十字形接缝。主要目的是确保风管的强度和严密性，风管板材拼接时，接缝错开可以避免材料在接缝处的集中应力，减少接缝开裂的风险。针对本题第二问，施工质量不合格的，可以进行返修或返工处理，经返修或加固处理的分部分项工程，虽然改变外形尺寸但仍能满足结构安全和使用功能的，可以按技术处理方案和协商文件进行协商验收。

案例22 2020年一建案例题二

▶ **考情先知**

(1) 管道工程施工技术要求

(2) 隐蔽工程验收要求

(3) 凝汽器安装和轴系对轮中心找正

(4) 专项验收要求

A公司总承包2×660MW火力发电厂1#机组的建筑安装工程，工程内容包括锅炉、汽轮

发电机、水处理系统、脱硫系统等的安装。

A 公司将水泵和管道安装分包给 B 公司施工。B 公司在凝结水泵初步找正后即进行管道的连接，因出口管道与设备不同心，导致无法正常对口，便用手拉葫芦强制调整管道，被 A 公司制止。

B 公司整改后，在联轴节上架设仪表监视设备位移，保证管道与水泵的安装质量。

锅炉补给水管道为埋地敷设，施工完毕自检合格后，以书面形式通知监理申请隐蔽工程验收，第二天进行土方回填时被监理工程师制止。

在未采取任何技术措施的情况下，A 公司对凝汽器汽侧进行了灌水试验（下图），无泄漏，但造成部分弹簧支座过载损坏。返修后，进行汽轮机组轴系对轮中心找正，经初找和复找验收合格。

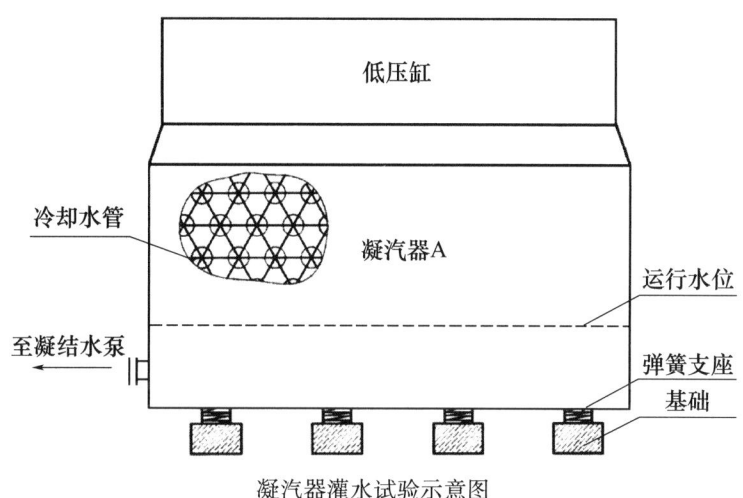

凝汽器灌水试验示意图

主体工程、辅助工程和公用设施已按设计文件要求建成，单位工程验收合格后，建设单位及时向政府有关部门申请专项验收，并提供备案申报表、施工许可文件复印件及规定的相关材料，项目通过专项验收。

问题 1：A 公司为什么制止凝结水管道连接？B 公司应如何整改？在联轴节上应架设哪些仪表监视设备的位移？

【参考答案】

（1）B 公司在水泵初步找正后，即进行管道连接，并导致无法正常对口，后又用手拉葫芦强制调整管道，导致管道承受了较大的附加外力，因此 A 公司制止了凝结水管道的连接。

（2）B 公司应在水泵安装定位并紧固地脚螺栓后再进行管道和设备的连接，并在连接前，在自由状态下检验法兰的平行度和同轴度，以保证管道和设备接口同心，避免管道和设备承受较大的附加外力。

（3）在联轴节上应架设百分表监视设备的位移。

【分析思路及作答要求】

本题以判断改错和常规问答题的形式考查了管道工程施工技术要求。依据《工业金属管道工程施工规范》GB 50235—2010 第 7.4.1 条和 7.4.2 条的规定：管道与设备的连接应在设备安装定位并紧固地脚螺栓后进行；对不得承受附加外荷载的动设备，管道与动设备连接前，应在自由状态下检验法兰的平行度和同心度；管道系统与动设备最终连接时，应在联轴器上架设百分表监视动设备的位移。

由于该知识点曾在 2016 年考过类似的案例题，因此考生对于本题所涉及的内容较为熟悉，因此作答本题难度较小，关键在于能够结合背景资料组织语言进行阐述，因此考生在平时学习的过程中，一定要注重对案例题的书写练习，养成良好的书写习惯。

问题 2：说明监理工程师制止土方回填的理由。隐蔽工程验收通知内容有哪些？

【参考答案】

（1）监理工程师制止土方回填的理由是：工程具备隐蔽条件时，施工单位应在隐蔽前 48h 以书面形式通知建设单位或监理单位进行验收，验收合格后方能进行下一道工序。

（2）隐蔽工程验收通知内容有：隐蔽验收的内容、隐蔽方式、验收时间和验收地点。

【分析思路及作答要求】

本题以论述和常规问答题的形式考查了隐蔽工程验收的要求。隐蔽工程验收有两个基本要求，一个是对隐蔽工程验收通知时间的要求，另一个是对隐蔽工程验收通知内容的要求。因此作答本题第一问，只需要把"隐蔽前 48h 以书面形式通知"这一点回答准确并结合背景资料简单阐述即可。回答本题第二问，则需要准确记忆相关内容，但也可结合工程实际，以己为例，设想自己在隐蔽工程报验时，都会通知相关单位哪些内容，如此一来，该通知的内容就会显而易见。

另外，由于该知识点曾在 2018 年考过相同的案例问题，因此考生对于隐蔽工程验收通知的内容也是较为熟悉，由此可见，考生在备考之时一定要加强对历年真题的重视程度。

问题 3：写出凝汽器灌水试验前后的注意事项。灌水水位应高出哪个部件？轴系中心复找工作应在凝汽器什么状态下进行？

【参考答案】

（1）已经就位在弹簧支座上的凝汽器，灌水试验前应加设临时支撑，灌水试验后应及时把水放净。

（2）灌水水位应高出顶部冷却管 100mm。

（3）轴系中心复找工作应在凝汽器灌水至模拟运行状态下进行。

【分析思路及作答要求】

本题以常规问答题的形式考查了凝汽器安装和轴系对轮中心找正。凝汽器结构尺寸相当庞大，其支撑方式多采用通过弹簧支座坐落在凝汽器基础上的支撑形式。凝汽器组装完毕后，汽侧应进行灌水试验，且在灌水试验前加设临时支撑，灌水试验后及时把水放净。另外，按照当年考试的要求，灌水水位应高出顶部冷却管 100mm，如上述的问题及所给参考答案。而按照最新要求，灌水高度宜在汽封洼窝以下 100mm，维持 24h 无渗漏，考生在学习之时应以最新要求为准。

轴系对轮中心复找应在凝汽器灌水至模拟运行状态下进行，原因是通过水的重力作用，使凝汽器与汽轮机轴线形成固定关系,从而准确找到中心位置,还可以模拟实际运行工况,有助于提前发现潜在的问题并加以解决,如设备不平衡、安装误差等。针对轴系对轮中心找正,曾在2016年和2017年分别以案例问答题的形式进行考查,且本题考试难度均小于前两年,因此作答本题相对容易。

问题4:建设工程项目投入试生产前和试生产阶段应完成哪些专项验收?
【参考答案】
建设工程项目投入试生产前应完成消防验收,试生产阶段应完成安全设施验收和环境保护验收。
【分析思路及作答要求】
本题以常规问答题的形式考查了专项验收的要求。建设工程项目投入试生产前完成消防验收,目的是保证工程在投入使用前消防设施能够满足要求,且消防验收不需要试生产即可进行。试生产阶段完成安全设施验收和环境保护验收,目的是通过试生产,验证安全设施和环保设施是否能够满足要求。

案例23 2020年一建案例题三

▶▶ 考情先知
(1) 施工现场项目部主要人员的配备
(2) 施工现场危险源的辨识和职业健康危害因素
(3) 工程测量仪器的应用
(4) 施工质量问题的调查处理

某生物新材料项目由A公司总承包,A公司项目部项目经理在策划组织机构时,根据项目大小和具体情况配备了项目部技术人员,满足了技术管理要求。

项目中料仓盛装的浆糊流体介质温度约为42℃,料仓的外壁保温材料为半硬质岩棉制品。料仓由A、B、C、D四块不锈钢壁板组焊而成,尺寸和安装位置如下图所示。

在门吊架横梁上挂设4只手拉葫芦,通过卸扣、钢丝绳吊索与料仓壁板上的吊耳(材质为Q235)连接成吊装系统。

料仓的吊装顺序为A、C→B、D,料仓的四块不锈钢壁板的焊接方法采用手工焊条电弧焊。

设计要求料仓正方形出料口连接法兰安装水平度允许偏差≤1mm,对角线长度允许偏差≤2mm,中心位置允许偏差≤1.5mm。

在对料仓工程质量检查时,质量员提出吊耳与料仓壁板为异种钢焊接,违反"禁止不锈钢与碳素钢接触"的规定,项目部对料仓临时吊耳进行了标识和记录,根据质量问题的性质和严重程度编制并提交了质量问题调查报告,及时返修后,质量验收合格。

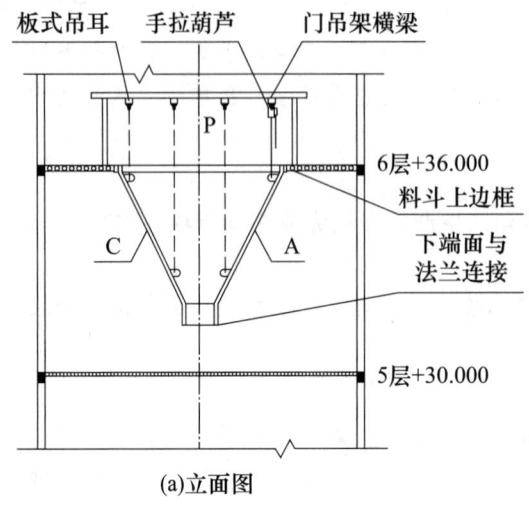
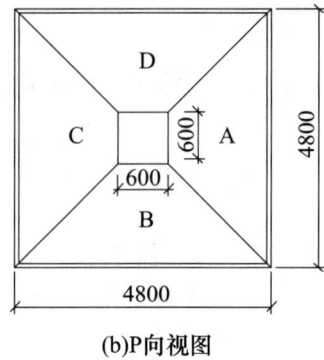

(a)立面图　　　　　　　　　(b)P向视图

料仓安装示意图

问题1：项目经理根据项目大小和具体情况如何配备技术人员？

【参考答案】

项目经理根据项目大小和具体情况，按单位、分部、分项工程和专业配备技术人员。

【分析思路及作答要求】

本题以常规问答题的形式考查了施工现场项目部主要人员的配备。施工现场项目部需要配备技术人员和主要技术工人，根据项目大小和具体情况，均应按单位、分部、分项工程和专业配备。

问题2：分析图中存在哪些安全事故危险源？不锈钢壁板组对焊接作业过程中存在哪些职业健康危害因素？

【参考答案】

（1）图中存在的安全事故危险源有：料仓上平面洞口无防护栏杆，存在高空坠落的危险；料仓焊接成整体之前，存在吊装伤害和物体打击的危险；临时设施固定不牢，存在坍塌倒塌的危险；钢丝绳和绳扣的安全系数或质量不符合要求，存在断脱的危险；对不锈钢壁板进行高空组对焊接作业，存在高空坠落和触电的危险。

（2）不锈钢壁板组对焊接作业过程中存在的职业健康危害因素有：电焊烟尘、锰及其化合物、一氧化碳、氮氧化物、臭氧、紫外线、红外线、高温、高处作业。

【分析思路及作答要求】

本题以图表分析题的形式考查了施工现场危险源的辨识和职业健康危害因素。施工安全重大危险源的主要类型包括：高空作业→高空坠落；机械作业→机械伤害；吊装作业→吊装伤害；交叉作业→物体打击；临时用电→触电；动火作业→火灾；电气焊作业→火灾爆炸；密闭容器内作业→中毒、窒息；脚手架搭设作业、深基坑作业→倒塌、坍塌；其他作业→滑倒、失稳等。作答本题时需注意，由于需要加入分析的元素在内，因此可以从多角度多方面进行阐述，从而确保所给答案全面准确，尽可能多得分。

另外，焊接作业中存在的职业健康危害因素，除一般作业面临的高温和高空作业外，还应围绕着焊接作业产生的有害烟尘、有害气体、有害光线等三个方面进行作答。

问题3：料仓出料口端平面标高基准点和纵横中心线的测量应分别使用哪种测量仪器？
【参考答案】
料仓出料口端平面标高基准点的测量应使用水准仪，纵横中心线的测量应使用经纬仪。
【分析思路及作答要求】
本题以常规问答题的形式考查了工程测量仪器的应用。常用的工程测量仪器有水准仪、经纬仪、全站仪，以及其他激光测量仪器等，其各自的功能和应用如下表所示。

测量仪器的功能和应用

仪器	功能	应用
水准仪	测量高度	标高、高程、高差、标高基准点、沉降观测点
经纬仪	测量角度	水平角、竖直角、垂直度、纵横中心线
全站仪		角度、距离、坐标、其他可拓展应用
电磁波测距仪	测量距离	微波测距仪、激光测距仪、红外测距仪
激光准直仪 激光指向仪	测量同心度	用于大直径、长距离、回转型设备同心度的找正测量，以及高塔体、高塔架同心度的测量控制
激光平面仪	测量平面度	用于提升施工的滑模平台、网形屋架的水平控制，以及大面积混凝土楼板支模、灌注和抄平作业

问题4：项目部编制的吊耳质量问题调查报告应及时提交给哪些单位？
【参考答案】
项目部编制的吊耳质量问题调查报告应及时提交给建设单位、监理单位和本单位（A公司）管理部门。
【分析思路及作答要求】
本题以常规问答题的形式考查了施工质量问题的调查处理。质量问题调查报告应提交给施工现场三大单位即可，该问题较为简单。但是需要更加重点关注的是质量问题调查报告的内容，即质量问题的定位、定性、定责。定位指的是质量问题发生的范围和部位，定性指的是质量问题的性质和影响程度，定责指的是施工单位和施工人员。

案例24 2020年一建案例题四

▶▶ 考情先知
(1) 施工进度计划的分析及调整
(2) 赢得值法的三个基本参数和四个评价指标

（3）协调管理和电缆敷设前的检查

（4）变压器的交接试验

（5）竣工验收的实施

A公司承包某商务园区电气工程，工程内容包括10/0.4-LN9731型变电所和供电线路的施工。室内主要电气设备（三相变压器、开关柜等）由建设单位采购，设备已运抵施工现场，其他设备材料由A公司采购。

A公司依据施工图和资源配置计划编制了变电所安装工作的逻辑关系及持续时间表，如下表所示。

10kV/0.4kV变电所安装工作的逻辑关系及持续时间表

代号	工作内容	紧前工作	持续时间（d）	可压缩时间（d）
A	基础框架安装	—	10	3
B	接地干线安装	—	10	2
C	桥架安装	A	8	3
D	变压器安装	A、B	10	2
E	开关柜、配电柜安装	A、B	15	3
F	电缆敷设	C、D、E	8	2
G	母线安装	D、E	11	2
H	二次线路敷设	E	4	1
I	试验、调整	F、G、H	20	3
J	计量仪表安装	G、H	2	—
K	试运行验收	I、J	2	—

A公司将3000m电缆排管施工分包给B公司，预算单价为130元/m，工期30天，B公司签订合同后第15天结束前，A公司检查电缆排管施工进度，B公司只完成电缆排管1000m，但支付给B公司的工程进度款累计已达200000元，A公司对B公司提出警告，要求加快施工进度。

A公司对B公司进行施工质量管理协调，编制的质量检验计划与电缆排管施工进度计划一致。A公司检查了电缆的规格型号、绝缘电阻和绝缘试验均符合要求，在电缆排管检查合格后，按施工图进行电缆敷设，供电线路按设计要求完成。

变电所设备安装后，变压器及高压电器进行了交接试验，在额定电压下对变压器进行冲击合闸试验3次，每次间隔时间3min，无异常现象，A公司认为交接试验合格，被监理工程师提出异议，要求重新进行冲击合闸试验。

建设单位要求变电所单独验收，给商务园区供电，A公司整理变电所工程验收资料，在试运行验收中，有一台变压器运行噪声较大，经有关部门检查分析及A公司提供施工文件证明不属于安装质量问题，后经变压器厂家调整处理通过验收。

问题 1：按表计算变电所安装的计划工期，如果每项工作都按上表压缩天数，变电所安装最多可以压缩到多少天？

【参考答案】

（1）根据变电所安装工作逻辑关系及持续时间表可知，该工程的关键工作是 A（B）、E、G、I、K，因此变电所安装的计划工期为 10+15+11+20+2＝58 天。

（2）如果每项工作都按变电所安装工作逻辑关系及持续时间表压缩天数，A、B 工作可同时压缩 2 天，E 工作可压缩 3 天，G 工作可压缩 2 天，I 工作可压缩 3 天，因此总计最多可以压缩 10 天，故变电所安装最多可以压缩到 48 天。

【分析思路及作答要求】

本题以图表分析题的形式考查了施工进度计划的分析及调整。首先，结合表格信息查找关键工作，按照最后一项工作一定是关键工作的思路从后往前找，找到持续时间最长的线路，该线路上的工作即为关键工作，而各个工作的持续时间之和即总工期。

（1）最后一项工作 K 是关键工作，且其紧前工作中必有一项关键工作。看谁是关键工作，主要是看谁的持续时间长，谁的持续时间长，谁就有可能是关键工作，就可以初步判断其为关键工作。之所以说是初步判断，是因为我们要找到持续时间最长的线路，而不是持续时间最长的工作，K 的紧前工作是 I 和 J，I 的持续时间是 20 天，J 的持续时间是 2 天，因此可以初步判断 I 是关键工作。

（2）如果 I 是关键工作，依次类推，可以初步判断其紧前工作中的 G 是关键工作。

（3）如果 G 是关键工作，依次类推，可以初步判断其紧前工作中的 E 是关键工作。

（4）如果 E 是关键工作，依次类推，可以初步判断其紧前工作中的 A 和 B 是关键工作。

这里要注意的是，A 和 B 均不再有紧前工作，且 A 和 B 的持续时间均为 10 天，因此 A 和 B 为并列关键工作，也就是本题的关键线路有 2 条，一条是 A→E→G→I→K，另一条是 B→E→G→I→K。

作答本题第二问，施工进度计划调整的原则是：调整的对象必须是关键工作，该工作有压缩的潜力，与其他可压缩工作相比赶工费用最低。虽然本题 C、D、F、H 四项工作也可以压缩，但是由于其是非关键工作，因此对其压缩并无意义，并不能缩短工期。本题 K 工作虽然是关键工作，但是其无法被压缩。本题 A 和 B 虽然分别可以压缩 3 天和 2 天，但是也只能同时对 A 和 B 均压缩 2 天，因为本题有 2 条关键线路，如果 A 压缩 3 天，B 压缩 2 天，那么 A→E→G→I→K 就不再是关键线路了，而 B→E→G→I→K 将成为唯一的关键线路，而总工期是根据关键线路计算出来的。

问题 2：计算 B 公司电缆排管施工的 CPI 和 SPI，判断 B 公司电缆排管施工进度是提前还是落后。

【参考答案】

根据背景资料可知，电缆排管施工第 15 天结束前只完成 1000m，但实际已花费 200000 元，而按照施工进度计划，此时应完成 1500m，因此：

已完工程预算费用＝1000m×130 元/m＝130000 元

已完工程实际费用=200000 元

计划工程预算费用=1500m×130 元/m=195000 元

CPI=130000／200000=0.65

SPI=130000／195000=0.67

由于 SPI<1，因此 B 公司电缆排管施工进度落后。

【分析思路及作答要求】

本题以分析计算题的形式考查了赢得值法的三个基本参数和四个评价指标。作答本题的关键在于读懂背景资料，一共 3000m 的电缆排管施工，预算单价 130 元/m，工期 30 天，每天应完成 100m，那么第 15 天结束时就要完成 1500m，这就是为什么计划工程预算费用＝1500m×130 元/m=195000 元。另外，作答本题必须给出完整的分析和计算过程。

问题 3：电缆排管施工中的质量管理协调，有哪些同步性作用？10kV 电力电缆应做哪些试验？

【参考答案】

（1）电缆排管施工中的质量管理协调，作用于质量检查或验收记录的形成与施工实体进度形成的同步性。

（2）10kV 电力电缆敷设前应做交流耐压试验、直流泄漏试验。

【分析思路及作答要求】

本题以常规问答题的形式考查了协调管理和电缆敷设前的检查。首先，与施工质量管理的协调，其同步性作用主要体现在资料与施工要同步进行。其次，电缆敷设前的检查，6kV 以上的电缆，应做交流耐压试验和直流泄漏试验，1kV 以下的电缆应测量绝缘电阻值。

（1）交流耐压试验：能有效发现较危险的集中性缺陷。

（2）直流耐压试验：电压较高，能有效发现某些局部缺陷，与交流耐压试验相比，设备轻便、对绝缘损伤较小、易于发现某些局部缺陷，并可与泄漏电流试验同时进行。

（3）泄漏电流试验：测量泄漏电流和绝缘电阻本质上没有多大区别，但是通过测量泄漏电流和外加电压的关系有助于分析缺陷的类型，且试验用的微安表要比兆欧表精度高。

问题 4：变压器高低压绝缘电阻测量应分别用多少伏的兆欧表？监理工程师为什么提出异议？写出正确的冲击合闸试验要求。

【参考答案】

（1）变压器高压绝缘电阻的测量应使用 2500V 兆欧表。低压绝缘电阻测量应使用 500V 兆欧表。

（2）监理工程师提出异议的原因是变压器在额定电压下的冲击合闸试验次数和每次间隔时间均不符合规范要求。

（3）正确的冲击合闸试验要求是在额定电压下对变压器的冲击合闸试验，应进行 5 次，每次间隔时间宜为 5min，应无异常现象。

【分析思路及作答要求】

本题以常规问答和判断改错题的形式考查了变压器的交接试验。作答本题的关键在于准确记忆相关数字，例如 2500V、500V、5 次、5min 等，变压器的交接试验是历年来案例考试的重点，需要考生着重学习该内容，并做好归纳总结。

问题 5：变电所工程是否可以单独验收？试运行验收中发生的问题 A 公司可以提供哪些施工文件来证明不是安装质量问题？

【参考答案】

（1）变电所工程可以单独验收。

（2）试运行验收中发生的问题，A 公司可以提供设计说明书、设计变更单、施工图纸、施工合同、施工记录、变压器安装技术资料等有关文件来证明不是安装质量问题。

【分析思路及作答要求】

本题以判定和常规问答题的形式考查了竣工验收的实施。首先，针对第一问，根据规定，较大的电气安装工程，如变电装置（大型变电所）可划分为单位（子单位）工程，便于施工验收。其次，针对第二问，应围绕着竣工验收依据中与本工程有关的施工文件进行阐述说明，主要有设计文件、施工文件、技术资料。作答本题第一问直接给出观点即可，作答本题第二问可以在理解的基础上结合实际工作经验进行回答。

案例 25　2020 年一建案例题五

▶▶ 考情先知

（1）危大工程范围的界定和方案实施

（2）特种设备生产单位的许可

（3）质量数据的统计分析和质量问题的调查处理

（4）机电工程中常用的吊装方法和钢丝绳的安全系数

（5）管道工程压力试验和吹扫清洗

某施工单位承接一处 500kt/d 的金属矿综合回收技术改造项目，该项目熔炼房内设有一台冶金桥式起重机，额定起重量为 50t，跨度为 19m，安装方案采用直立单桅杆吊装系统进行设备就位安装。

工程中的氧气管道设计压力为 0.8MPa，材质为 20 号钢、304 不锈钢、324 不锈钢，规格主要有 φ377、φ325、φ159、φ108、φ89、φ76，制氧站到地上管网及底吹炉、阳极炉、鼓风机房界区内的工艺管道共约 1500m。

施工单位编制了施工组织设计和各项施工方案，经审批通过，在氧气管道安装合格具备压力试验条件后，对管道系统进行了强度试验。

采用氮气作为试验介质，先缓慢升压到设计压力的 50%，经检查无异常，再以 10% 试验压力逐级升压,每级稳压 3min,直至试验压力,稳压 10min 降到设计压力,检查管道无泄漏。

为了保证富氧底吹炉内衬砌筑质量,施工单位对砌筑中的质量问题进行了现场调查并统计出质量问题,如下表所示,针对各质量问题分别用因果分析图法进行分析,经确认找出了导致问题发生的主要原因。

富氧底吹炉砌筑质量问题统计表

序号	质量问题	频数(点)	累计频数(点)	频率(%)	累计频率(%)
1	错牙	44	44	47.3	47.3
2	三角缝	31	75	33.3	80.6
3	圆周砌体的圆弧度超差	8	83	8.6	89.2
4	端墙砌体的平整度超差	5	88	5.4	94.6
5	炉膛砌体的线尺寸超差	2	90	2.2	96.8
6	膨胀缝宽度超差	1	91	1.0	97.8
7	其他	2	93	2.2	100.0
8	合计	93			

问题 1:本工程哪个设备安装应编制危大工程专项施工方案?该方案编制后必须经过哪个步骤才能实施?

【参考答案】

(1) 本工程冶金桥式起重机的安装应编制危大工程专项施工方案。

(2) 该专项施工方案编制后,应当通过施工单位审核和总监理工程师审查,再由施工单位组织召开专家论证会对专项施工方案进行论证,论证通过后才能实施。

【分析思路及作答要求】

本题以判定和常规问答题的形式考查了危大工程范围的界定和方案实施。由背景资料可知,本工程需要安装的设备有:额定起重量为 50t 的冶金桥式起重机、氧气管道、制氧站、底吹炉、阳极炉、鼓风机等,且安装的起重机的额定起重量超过 300kN,因此该起重机的安装属于超过一定规模的危大工程,不仅需要编制危大工程安全专项施工方案,还需要由施工单位组织专家论证。作答本题的关键在于,首先找出背景资料中的所有设备,其次根据额定起重量 50t 判断该起重设备的安装是否属于超过一定规模的危大工程。

问题 2:施工单位承接本项目应具备哪些特种设备施工许可资格?

【参考答案】

施工单位承接本项目应具备压力管道安装许可资格、起重机械安装许可资格。

【分析思路及作答要求】

本题以常规问答题的形式考查了特种设备生产单位的许可。与问题 1 一样,首先仍然是列出本工程需要安装的设备:额定起重量为 50t 的冶金桥式起重机、氧气管道、制氧站、底吹炉、阳极炉、鼓风机等。其次,根据《中华人民共和国特种设备安全法》的规定,上述起重机械和氧气管道属于特种设备,因此施工单位应具备起重机械安装许可资格和压力管道安装许可资格,作答时习惯将压力管道写在前面,起重机械写在后面,但不影响判卷得分。

问题 3:影响富氧底吹炉砌筑的主要质量问题有哪几个?累计频率是多少?找到质量问题的主要原因之后要做什么工作?

【参考答案】

(1) 影响富氧底吹炉砌筑的主要质量问题有错牙和三角缝,累计频率是 80.6%。

(2) 找到质量问题的主要原因之后要做的工作是质量问题评审处置,需要对质量问题进行处理的,要制定纠正措施,并根据质量问题的范围、性质、原因和影响程度,确定处置方案,经建设单位、监理单位同意并批准后组织实施。

【分析思路及作答要求】

本题以图表分析和常规问答题的形式考查了质量数据的统计分析和质量问题的调查处理。首先第一问,针对质量数据的统计分析,在采用排列图法对质量问题进行 ABC 分类时,A 类问题为主要问题,其累计频率通常为 0%~80%,但这只是通常的划分原则,并非严格限制,而且找到主要问题的目的是集中力量加以解决并忽略次要问题以后处理,因此结合上表中所给数据进行综合分析,影响富氧底吹炉砌筑的主要质量问题是错牙和三角缝,累计频率是 80.6%。其次第二问,找到质量问题的主要原因之后,应围绕着要不要处理、怎么处理这两个方面来进行阐述作答即可。质量数据的统计分析考试频率极高,分别在 2015 年、2016 年、2017 年、2020 年进行考查,故此为必会内容。

问题 4:直立单桅杆吊装系统由哪几部分组成?卷扬机走绳、缆风绳和起重机捆绑绳的安全系数应分别不小于多少?

【参考答案】

(1) 直立单桅杆吊装系统由桅杆、缆风系统、提升系统、拖排滚杠系统、牵引溜尾系统等组成。

(2) 卷扬机走绳的安全系数不小于 5,缆风绳的安全系数不小于 3.5,起重机捆绑绳的安全系数不小于 6。

【分析思路及作答要求】

本题以常规问答题的形式考查了机电工程中常用的吊装方法和钢丝绳的安全系数。桅杆系统吊装的组成可从三个方面作答,第一部分是桅杆和用来固定桅杆的缆风绳和地锚,第二部分是提供动力的卷扬机等重力提升系统,第三部分是用来辅助设备吊装的拖排滚杠和牵引溜尾系统。钢丝绳的安全系数涉及数据的记忆,针对该组数据,首先是 5 系 6 捆,其次是缆风绳 3 个字对应的安全系数是 3.5,卷扬机走绳 5 个字对应的安全系数是 5。作答本题需要准确记忆相关内容。

问题 5:氧气管道的酸洗钝化有哪些工序内容?计算氧气管道采用氮气进行压力试验的试验压力。

【参考答案】

(1) 氧气管道的酸洗钝化工序内容有脱脂去油、酸洗、水洗、钝化、水洗、无油压缩空气吹干。

（2）氧气管道采用氮气进行压力试验的试验压力应为设计压力的1.15倍，即1.15×0.8＝0.92MPa。

【分析思路及作答要求】

本题以常规问答和分析计算题的形式考查了管道工程压力试验和吹扫清洗。该题作答较容易，酸洗钝化的工序内容即酸洗、水洗、钝化、水洗，答案即在问题中，只不过酸洗钝化之前要脱脂去油，酸洗钝化之后要用无油压缩空气吹干。工业管道压力试验分为液压试验和气压试验，根据《工业金属管道工程施工规范》GB 50235—2010第8.6.5条第1款的规定：承受内压钢管及有色金属管的试验压力应为设计压力的1.15倍。真空管道的试验压力应为0.2MPa。

案例26 2019年一建案例题一

▶▶ 考情先知

（1）技术交底的要求

（2）通风与空调水系统管道的安装要求

（3）通风与空调水系统管道的试验要求

某安装公司承接一大型商场的空调工程，工程内容有空调风管、空调供回水、开式冷却水等系统的钢制管道与设备施工，管材及配件由安装公司采购。设备有离心式双工况冷水机组2台，螺杆式基载冷水机组2台，内融冰钢制蓄冰盘管24台，组合式新风机组146台，均由建设单位采购。

项目部进场后，编制了空调工程的施工技术方案，主要包括施工工艺与方法、质量技术要求和安全要求等，方案的重点是隐蔽工程施工、冷水机组吊装、空调水管法兰焊接、空调管道安装试压、空调机组调试与试运行等操作要点。

质检员在巡视中发现空调供水管的施工质量不符合规范要求，如左图所示，通知施工作业人员整改。

空调供水管及开式冷却水系统施工完成后，项目部进行了强度试验和严密性试验，施工图中注明空调供水管的工作压力为1.3MPa，开式冷却水系统工作压力为0.9MPa。

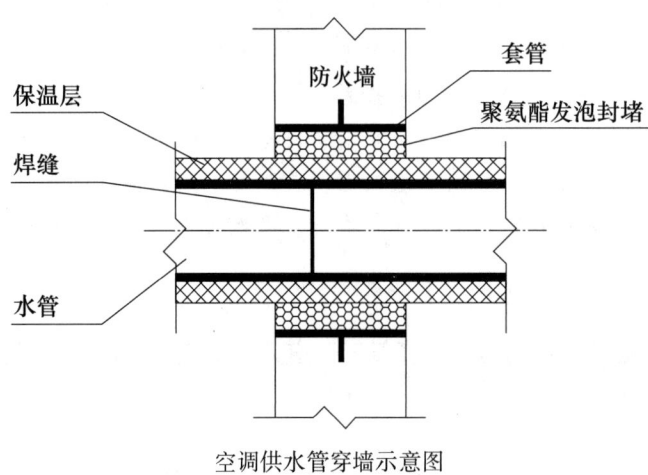

空调供水管穿墙示意图

在试验过程中，发现空调供水管个别法兰连接处和焊缝处有渗漏现象，施工人员及时返修后重新试验未发现渗漏。

问题1：空调工程的施工技术方案编制后应如何组织实施交底？重要项目的技术交底文件应由哪个施工管理人员审批？

【参考答案】

（1）空调工程的施工技术方案编制后，组织实施交底应在作业前进行，并分层次展开，直至交底到施工操作人员，并有书面交底资料。

（2）对于重要项目的技术交底文件，应由项目技术负责人审批，并在交底时到位。

【分析思路及作答要求】

本题以常规问答题的形式考查了技术交底的要求。作答本题的关键在于"如何组织实施"，因此按照当年考试要求，该问题必须严格按照上面所给参考答案进行作答，即组织实施交底应在作业前进行，并分层次展开，直至交底到施工操作人员，并有书面交底资料。另外，重要项目的技术交底文件应由项目技术负责人审批。该问题仅做了解即可，针对技术交底的学习应以最新考试要求为准。

问题2：图中存在的错误有哪些？如何整改？

【参考答案】

（1）管道接口焊缝设置在套管内不符合要求，管道接口焊缝不应在套管内，应设置在套管外。

（2）管道穿越防火墙，管道与套管之间的缝隙采用聚氨酯发泡封堵不符合要求，管道与套管之间的缝隙应采用不燃绝热材料进行防火封堵。

【分析思路及作答要求】

本题以图表分析题的形式考查了通风与空调水系统管道的安装要求。根据《通风与空调工程施工质量验收规范》GB 50243—2016 第9.2.2条第5款的规定：固定在建筑结构上的管道支、吊架，不得影响结构体的安全。管道穿越墙体或楼板处应设钢制套管，管道接口不得置于套管内，钢制套管应与墙体饰面或楼板底部平齐，上部应高出楼层地面20～50mm，且不得将套管作为管道支撑。当穿越防火分区时，应采用不燃材料进行防火封堵；保温管道与套管四周的缝隙应使用不燃绝热材料填塞紧密。另外，作答本题需要结合图中信息进行逐项分析，例如，水管是否有问题、水管上的焊缝是否有问题、水管做的保温层是否有问题、套管的长度是否有问题、水管和套管之间的封堵是否有问题，这样才能避免漏答。

问题3：计算空调供水管和冷却水管的试验压力，试验压力最低不应小于多少兆帕？

【参考答案】

（1）空调供水管的试验压力：1.3+0.5=1.8MPa。

（2）冷却水管的试验压力：0.9×1.5=1.35MPa。

（3）试验压力最低不应小于0.6MPa。

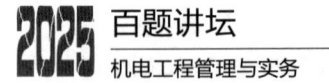

【分析思路及作答要求】

本题以分析计算题的形式考查了通风与空调水系统管道的试验要求。根据《通风与空调工程施工质量验收规范》GB 50243—2016 第 9.2.3 条第 1 款的规定：冷（热）水、冷却水与蓄能（冷、热）系统的试验压力，当工作压力小于或等于 1.0MPa 时，应为 1.5 倍工作压力，最低不应小于 0.6MPa。当工作压力大于 1.0MPa 时，应为工作压力加 0.5MPa。另据上述规范第 9.2.3 条第 3 款的规定：各类耐压塑料管的强度试验压力（冷水）应为 1.5 倍工作压力，且不应小于 0.9MPa；严密性试验压力应为 1.15 倍的设计工作压力。

作答本题需要结合背景资料进行分析，首先根据第一段背景资料可知，本工程安装的水管为钢制管道而非塑料管，其次针对背景资料中两种不同工作压力的管道，根据上述规范要求进行试验压力的计算，需要写出计算过程。

问题 4：试验过程中管道出现渗漏时严禁哪些操作？

【参考答案】

试验过程中发现空调供水管个别法兰连接处和焊缝处有渗漏现象，施工人员严禁继续升压，严禁带压紧固螺栓、补焊或修理。

【分析思路及作答要求】

本题以常规问答题的形式考查了通风与空调水系统管道的试验要求。对于当年的考试，本题考查的是安全管理中的职业健康安全实施要求，本题并不过时，作为与施工现场结合紧密的一种题型仍然很重要。

案例27　2019 年一建案例题二

▶▶ **考情先知**

(1) BIM 四维模拟施工的作用
(2) 自动喷水灭火系统的安装要求
(3) 自动喷水灭火系统的调试要求

背 景 资 料

A 公司以施工总承包方式承接了某医疗中心机电工程项目，工程内容包括给水排水、消防、电气、通风空调等设备材料的采购、安装及调试。

A 公司经建设单位同意，将自动喷水灭火系统（包括消防水泵、稳压泵、报警阀、配水管道、水源和排水设施）的安装和调试分包给 B 公司。

为了提高施工效率，A 公司采用 BIM 四维（4D）模拟施工技术，并与施工组织方案相结合，按进度计划完成了各项安装工作。

在自动喷水灭火系统调试阶段，B 公司组织了相关人员进行了消防水泵、稳压泵、报警阀的调试，完成后交付 A 公司进行系统联动试验，但 A 公司认为 B 公司还有部分调试工作未完成，且自动喷水灭火系统末端试水装置的出水方式和排水立管不符合规范规定，如下图所示。

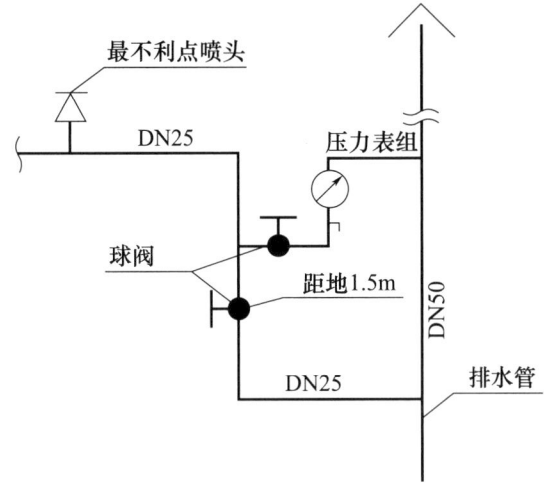

末端试水装置安装示意图

B 公司对末端试水装置进行了返工，并完成相关的调试工作，交付给 A 公司完成联动试验等各项工作。系统各项性能指标均符合设计及相关规范的要求，工程质量验收合格。

问题 1：A 公司采用 BIM 四维（4D）模拟施工的作用有哪些？（删除）
【参考答案】
（1）在 BIM 三维模型的基础上，融合时间的概念可实现四维施工模拟，避免工期延误。
（2）可以直观地体现施工的界面和顺序，使总承包单位与各专业施工单位之间的施工协调变得清晰明了。
（3）通过四维施工模拟与施工组织方案相结合，使设备材料进场、劳动力配置、机械排版等各项工作的安排变得有效经济。设备吊装方案及一些重要的施工步骤，可以用四维模拟的方式明确地向业主和审批方展示出来。

【分析思路及作答要求】
本题以常规问答题的形式考查了 BIM 四维模拟施工的作用。针对其作用可以从四个方面进行详细论述，即进度避免工期延误，协调变得清晰明了，资源安排更加有效经济，易于展示。虽然该内容已经删除，但本题并不过时，BIM 技术作为新兴技术仍很重要。

问题 2：末端试水装置的出水方式和排水立管存在哪些质量问题？末端试水装置漏装了哪个管件？
【参考答案】
（1）末端试水装置的出水方式，直接与排水管连接不符合规范要求，应采用孔口出流的方式进行排水。
（2）末端试水装置的排水立管，采用 DN50 的排水管不符合规范要求，应采用不小于 DN75 的排水管。
（3）该末端试水装置漏装了试水接头及排水漏斗。

【分析思路及作答要求】

本题以图表分析题的形式考查了自动喷水灭火系统的安装要求。每个报警阀组控制的最不利点喷头处应设末端试水装置，其他防火分区、楼层均应设直径为 25mm 的试水阀。另外，根据《自动喷水灭火系统设计规范》GB 50084—2017 第 6.5.2 条的规定：末端试水装置应由试水阀、压力表及试水接头组成。试水接头出水口的流量系数，应等同于同楼层或防火分区内的最小流量系数洒水喷头。末端试水装置的出水，应采取孔口出流的方式排入排水管道，排水立管宜设伸顶通气管，且管径不应小于 75mm。末端试水装置的安装如右图所示。

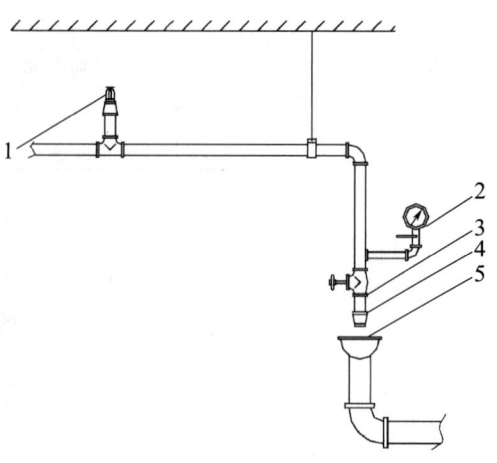

1—最不利点喷头；2—压力表；3—球阀；
4—试水接头；5—排水漏斗。
末端试水装置图

另外，之所以要求采取孔口出流的方式排入排水管道，是因为当末端试水装置的出水口直接与管道或软管连接时，将改变试水接头出水口的水力状态，影响测试结果。之所以要求设置伸顶通气管，是因为不通气排水立管随工作高度增加，排水能力将大为降低。

问题 3：B 公司还有哪些调试工作未完成？

【参考答案】

B 公司未完成的调试工作还有水源测试、排水设施调试。

【分析思路及作答要求】

本题以补充问答题的形式考查了自动喷水灭火系统的调试要求。自动喷水灭火系统的调试应包括：水源测试、消防水泵调试、稳压泵调试、报警阀调试、排水设施调试、联动试验。结合背景资料可知，上述调试内容除最后一项联动试验外，均由 B 公司负责，因此可结合背景资料对 B 公司未完成的调试工作进行补充作答。对于该内容的记忆，可以按照水流所经过的各种组件来进行记忆，即水源→水泵→稳压泵→报警阀→排水设施，最后是联动。

问题 4：联动试验除 A 公司外，还应有哪些单位参加？

【参考答案】

联动试验除 A 公司外，还应参加的单位有 B 公司、建设单位、监理单位、设计单位、设备供应单位。

【分析思路及作答要求】

本题以补充问答题的形式考查了自动喷水灭火系统的调试要求。作答本题只需要把常见的单位名称写清楚写全面即可，联动试验除总包分包、建设单位、监理单位、设计单位外，还要有设备供应单位。本题难度极小，属于必得分题目。

案例 28　2019 年一建案例题三

▶▶ 考情先知

（1）水泵安装技术要求
（2）质量预控方案的内容
（3）设计变更的程序和要求
（4）工业金属管道安装前的检验

背 景 资 料

某工业安装工程项目，工程内容包括工艺管道、设备、电气及自动化仪表安装调试。

工程的循环水泵为离心泵，两用一备，泵的吸入管道和排出管道均设置了独立且牢固的支架。泵的吸入口和排出口均设置了变径管，变径管的长度为管径差的 6 倍。泵的水平吸入管向泵的吸入口方向倾斜，倾斜度为 8‰，泵的吸入口前直管段长度为吸入口直径的 5 倍，水泵扬程为 80m。

在质量检查时，发现水泵的吸入管路和排出管路上存在着管件错用、管件漏装和安装位置错误等质量问题，如下图所示，不符合规范要求，监理工程师要求项目部进行整改。随后上级公司对项目质量检查时发现，项目部未编制水泵安装质量预控方案。

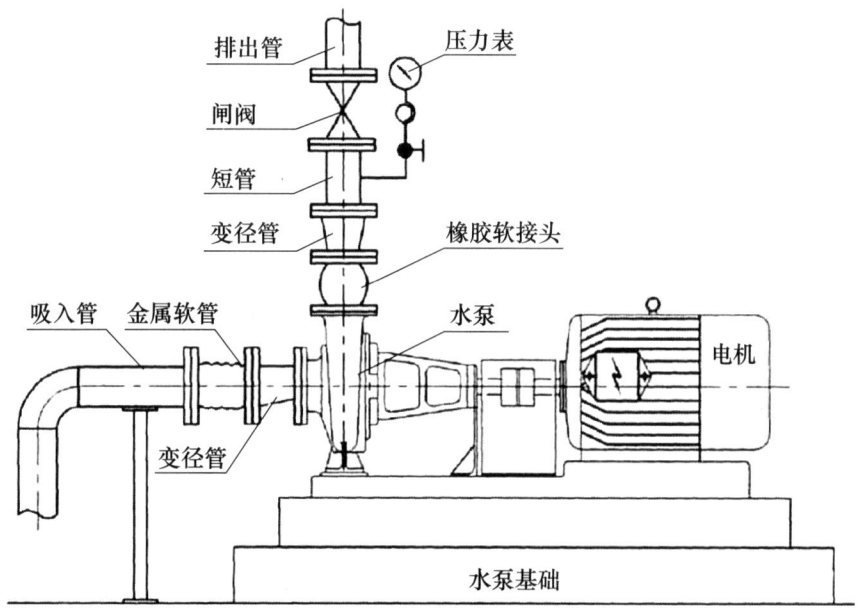

水泵安装示意图

本工程的工艺管道设计材质为 12CrMo（铬钼合金钢），在材料采购时，施工所在地的钢材市场无现货，只有 15CrMo 材质钢管，且规格型号符合设计要求，由于工期紧张，项目部采取了材料代用。

问题1：指出图中管件安装的质量问题，应如何整改？

【参考答案】

图中管件安装的质量问题及相应的整改措施如下：

（1）水泵吸水管上安装金属软管不符合要求，应将该金属软管更换为橡胶软管，即柔性接头。

（2）水泵出水管上变径管安装位置不符合要求，应将变径管安装在水泵和橡胶软管之间。

（3）水泵吸水管和出水管漏装管件不符合要求，吸水管上应安装闸阀、压力表、过滤网，出水管上还应安装止回阀。

（4）水泵和电机底座应设置减振装置。

【分析思路及作答要求】

本题以图表分析题的形式考查了水泵安装技术要求。作答本题的关键是要结合背景资料指出图中管件安装的质量问题。首先，根据背景资料可知，在质量检查时，发现三个问题，分别是管件错用、管件漏装、位置错误。其次，围绕发现的三个问题回答即可。管件错用的是吸水管上的金属软管，位置错误的是出水管上的变径，管件漏装的是吸水管上的闸阀、压力表、过滤网和出水管上的止回阀，同时也可将水泵的减振要求写在答案之中。

问题2：水泵安装质量预控方案包括哪几方面的内容？

【参考答案】

水泵安装质量预控方案包括：工序名称、可能出现的质量问题、提出的质量预控措施。

【分析思路及作答要求】

本题以常规问答题的形式考查了质量预控方案的内容。作答本题只需要将这三个内容答出即可，不需要制定具体的控制方案，即不需要写出可能出现的质量问题和提出的质量预控措施。如果考题要求考生针对某个质量问题制定质量预控方案，则需要从人、机、料、法、环、测等六个方面提出具体的质量预控措施。

问题3：写出工艺管道材料代用需要办理的手续。

【参考答案】

施工中发生的材料代用，需要办理材料代用手续；由施工单位项目部的专业工程师提出材料代用的设计变更申请单，经项目部技术部门审核后，送交建设（监理）单位审核；设计单位同意后，由设计单位签发材料代用的设计变更通知书，并由建设单位将设计变更通知书发至监理工程师，监理工程师发至施工单位。

【分析思路及作答要求】

本题以常规问答题的形式考查了设计变更的程序和要求。施工单位提出设计变更申请的程序要求如下：施工单位提出变更申请→监理工程师或总监理工程师审核技术是否可行、施工难易程度和工期是否增减，造价工程师核算造价影响→建设单位工程师报建设单位项目经理或总经理同意→设计单位工程师同意变更方案并出具变更图纸或变更说明→逐级下发变更图纸或变更说明。

材料代用亦属设计变更，施工中发生的材料代用，需要办理材料代用手续，杜绝没有详图或具体使用部位而只是增加材料用量的变更。

问题4：15CrMo 钢管的进场验收有哪些要求？
【参考答案】
15CrMo 钢管的进场验收要求如下：
（1）检查管道元件及材料的产品质量证明文件。
（2）核对管道元件及材料的材质、规格、型号、数量和标识，并进行外观质量和几何尺寸的检查验收。
（3）采用光谱分析的方法对材质进行复查，并做好标识。
【分析思路及作答要求】
本题以常规问答题的形式考查了工业金属管道安装前的检验。该参考答案可以作为一个模板，凡遇类似题目均可依此作答，一查资料、二查外观、三查尺寸、四要复验。作答本题要注意，不能按照资源管理中的材料进场验收要求作答，因为本题所涉及的材料特指管道工程所用的管材，必须严格按照管道工程中对管材及管件的检验要求作答。

案例29 2019 年一建案例题四

▶▶ 考情先知
（1）建筑智能化系统的调试检测和横道图施工进度计划的优缺点
（2）材料进场验收要求
（3）接地装置的搭接要求
（4）建筑智能化系统分部分项工程的划分和系统调试检测

背景资料

某安装公司承接一商业中心的建筑智能化工程的施工。工程包括建筑设备监控系统、安全技术防范系统、公共广播系统、防雷与接地系统、机房工程。

安装公司项目部进场后，了解商业中心建筑的基本情况，建筑设备安装位置、控制方式和技术要求等，依据监控产品进行深化设计。

再依据商业中心工程的施工总进度计划，编制了建筑智能化工程的施工进度计划，如下表所示，该进度计划在报安装公司审批时被否定，要求重新编制。

建筑智能化工程施工进度计划表

序号	工作内容	5月			6月			7月			8月			9月		
		1	11	21	1	11	21	1	11	21	1	11	21	1	11	21
1	建筑设备监控系统施工	▬	▬	▬	▬	▬	▬	▬	▬	▬	▬					
2	安全技术防范系统施工				▬	▬	▬	▬	▬	▬	▬					
3	公共广播系统施工						▬	▬	▬	▬	▬					
4	机房工程施工							▬	▬	▬	▬					
5	系统检测										▬	▬				
6	系统试运行调试											▬	▬	▬		
7	验收移交														▬	

项目部根据施工图纸和施工进度计划编制了设备材料供应计划，在材料送达施工现场时，施工人员按验收工作的规定对设备材料进行了验收，还对重要的监控部件进行复检，均符合要求。

项目部依据工程技术文件和智能建筑工程质量验收规范，编制了建筑智能化工程系统检测方案，该检测方案经建设单位批准后实施，分项工程、子分部工程的检测结果均符合规范规定，检测记录的填写及签字确认均符合要求。

在工程质量验收中，发现机房和弱电井的接地干线搭接不符合施工质量验收规范的要求，如下图所示，监理工程师对40mm×4mm镀锌扁钢的搭接焊接提出整改要求，项目部返工后通过验收。

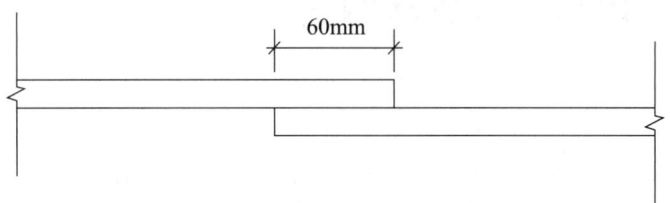

40mm×4mm 镀锌扁钢焊接搭接示意图

问题1：项目部编制的施工进度计划为什么被安装公司否定？这种表达方式的施工进度计划有哪些缺点？

【参考答案】

（1）项目部编制的施工进度计划被安装公司否定的原因，其一在于系统检测应在系统试运行合格后进行，其二在于计划中缺少防雷与接地系统的施工。

（2）横道图施工进度计划，这种表达方式的缺点有：

① 不能反映工作所具有的机动时间，不能反映影响工期的关键工作和关键线路，也就无法反映整个施工过程的关键所在，因而不便于施工进度控制人员抓住主要矛盾，不利于施工进度的动态控制。

② 工程项目规模大、工艺关系复杂时，横道图施工进度计划很难充分暴露施工中的矛

盾，因此利用横道图计划控制施工进度有较大的局限性，适用于中、小型项目或大型项目的子项目。

【分析思路及作答要求】

本题以图表分析和常规问答题的形式考查了建筑智能化系统的调试检测和横道图施工进度计划的优缺点。首先，针对第一问，要结合施工进度计划表进行分析，表中总计 7 项工作内容，前 4 项工作内容均是系统施工，第 7 项工作内容是验收移交，因此这 5 项工作内容均不存在任何问题，也没有施工先后顺序的要求。由此可见，该进度计划的主要问题在于第 5 项和第 6 项工作内容，即两者之间的先后顺序错误，应先进行系统试运行调试，合格后再进行系统检测。另外，工作内容中还必须将防雷与接地系统施工单独列项，原因在于背景资料中第一段文字已明确告知，该工程包括建筑设备监控系统、安全技术防范系统、公共广播系统、防雷与接地系统、机房工程。

针对第二问，横道图施工进度计划的优缺点，最根本的问题是不能反映关键工作和关键线路，因此可以结合自己的理解围绕该问题进行详细阐述。

问题 2：材料进场验收及复检有哪些要求？验收工作应按哪些规定进行？

【参考答案】

（1）材料进场时，必须根据进料计划、送料凭证、质量保证书或产品合格证，对材料的数量和质量进行验收，要求复检的材料应有取样送检证明报告。

（2）验收工作应按质量验收规范和计量检测规定进行。

【分析思路及作答要求】

本题以常规问答题的形式考查了材料进场验收要求。该题不同于 2019 年案例三第 4 问 "15CrMo 钢管的进场验收有哪些要求"，该题所涉及的材料并不特指哪种材料，因此应按资源管理中的材料进场验收要求作答。同时，在按此要求作答时，还应考虑问题的问法，即要判断出题者问的是什么，想要考生回答的是哪句话。针对该内容的记忆应非常牢固，除 2019 年外，还在 2013 年和 2017 年分别以案例题和多选题的形式进行考查。

问题 3：给出正确的扁钢搭接焊接示意图，扁钢与扁钢搭接至少几面施焊？

【参考答案】

扁钢与扁钢搭接，其搭接长度不小于扁钢宽度的 2 倍，且至少三面施焊，正确的扁钢搭接焊接示意图如下图所示。

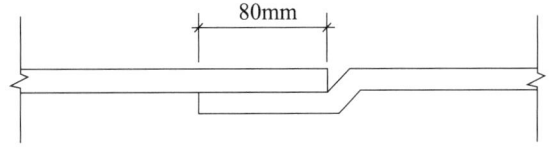

扁钢与扁钢搭接焊接示意图

【分析思路及作答要求】

本题以图表分析和常规问答题的形式考查了接地装置的搭接要求。根据《建筑电气工程施工质量验收规范》GB 50303—2015 第 22.2.2 条的规定：

22.2.2 接地装置的焊接应采用搭接焊，除埋设在混凝土中的焊接接头外，应采取防腐措施，焊接搭接长度应符合下列规定：

1 扁钢与扁钢搭接不应小于扁钢宽度的 2 倍，且应至少三面施焊；

2 圆钢与圆钢搭接不应小于圆钢直径的 6 倍，且应双面施焊；

3 圆钢与圆钢搭接不应小于圆钢直径的 6 倍，且应双面施焊；

4 扁钢与钢管，扁钢与角钢焊接，应紧贴角钢外侧两面，或紧贴 3/4 钢管表面，上下两侧施焊。

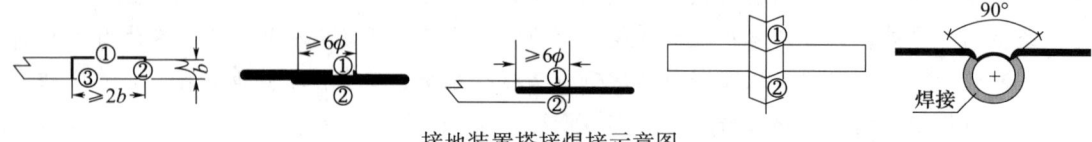

接地装置搭接焊接示意图

问题 4：本工程系统检测合格后，需填写几个子分部工程检测记录？检测记录应由谁来做出检测结论和签字确认？

【参考答案】

（1）本工程系统检测合格后，需填写 4 个子分部工程检测记录，分别是建筑设备监控系统、安全技术防范系统、公共广播系统和机房工程等 4 个子分部工程的检测记录。

（2）检测记录由检测小组填写，检测负责人做出结论，监理工程师（建设单位项目专业技术负责人）签字确认。

【分析思路及作答要求】

本题以判定和常规问答题的形式考查了建筑智能化系统分部分项工程的划分和系统调试检测。建筑智能化系统检测合格后，须填写分项工程检测记录、子分部工程检测记录、分部工程检测汇总记录。根据背景资料第一段文字描述，该工程包括建筑设备监控系统、安全技术防范系统、公共广播系统、防雷与接地系统、机房工程，上述工作内容中，建筑设备监控系统、安全技术防范系统、公共广播系统、机房工程等均属于建筑智能化系统分部工程中的子分部工程，而防雷与接地系统则属于机房工程中的分项工程，因此本工程系统检测合格后，需填写 4 个子分部工程检测记录。

作答本题第二问，需要准确记忆每个人的职责范围，从检测小组到检测负责人再到监理工程师（建设单位项目专业技术负责人），层层递进。

案例 30　2019 年一建案例题五

▶▶ **考情先知**

（1）机械工程和管道工程的施工程序及中间交接

（2）机电工程中常见的工程测量和测量仪器的应用

（3）起重吊装作业失稳的原因及预防措施

（4）电动机试运行前的检查

背景资料

某项目建设单位与 A 公司签订了氢气压缩机厂房建筑及机电工程施工总承包合同，工程内容包括：设备及钢结构厂房基础施工、配电室建筑施工、厂房钢结构制造和安装、一台 20t 通用桥式起重机安装、一台活塞式氢气压缩机及配套设备安装、氢气管道和自动化仪表控制装置安装。

经建设单位同意，A 公司将设备及钢结构厂房基础施工和配电室建筑施工分包给 B 公司，钢结构厂房、桥式起重机、压缩机及进出口配管如下图所示。

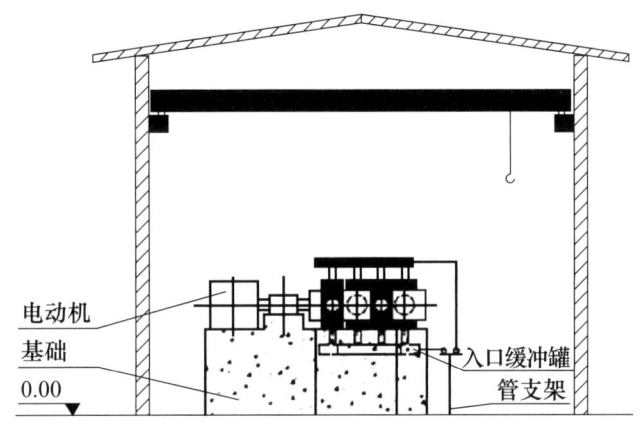

钢结构厂房、桥式起重机、压缩机及进出口配管示意图

A 公司编制的压缩机及工艺管道施工程序：压缩机临时就位→（ ）→压缩机固定与灌浆→（ ）→管道焊接→…→（ ）→氢气管道吹洗→（ ）→中间交接。

B 公司首先完成压缩机基础施工，与 A 公司办理中间交接时，共同复核了标注在中心标板上的安装基准线和埋设在基础边缘的标高基准点。

A 公司编制的起重机安装专项施工方案中，采用两根钢丝绳分别单股捆扎起重机大梁，用单台 50t 汽车起重机吊装就位，对吊装作业进行危险源辨识，分析其危险因素，制定预防控制措施。

A 公司依据施工质量管理策划的要求和压力管道质量保证手册的规定，对焊接过程中的六个质量控制环节（焊工、焊接材料、焊接工艺评定、焊接工艺、焊接作业、焊接返修）设置质量控制点，对质量控制实施有效管理。

电动机试运行前，A 公司与监理单位、建设单位对电动机绕组绝缘电阻、电源开关、启动设备和控制装置等进行了检查，结果符合要求。

问题 1：依据 A 公司编制的施工程序，分别写出压缩机固定与灌浆、氢气管道吹洗的紧前工序和紧后工序。

【参考答案】

（1）压缩机固定与灌浆的紧前工序是压缩机找平找正，紧后工序是压缩机与氢气管道连接。

（2）氢气管道吹洗的紧前工序是氢气管道压力试验，紧后工序是压缩机空负荷试运转。

【分析思路及作答要求】

本题以常规问答题的形式考查了机械工程和管道工程的施工程序及中间交接。作答本题既要考虑机械工程的施工程序，又要考虑设备和管道的连接，还要考虑管道工程的施工程序，最后考虑机电工程的中间交接。因此压缩机固定灌浆和管道焊接之间的工序是压缩机与管道的连接，即管道工程中要求的，设备安装定位并紧固地脚螺栓后进行设备和管道的连接，然后对后续管道进行施工焊接。

由于本题施工程序的最后出现了中间交接，而中间交接的意义是标志着工程安装结束，由单机试运行转入联动试运行，解决了生产操作人员提前进入装置，为进行联动试运行和负荷试运行提前做好准备和熟悉操作流程的问题，因此中间交接前是压缩机的空负荷试运转，即氢气管道吹洗的紧后工序是压缩机空负荷试运转。

问题2：标注的安装基准线包括哪两条中心线？测试安装标高基准线，一般采用哪种测量仪器？

【参考答案】

（1）标注的安装基准线包括纵向中心线、横向中心线。

（2）测试安装标高基准线，一般采用水准仪。

【分析思路及作答要求】

本题以常规问答题的形式考查了机电工程中常见的工程测量和测量仪器的应用。针对本题第一问，安装基准线包括纵向基准线和横向基准线，以此来控制设备安装的平面位置，标高基准点用来控制设备安装的高度。针对本题第二问，常用的工程测量仪器有水准仪、经纬仪、全站仪，以及其他激光测量仪器等，其各自的功能和应用如下表所示。

测量仪器的功能和应用

仪器	功能	应用
水准仪	测量高度	标高、高程、高差、标高基准点、沉降观测点
经纬仪	测量角度	水平角、竖直角、垂直度、纵横中心线
全站仪		角度、距离、坐标、其他可拓展应用
电磁波测距仪	测量距离	微波测距仪、激光测距仪、红外测距仪
激光准直仪 激光指向仪	测量同心度	用于大直径、长距离、回转型设备同心度的找正测量，以及高塔体、高塔架同心度的测量控制
激光平面仪	测量平面度	用于提升施工的滑模平台、网形屋架的水平控制，以及大面积混凝土楼板支模、灌注和抄平作业

问题3：A公司编制的起重机安装专项施工方案中，吊索钢丝绳断脱和汽车起重机侧翻的控制措施有哪些？

【参考答案】

（1）吊索钢丝绳断脱的控制措施有：严格检查吊索钢丝绳和卸扣的规格型号及安全系数且满足规范要求；钢丝绳吊索捆扎起重机大梁直角处加钢制半圆护角。

(2) 汽车起重机侧翻的控制措施有：严禁超载、严禁违章作业、严格机械检查、打好支腿并用道木和钢板垫实加固，确保支腿稳定。

【分析思路及作答要求】

本题以常规问答题的形式考查了起重吊装作业失稳的原因及预防措施。针对本题的作答较为容易，考生可以结合工程实际经验进行作答，比如，钢丝绳和卸扣要足够结实，钢丝绳不能因为捆绑原因被卡断。另外，为了防止汽车起重机侧翻，要考虑起重机本身不超载、无故障，同时保证地面平整坚实，支腿稳定牢固。针对此类问题，力求回答全面，宁多勿少。

问题4：电动机试运行前，对电动机安装和保护接地的检查项目还有哪些？
【参考答案】

电动机试运行前，对电动机安装和保护接地的检查项目还应包括：

(1) 检查电动机安装是否牢固，地脚螺栓是否全部拧紧。
(2) 检查电动机的保护接地线必须连接可靠，铜芯接地线截面面积不小于 $4mm^2$，并有防松弹簧垫圈。

【分析思路及作答要求】

本题以补充问答题的形式考查了电动机试运行前的检查。首先，要结合背景资料补充作答，有些内容可能没有记住，但是背景资料已经给出。其次，要结合问题作答，也就是要根据题意判断出题者想要的答案，问题对答案已经做了提示，即安装的检查项目有哪些，保护接地的检查项目有哪些，围绕这两方面作答即可。

答案中不需要出现电动机与传动机械的联轴器，因为本题不存在这个内容，也不需要出现滑环和电刷，因为本题并没有说该电动机是绕线型电动机。

绕线型电动机之所以要检查滑环和电刷，是因为滑环和电刷是其重要组成部分，它们负责将外部电源引入转子回路，并通过滑动接触的方式实现电流的换向。电刷将电源引入转子，而滑环则起到固定电刷、保护电刷免受磨损以及引导电流流动的作用。

最后，通电检查电动机的转向是否正确，也不需要出现在答案中。严格意义上来讲，转向是否正确与设备安装质量无关，而是与设备接线有关。转向不正确时，在电源侧或电动机接线盒侧任意对调两根电源线即可。

案例31 2018年一建案例题一

▶▶ **考情先知**

(1) 劳动力的优化配置
(2) 建筑管道阀门的检验与试验
(3) 水泵安装技术要求
(4) 联动试运行要求

背景资料

某项目管道工程,内容包括建筑生活给水排水系统、消防水系统和空调水系统的施工。某分包单位承接该任务后,编制了施工方案、施工进度计划(表1中细实线)、劳动力配置计划(表2)和材料采购计划等。

施工进度计划在审批时被否定,原因是生活给水与排水系统的先后顺序违反了施工原则,分包单位调整了该顺序,见表1中粗实线。

施工中,采购的第一批阀门(表3)按计划到达施工现场,施工人员对阀门开箱检查,按规范要求进行了强度试验和严密性试验,主干管上起切断作用的DN400、DN300的阀门和其他规格的阀门抽查均无渗漏,验收合格。

表1 建筑生活给水、排水、消防和空调水系统施工进度计划表

施工内容	施工人员	3月	4月	5月	6月	7月	8月	9月	10月
生活给水系统施工	40人								
排水系统施工	20人								
消防水系统施工	20人								
空调水系统施工	30人								
机房设备施工	30人								
单机、联动试运行	40人								
竣工验收	30人								

表2 建筑生活给水、排水、消防和空调水系统施工劳动力计划表

月份	3月	4月	5月	6月	7月	8月	9月	10月
施工人员	40人	80人	140人	140人	100人	60人	40人	30人

表3 阀门规格数量

名称	公称压力	DN400	DN300	DN250	DN200	DN150	DN125	DN100
闸阀	1.6MPa	4	8	16	24			
球阀	1.6MPa					38	62	84
蝶阀	1.6MPa			16	26	12		
合计		4	8	32	50	50	62	84

在水泵施工质量验收时，监理人员指出水泵进水管接头和压力表接管的安装存在质量问题，如下图所示，要求施工人员返工，返工后质量验收合格。

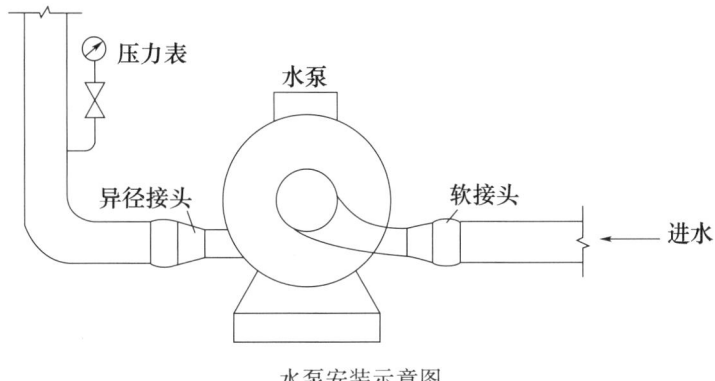

水泵安装示意图

建筑生活给水排水系统、消防水系统和空调水系统安装后，分包单位在单机及联动试运行中，及时与其他各专业工程施工人员协调配合，完成联动试运行，工程质量验收合格。

问题1：劳动力计划调整后，3月和7月的施工人员分别是多少？劳动力优化配置的依据有哪些？

【参考答案】

（1）劳动力计划调整后，3月的施工人员是20人，7月的施工人员是120人，即40+20+30+30=120人。

（2）劳动力优化配置的依据包括：项目所需劳动力的种类及数量；项目的进度计划；项目的劳动力供给市场状况，包括劳动力供给方的议价能力和可获得性。

【分析思路及作答要求】

本题以分析计算和常规问答题的形式考查了劳动力的优化配置。首先，针对第一问，做题的关键在于读懂表1的含义，计划调整之前，3月的施工内容只有生活给水系统施工，因此施工人数是40人，这也是表2给出3月的施工人员是40人的原因，因为表2是在表1的基础之上计算出来的，即使不给表2的相关数据，也不影响后面做题。计划调整后，3月不再进行生活给水系统施工，只进行排水系统施工，因此计划调整后3月的施工人数是20人。7月的施工人数可以根据7月的施工内容进行计算，由表1可知计划调整后，7月的施工内容是生活给水系统施工、消防水系统施工、空调水系统施工、机房设备施工，施工人数分别是40人、20人、30人、30人，因此计划调整后的7月的施工人数是120人。

其次，针对第二问，优化配置劳动力的依据，分别在2014年、2018年、2023年以问答题的形式进行考查，因此该内容的重要性显而易见，考生可以从三个方面加强记忆，即需求、供给、进度计划。

问题2：第一批进场的阀门按规范要求，最少应抽查多少个进行强度试验？其中，DN300的闸阀的强度试验压力应为多少兆帕？最短持续时间是多少？

【参考答案】

（1）第一批进场的阀门按规范要求，最少应抽查44个进行强度试验，即4+8+2+3+4+

7+9+2+3+2＝44 个。

（2）DN300 的闸阀的强度试验压力应为 2.4MPa，即 1.6×1.5＝2.4MPa。

（3）DN300 的闸阀的强度试验最短持续时间是 180s。

【分析思路及作答要求】

本题以分析计算和常规问答题的形式考查了建筑管道阀门的检验与试验。作答本题的关键在于理解规范要求中对阀门抽查数量的规定，即每一种类、每一种规格、每一种型号、每一种牌号的阀门均分别抽查 10%且不少于 1 个，而不是将所有阀门求和后再乘以 10%。另外，根据规范要求，安装在主干管上起切断作用的闭路阀门应逐个进行强度试验和严密性试验，也就是背景资料中给出的"主干管上起切断作用的 DN400、DN300 的阀门"要全部检验。

对于试验压力的计算较为简单，可直接用 1.5 乘以表格中给出的公称压力 1.6MPa，但对于试验持续时间记忆难度较大，考生可按下表的形式进行记忆，这样既可以提升记忆效果，还可以避免遗忘。

阀门的严密性和强度试验持续时间

公称直径（mm）	最短持续时间（s）		
	严密性试验		强度试验
	非金属密封	金属密封	
≤50	15	15	15
65～200	15	30	60
250～450	30	60	180

问题 3：图中所示水泵运行时会产生哪些不良后果？绘出合格的返工部分示意图。

【参考答案】

（1）根据背景资料图中所示情况，水泵运行时会产生以下不良后果：

① 进水管的同心异径接头会形成气囊。

② 压力表没有设置表弯会受到压力冲击而损坏。

（2）合格的返工部分示意图如下。

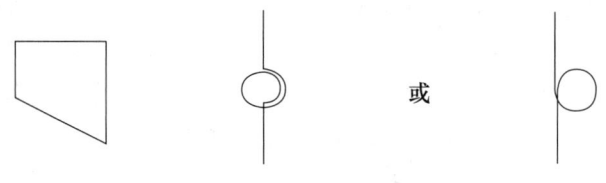

水泵安装返工示意图

【分析思路及作答要求】

本题以图表分析题的形式考查了水泵安装技术要求。关于水泵的安装要求，考试频率相对较高，例如 2019 年的案例三，也考过相似的问题，且考查较全面，而针对本题水泵安装示意图则涉及的内容较少，作答本题要以图中所示内容为出发点进行分析，图中所示给出了三点提示，分别是压力表、异径接头、软接头，结合规范要求，围绕上述三点提示作答即可。

问题4：本工程在联动试运行中，需要与哪些专业系统协调配合？
【参考答案】
本工程在联动试运行中，需要与电气系统、仪表装置系统、自动控制系统、联锁报警系统、通风空调系统、火灾自动报警与消防联动控制系统，以及建筑装饰装修专业协调配合。
【分析思路及作答要求】
本题以常规问答题的形式考查了联动试运行的要求。作答本题可以结合工程实际进行回答，首先是联动试运行所需的电气系统、仪表装置系统、自动控制系统、联锁报警系统等，其次是包括部分消防功能的通风空调系统，再次是属于消防系统的火灾自动报警及消防联动控制系统，最后还要做好消防末端与装饰装修的配合工作，作答本题应力求全面。

案例32　2018年一建案例题二

▶▶ 考情先知

（1）利用构筑物进行设备吊装的基本要求
（2）电力法
（3）索赔管理
（4）管道工程的压力试验、吹扫清洗及工程保修

背 景 资 料

某施工单位中标某大型商业广场，地下3层为车库、1~6层为商业用房、7~28层为办公用房，中标价为2.2亿元，工期300天，工程内容包括配电、照明、通风空调、管道、设备安装等。

主要设备如冷水机组、配电柜、水泵、阀门等均由建设单位指定产品，施工单位负责采购，其余设备材料均由施工单位自行采购。

施工单位项目部进场后，编制了施工组织设计和各专项施工方案。由于设备布置在主楼三层设备间，因此采用了设备先垂直提升到三楼，再水平运输至设备间的运输方案。设备水平运输时，使用混凝土结构柱做牵引受力点，并绘制了设备水平运输示意图（下图），报监理单位及建设单位后被否定。

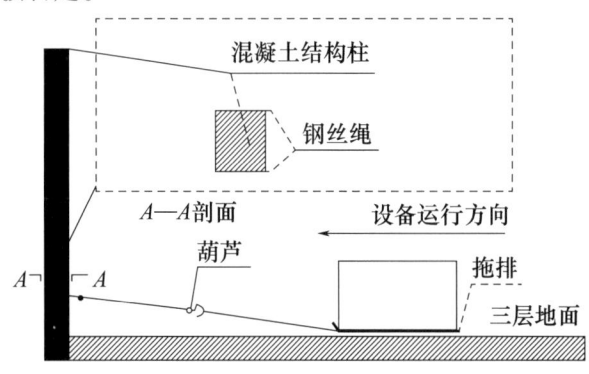

设备水平运输示意图

施工现场临时用电计量的电能表，经地级市授权的计量检定机构检定合格，供电部门检查后提出电能表不准使用，要求重新检定。

在设备制造合同签订后，项目部根据监造大纲，编制了设备监造周报和监造月报，安排了专业技术人员驻厂监造，并设置了监督点。

设备制造完毕，因运输问题导致设备延期 5 天运到施工现场。

施工期间，当地发生地震，造成工期延误 20 天，项目部应建设单位要求，为防止损失扩大，直接投入抢险费用 50 万元。外用工因待遇低而怠工，造成工期延误 3 天。

在调试时，因运营单位技术人员误操作，造成冷水机组的冷凝器损坏，回厂修复，直接经济损失 20 万元，工期延误 40 天。

项目部在给水系统试压后，仍用试压用水（氯离子含量为 $30×10^{-6}$）对不锈钢管道进行冲洗。在系统试运行正常后，工程于 2015 年 9 月竣工验收。

2017 年 4 月给水系统的部分阀门漏水，施工单位以阀门是建设单位指定的产品为由拒绝维修，但被建设单位否定，施工单位派出人员对阀门进行了维修。

问题 1：设备运输方案被监理单位和建设单位否定的原因何在？如何改正？

【参考答案】

设备运输方案被监理单位和建设单位否定的原因及改正措施如下：

（1）设备的牵引绳不能直接绑扎在混凝土结构柱上，应在混凝土柱四角使用木方（或角钢）对混凝土柱进行保护。

（2）牵引绳采用结构柱为受力点，须报原设计单位校验同意后实施。

【分析思路及作答要求】

本题以图表分析题的形式考查了利用构筑物进行设备吊装的基本要求。利用构筑物进行设备吊装，理论上要做到编方案、找设计、定措施、设专监四个基本要求，而作答本题要从背景资料出发，背景资料有两点提示：首先是"使用混凝土结构柱做牵引受力点"；其次是"绘制了设备水平运输示意图，报监理单位及建设单位"，围绕第一点，需要采取措施对受力点的结构进行保护，围绕第二点，方案需征得原设计单位的同意。作答本题可以结合 2023 年案例五参考作答。

问题 2：检定合格的电能表为什么不能使用？

【参考答案】

检定合格的电能表是电费结算的依据，必须经省级计量行政主管部门依法授权的计量检定机构进行检定，合格后才能使用。

【分析思路及作答要求】

本题以判断改错题的形式考查了电力法。作答本题，检定合格的电能表为什么不能使用，只需将背景资料中的市级改为省级即可，无需过多阐述。

问题 3：计算本工程可以索赔的工期和费用。

【参考答案】

本工程可以索赔的工期和费用计算如下：

（1）本工程可以索赔的工期：20+40=60 天。
（2）本工程可以索赔的费用：50+20=70 万元。

【分析思路及作答要求】

本题以分析计算题的形式考查了索赔管理。作答本题，分析如下：

（1）设备制造完毕，因运输问题导致设备延期 5 天运到施工现场，不可索赔，因为设备采购由施工单位负责，与建设单位指定产品无关。

（2）施工期间，发生地震，工期延误 20 天，项目部应建设单位要求，为防止损失进一步扩大，直接投入抢险费用 50 万元。此处，地震属于不可抗力，工期损失可以索赔，但费用损失各自承担，因此工期延误 20 天可以索赔，然而"为防止损失扩大，直接投入抢险费用 50 万元"并不属于施工单位的损失，属于建设单位应承担的费用，因此 50 万元亦可索赔。

（3）外用工因待遇低而怠工，造成工期延误 3 天，属于施工单位自身的管理问题，不可索赔。

（4）调试时，因运营单位技术人员误操作，导致直接经济损失 20 万元，工期延误 40 天，属于运营单位的问题，与施工单位无关，因此既可以索赔工期又可以索赔费用。

问题 4：项目部采用的试压及冲洗用水是否合格？说明理由。说明建设单位否定施工单位拒绝阀门维修的理由。

【参考答案】

（1）项目部采用的试压及冲洗用水不合格。不锈钢管道的试压及冲洗用水均应使用洁净水，且水中氯离子的含量均不应超过 25×10^{-6}。

（2）建设单位否定施工单位拒绝阀门维修的理由：阀门虽为建设单位指定产品，但是阀门合同的签订及采购均是由施工单位负责，而且该工程尚处于保修期内，因此施工单位应负责维修。

【分析思路及作答要求】

本题以判断改错和论述题的形式考查了管道工程的压力试验、吹扫清洗及工程保修。首先，无论是压力试验还是吹扫清洗，用到的水均为洁净水，凡是对水中氯离子含量有要求的，其要求均不超过 25×10^{-6}。其次，针对第二问，建设工程在保修范围和保修期限内发生质量问题时，施工单位应当履行保修义务，并由责任单位承担费用。如已超过保修期，要协商处理。

案例 33　2018 年一建案例题三

▶▶ 考情先知

（1）工业机电工程施工质量验收的划分
（2）施工现场危险源的辨识
（3）焊接工艺评定和人力资源管理要求
（4）钢材表面处理方法和焊后质量检验

背 景 资 料

A公司承担某炼化项目的硫磺回收装置施工总承包任务，其中烟气脱硫系统包含的烟囱由外筒和内筒组成，外筒为钢筋混凝土筒壁，高145m。内筒为等直径自立式双管钢筒，高150m，内筒与外筒之间有8层钢结构平台，每层之间由钢梯连接，钢结构平台安装标高，如下图所示。

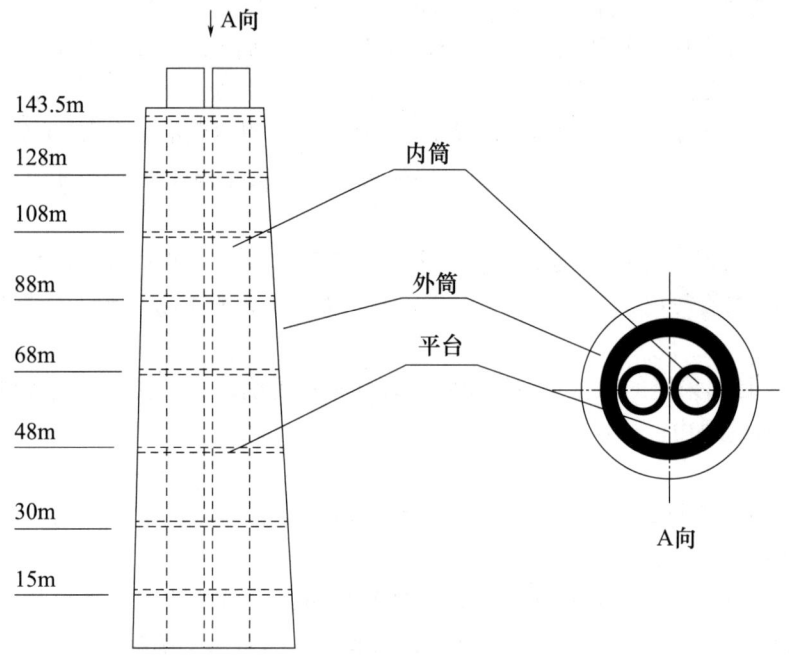

烟囱结构示意图

钢筒的制造、检验和验收按《常压容器 第1部分：钢制焊接常压容器》的规定进行，钢筒材质为S31603+Q345C。钢筒外壁基层表面的除锈质量达到Sa2.5级进行防腐，裙座以上设外保温，裙座以下设内、外防火层。

A公司与B公司签订了烟囱钢结构平台及钢梯分包合同，与C公司签订了钢筒分段现场制造及安装分包合同，与D公司签订了钢筒防腐保温绝热分包合同。

施工前，A公司依据《建筑工程施工质量验收统一标准》和《工业安装工程施工质量验收统一标准》的规定，对烟囱工程进行了分部、分项工程的划分，并通过了建设单位的批准。

B公司施工前，编制了钢平台和钢梯吊装专项方案，利用烟囱外筒顶部预置的两根吊装钢梁，悬挂两套滑车组，通过在地面的两台卷扬机牵引滑车组提升钢平台和钢梯。编制方案时，通过分析不安全因素，识别出显性的和潜在的危险源。

C公司首次从事钢筒所用材质的焊接任务，进行了充分的焊接前技术准备，完成了焊接工作所必需的工艺文件，选择合格的焊工，验证施焊能力，顺利完成了钢筒的制造、组对焊接和检验等工作。

在钢筒外壁除锈前，D公司质量员对钢筒外表面进行了检查且表面平整，同时还重点检查了焊缝表面，其中焊缝余高均小于2mm，且过渡平滑，满足施工质量验收规范的要求。

问题1：烟囱工程按验收统一标准可划分为哪几个分部工程？
【参考答案】
烟囱工程按验收统一标准可划分的分部工程有：
(1) 烟囱外筒钢筋混凝土结构分部工程。
(2) 烟囱平台及梯子钢结构安装分部工程。
(3) 烟囱内筒设备安装分部工程。
(4) 烟囱内筒防腐蚀分部工程。
(5) 烟囱内筒绝热分部工程。

【分析思路及作答要求】
本题以常规问答题的形式考查了工业机电工程施工质量验收的划分。根据《工业安装工程施工质量验收统一标准》GB/T 50252—2018 第 4.1.3 条的规定：分部工程应按土建、钢结构、设备、管道、电气、自动化仪表、防腐蚀、绝热和炉窑砌筑专业划分。

根据规范规定，结合背景资料分析可知，背景资料中的外筒钢筋混凝土结构属于土建工程，内筒为双管钢筒设备安装工程，内外筒之间为钢结构安装工程。除此之外，还有防腐工程和绝热工程。

作答本题的关键是要结合背景资料进行分析，并判断背景资料中哪些工程属于分部工程，本题需要准确作答，不可多答。

问题2：钢结构平台在吊装过程中，吊装设施的主要危险因素有哪些？
【参考答案】
钢结构平台在吊装过程中，吊装设施的主要危险因素有：
(1) 烟囱外筒顶端支撑钢结构吊装钢梁的混凝土强度不能满足承载能力的要求。
(2) 钢结构吊装钢梁强度及稳定性不够。
(3) 钢丝绳安全系数不够。
(4) 起重机具（卷扬机、滑车组）不能满足使用要求。

【分析思路及作答要求】
本题以图表分析题的形式考查了施工现场危险源的辨识。作答本题的关键是要读懂背景资料针对钢平台和钢梯吊装的做法，即"利用烟囱外筒顶部预置的两根吊装钢梁，悬挂两套滑车组，通过在地面的两台卷扬机牵引滑车组提升钢平台和钢梯"。因此在整个吊装过程中，可能涉及的因素有支撑钢结构吊装钢梁的外筒混凝土结构、预置的两根吊装钢梁、钢丝绳、卷扬机和滑轮组，由此即可分析出吊装设施的主要危险因素。本题为开放性问题，考生作答时，只要大体方向不变，均可得分。

问题3：C公司在焊接前应完成哪几个焊接工艺文件？焊工应取得什么证书？
【参考答案】
(1) C公司在焊接前应完成的焊接工艺文件有：焊接工艺评定预规程、焊接工艺评定报告、焊接工艺规程、焊接工艺指导书。
(2) 焊工应取得的证书是《特种作业操作证》。

【分析思路及作答要求】

本题以常规问答题的形式考查了焊接工艺评定和人力资源管理要求。首先，针对第一问，为了验证所拟定的焊接工艺正确性并评定施焊单位在限制条件下，焊接成合格接头的能力，需要进行焊接工艺评定，焊接工艺评定后出具焊接工艺评定报告，但是焊接工艺评定报告不能直接指导焊接作业，要依据焊接工艺评定报告编制焊接作业指导书，用于指导焊工施焊和焊后热处理。针对本题第二问，C公司从事钢筒烟囱的焊接任务，而钢筒的制造、检验和验收均按《常压容器 第1部分：钢制焊接常压容器》的规定进行，因此其不属于特种设备的焊接，故其焊工只需要取得《特种作业操作证》，而特种设备的焊接才需要取得《特种设备作业人员证》。

问题4：钢筒外表面除锈应采取哪一种方法？在焊缝外表面的质量检查中不允许出现的质量缺陷还有哪些？

【参考答案】

（1）钢筒外表面除锈应采用喷射除锈或抛射除锈。

（2）在焊缝外表面的质量检查中，不允许的质量缺陷还有裂纹、未焊透、未焊满、未熔合、表面气孔、外漏夹渣等。

【分析思路及作答要求】

本题以常规问答和补充问答题的形式考查了钢材表面处理方法和焊后质量检验。首先，针对第一问，背景资料给出除锈质量等级是Sa2.5级，因此可以反向推出除锈方法是喷射除锈或抛射除锈，该除锈方法对应的除锈质量等级除Sa2.5级外，还有Sa1级、Sa2级、Sa3级，手工或动力工具除锈的除锈质量等级是St2级、St3级。针对第二问，焊缝表面不允许存在的缺陷除考生所熟知的裂纹、气孔、夹渣外，还包括未焊透、未焊满、未熔合。由于本题是以问答题的形式进行考查，因此作答本题需要准确写出上述答案。

案例34 2018年一建案例题四

▶▶ 考情先知

(1) 建筑防雷与接地的施工技术要求
(2) 隐蔽工程验收要求
(3) 导管施工技术要求
(4) 成本降低率

某项目机电工程由某安装公司承接，该项目地上10层，地下2层，工程范围主要是防雷接地装置、变配电室、机房设备和室内电气系统等的安装。

工程利用建筑物金属铝板屋面及其金属固定支架作为接闪器，并用混凝土柱内两根主筋作为防雷引下线，引下线与接闪器及接地装置的焊接连接可靠。但在测量接地装置的接地电阻时，接地电阻偏大，未达到设计要求，安装公司采取了降低接地电阻的措施后，书面通知监理工程师进行隐蔽工程验收。

变配电室位于地下2层,变配电室的主要设备如三相干式变压器、手车式开关柜和抽屉式配电柜由业主采购,其他设备、材料由安装公司采购。

在变配电室的低压母线处和各弱电机房电源配电箱处均设置电涌保护器(SPD),电涌保护器的接线形式满足设计要求,接地导线和连接导线均符合要求。

变配电室设备安装合格,接线正确,设备机房的配电线路敷设采用柔性导管与动力设备连接,符合规范要求。

在签订合同时,业主还与安装公司约定,提前一天完工奖励5万元,延后一天罚款5万元,赶工时间及赶工费用,如下表所示。变配电室设备进场后,变压器因保管不当受潮,干燥处理增加费用3万元,最终安装公司在约定送电前提前6d完工,验收合格。

赶工时间及赶工费用

序号	工作内容	计划费用(万元)	赶工时间(d)	赶工费用(万元/d)
1	基础框架安装	10	2	1
2	接地干线安装	5	2	1
3	桥架安装	20	—	—
4	变压器安装	10	—	—
5	开关柜配电柜安装	30	3	2
6	电缆敷设	90	—	—
7	母线安装	80	—	—
8	二次线路敷设	5	—	—
9	试验调整	30	3	2
10	计量仪表安装	4	—	—
11	检查验收	2	—	—

问题1:防雷引下线与接闪器及接地装置还可以有哪些连接方式?写出本工程降低接地电阻的措施。

【参考答案】

(1)防雷引下线与接闪器还可以采用卡接器连接,防雷引下线与接地装置还可以采用螺栓连接。

(2)本工程降低接地电阻的措施包括:添加降阻剂、换土、设置接地模块。

【分析思路及作答要求】

本题以补充问答和常规问答题的形式考查了建筑防雷与接地的施工技术要求。该考点虽然内容不多,但是考试频率较高,而且易于学习,曾分别在2014年、2018年、2019年、2022年多次考查,因此对于考生备考的指导意义较大。作答本题的关键是记忆,需要按照考试要求准确作答。

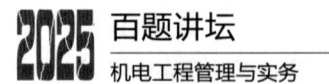

问题2：送达监理工程师的隐蔽工程验收通知书应包括哪些内容？

【参考答案】

送达监理工程师的隐蔽工程验收通知书应包括隐蔽验收的内容、隐蔽方式、验收时间和验收地点。

【分析思路及作答要求】

本题以常规问答题的形式考查了隐蔽工程验收的要求。隐蔽工程验收有两个基本要求，一个是对隐蔽工程验收通知时间的要求，另一个是对隐蔽工程验收通知内容的要求。本题考查的是隐蔽工程验收通知内容的要求，作答本题需要准确记忆相关内容，但也可结合工程实际，以己为例，设想自己在隐蔽工程报验时，都会通知相关单位哪些内容，如此一来，该通知的内容就会显而易见。另外，该内容又在2020年案例二考过相同的案例问题。

问题3：柔性导管长度与电气设备连接有哪些要求？

【参考答案】

本题以常规问答题的形式考查了导管施工技术要求。柔性导管长度与电气设备连接，在动力工程中不大于0.8m，在照明工程中不大于1.2m，且连接处应采用专用接头。

【分析思路及作答要求】

柔性导管的敷设，除上述对长度的要求外，还要注意与刚性导管或设备的连接应使用专用接头，且金属柔性导管不应作为保护导体的接续导体，主要是因为其材料和结构特性不适合承担保护导体的功能。虽然具有优良的耐热性、耐压性、耐振性、弯曲性和挠性，但是保护导体需要具备的是：导电性、稳定性、耐蚀性、机械强度，同时金属导管亦不应作为保护导体的接续导体，主要原因在于其耐蚀性能较差，且导管连接后接头位置的电气连续性不足。

问题4：列式计算变配电室工程的成本降低率。

【参考答案】

变配电室工程的成本降低率计算如下：

计划费用：$10+5+20+10+30+90+80+5+30+4+2=286$ 万元

赶工费用：$2×1+2×1+3×2+3×2=16$ 万元

提前6天奖励费用：$6×5=30$ 万元

赶工后实际费用：$286+16+3-30=275$ 万元

变配电室工程成本降低率＝（计划成本－实际成本）/计划成本

$=(286-275)/286=3.85\%$

【分析思路及作答要求】

本题以分析计算题的形式考查了成本降低率。成本降低率＝（计划成本－实际成本）/计划成本。

作答本题的关键是计算计划成本和实际成本，计划成本就是表中列出的各个工作内容对应的计划费用，求和为286万元。实际成本的计算则需要考虑的是，在原来286万元的基础上计入赶工费16万元、计入变压器干燥处理费用3万元、扣除提前6d完工所得奖励30万元，即$286+16+3-30=275$万元。

案例35 2018年一建案例题五

▶▶ 考情先知

（1）特种设备生产单位的许可
（2）锅炉的安装要求
（3）循环流化床锅炉系统的水压试验
（4）特种设备安装单位提供竣工资料的规定

A公司承建某2×300MW锅炉发电机组工程。锅炉为循环流化床锅炉，汽机为凝汽式汽轮机。锅炉的部分设计参数见下表。

锅炉的部分设计参数表

项目	单位	数值
蒸发量	t/h	1025
过热蒸汽出口压力	MPa	17.76
汽包设计压力	MPa	20.00

A公司持有1级锅炉安装许可证和GD1级压力管道安装许可证，施工前按规定进行了安装告知，由B监理公司承担工程监理。

A公司的1级锅炉安装许可证在2个月后到期，A公司已于许可证有效期届满前6个月，按规定向公司所在地省级质量技术监督局提交了换证申请，并已完成换证鉴定评审，发证在未来的两周内完成。但监理工程师认为，新的许可证不一定能被批准，为不影响工程的质量和正常进展，建议建设单位更换施工单位。

工程所在地的冬季气温会低至-10℃，A公司提交报审的施工组织设计中缺少冬期施工措施，监理工程师要求A公司补充。锅炉受热面的部件材质主要为合金钢和20G，在安装前，根据制造厂的出厂技术文件清点了锅炉受热面的部件数量，对合金钢部件进行了材质复验。

A公司在油系统施工完毕，准备进行油循环时，监理工程师检查发现油系统管路上的阀门门杆垂直向上布置，要求整改。A公司整改后，自查原因，是施工技术方法的控制策划失控。

锅炉安装后进行整体水压试验。

（1）水压试验时，在汽包和过热器出口联箱处各安装了一块精度为1.0级的压力表，量程符合要求，在试压泵出口也安装了一块同样精度和规格的压力表。

（2）在试验压力保持期间，压力降$\Delta p = 0.2$MPa，压力降至汽包工作压力后全面检查：

压力保持不变，在受压元件金属壁和焊缝上没有水珠和水雾，受压元件没有明显变形。

在工程竣工验收中，A公司以监理工程师未在有争议的现场费用签证单上签字为由，直至工程竣工验收50天后，才把锅炉的相关技术资料和文件移交给建设单位。

问题1：本工程中，监理工程师建议更换施工单位的要求是否符合有关规定？说明理由。（超纲）

【参考答案】

（1）本工程中，监理工程师建议更换施工单位的要求不符合有关规定。

（2）理由：A公司现在所持有的锅炉安装许可证符合规定且在有效期内，且A公司的换证程序符合规定。

【分析思路及作答要求】

本题以判定论述题的形式考查了特种设备生产单位的许可。根据《压力容器制造许可证》第二十一条的规定：《制造许可证》自签署之日起，四年内有效。持证企业如需在有效期满后继续持有《制造许可证》，应在有效期满前6个月向总局安全监察机构或省级质量技术监督部门书面提出换证申请。

另外，在背景资料中出现了GD1级压力管道安装许可，这是因为针对压力管道的分类，曾经共有四类，分别是GA类长输管道、GB类公用管道、GC类工业管道、GD类动力管道。而按照最新要求，压力管道只有三类，即GA类长输管道、GB类公用管道、GC类工业管道，在GC类工业管道中包含了动力管道，其资质为GCD类压力管道安装许可资质。所谓的动力管道是指工厂用于输送蒸汽、汽水两项介质的管道。

针对特种设备生产单位的许可，此处内容变动较大，包括锅炉的安装许可也由1级和2级修改为A级和B级，考生应以最新考试要求为依据进行备考。

问题2：锅炉安装环境温度低于多少度时应采取相应的保护措施？如何复验合金钢部件的材质？（超纲）

【参考答案】

（1）锅炉安装环境温度低于0℃时应采取相应的保护措施。

（2）应采用光谱分析的方法逐件复验合金钢部件的材质。

【分析思路及作答要求】

本题以常规问答题的形式考查了锅炉的安装要求。首先，根据《锅炉安全技术规程》TSG 11—2020的规定，锅炉安装环境温度低于0℃或者其他恶劣天气时，有相应保护措施。其次，凡是合金部件的复验均可采用光谱分析的方法。

问题3：油系统管路上的阀门应怎样整改？（超纲）

【参考答案】

油系统管路上的阀门门杆应平放或向下布置。

【分析思路及作答要求】

本题以判断改错题的形式考查了锅炉的安装要求。根据《发电厂油气管道设计规程》DL/T 5204—2016第4.6.3条的规定如下。

4.6.3 润滑油管道上的阀门选择和布置应符合下列要求：
1 润滑油管道阀门应选用明杆阀门，不得选用反向阀门；
2 润滑油管道上的阀门门杆应平放或向下布置。

润滑油管道上的阀门的选型和布置直接影响油系统的安全。管道上的阀门门杆平放或向下布置，防止运行中阀芯（瓣）脱落而切断油路。

问题4：计算锅炉一次系统（不含再热蒸汽系统）的水压试验压力。压力表的精度和数量是否满足水压试验要求？本次水压试验是否合格？（超纲）

【参考答案】
（1）锅炉一次系统的水压试验压力应为汽包设计压力的1.25倍，即 $1.25 \times 20 = 25$ MPa。
（2）压力表的精度和数量满足水压试验要求。
（3）本次水压试验合格。

【分析思路及作答要求】

本题以分析计算和判定题的形式考查了循环流化床锅炉系统的水压试验。由背景资料第一段文字可知，该工程锅炉为循环流化床锅炉，针对其水压试验，《循环流化床锅炉施工及质量验收规范》GB 50972—2014 的规定如下。

7.0.1 锅炉受热面系统安装完后，应按设备技术文件的要求进行水压试验，在厂家无明确要求时，试验压力应符合下列规定：
1 汽包锅炉应为锅炉汽包设计压力的1.25倍；
2 直流锅炉应为过热器出口联箱设计压力的1.25倍，且不应小于省煤器进口联箱设计压力的1.1倍；
3 再热器试验压力应为进口联箱设计压力的1.5倍。

7.0.5 水压试验时，压力监测应符合下列规定。
1 压力表应为校验合格、精度不低于1.0级的弹簧管压力表，试验压力宜为压力表量程的1/2至2/3；
2 一次汽水系统试验压力以汽包或过热器出口联箱处的压力为准，再热器试验压力应以再热器进口联箱处的压力为准。

7.0.6 水压试验升压到工作压力过程中，升压速度不应大于0.3MPa/min，升到锅炉工作压力时，应暂停升压，检查系统应无泄漏或异常情况。升压到试验压力，保持20min即开始降压，降压速度不应大于0.5MPa/min，降至锅炉工作压力后应进行全面检查。

7.0.8 水压试验合格应符合下列要求。
1 受压元件金属壁和焊缝应无泄漏及湿润现象；
2 受压元件应没有明显残余变形。

综上所述，结合背景资料本锅炉为汽包锅炉，且汽包设计压力是20MPa，因此锅炉一次系统的水压试验压力应为汽包设计压力的1.25倍，即 $1.25 \times 20 = 25$ MPa。压力表的精度是1.0级，数量不少于2块，满足上述规范第7.0.5条的要求。压力降 $\Delta p = 0.2$ MPa，即降压速度，满足上述规范第7.0.6条规定的降压速度不应大于0.5MPa/min的要求。压力降至汽包工作压力后全面检查，压力保持不变，在受压元件金属壁和焊缝上没有水珠和水雾，受压元件没有明显变形，亦满足上述规范第 7.0.8 条的规定，因此本次水压试验合格。

本题完全超纲，仅做了解。

问题 5：在工程竣工验收中，A 公司的做法是否正确？说明理由。
【参考答案】
（1）在工程竣工验收中，A 公司的做法不正确。
（2）理由：特种设备安装竣工后，安装单位应当在验收后 30 日内，将相关技术资料和文件移交给特种设备使用单位。
【分析思路及作答要求】

本题以判断改错题的形式考查了特种设备安装单位提供竣工资料的规定。本题作答极为简单，只需判断背景资料中"A 公司在工程竣工验收 50 天后，才把锅炉的相关技术资料和文件移交给建设单位"是否正确并说明理由即可。

案例 36　2017 年一建案例题一

▶▶ **考情先知**
（1）合同风险防范要点
（2）设备采购文件的组成和设备采购评审
（3）变压器的交接试验
（4）发电机转子安装技术要求

某施工单位以 EPC 总承包模式中标一大型火电工程项目，总承包范围包括工程勘察设计、设备材料采购、土建安装工程施工，直至验收交付生产。

按合同规定，该施工单位投保建筑安装工程一切险和第三者责任险，保险费由该施工单位承担。

为了控制风险，施工单位组织了风险识别、风险评估，对主要风险采取风险规避等风险防范对策。

根据风险控制要求，由于工期紧、正值雨季、采购设备数量多、价值高，施工单位对采购本合同工程的设备材料，根据海运、陆运、水运和空运等运输方式，投保运输一切险，在签订采购合同时明确由供应商负责购买并承担保费，按设备材料价格投保，保险区段为供应商仓库到现场交货为止。

施工单位成立了设备采购小组，组织编写了设备采购文件，开展设备招标，组织专家按照《招标投标法》的规定，进行设备采购评审，选择设备供应商，并签订供货合同。

220kV 变压器安装完成后，电气试验人员按照交接试验标准规定，进行了变压器绝缘电阻测试、变压器极性和接线组别测试、变压器绕组连同套管直流电阻测量、直流耐压和泄漏电流测试等电气试验，监理检查认为变压器电气试验项目不够，应补充试验。

发电机定子到场后,施工单位按照施工作业文件的要求,采用液压提升装置将定子吊装就位,发电机转子到场后,根据施工作业文件及厂家技术文件要求,进行了发电机转子穿装前的气密性试验,重点检查了转子密封情况,试验合格后,采用滑道式方法将转子穿装就位。

问题 1:风险防范对策除了风险规避外,还有哪些?该施工单位将运输一切险交由供货商负责属于何种风险防范对策?

【参考答案】

(1) 风险防范对策除了风险规避外,还有风险转移、风险管控、风险消减。

(2) 该施工单位将运输一切风险交由供货商负责属于风险转移。

【分析思路及作答要求】

本题以补充问答和判定题的形式考查了合同风险防范要点。合同风险防范对策主要如下。

风险规避:是指当项目风险极大时,通过放弃或终止项目,或改变某项活动的性质,如改变工作地点、工艺流程等避免未来生产活动中可能出现的风险。

风险转移:是指通过合同或非合同的方式将风险转嫁给另一个人或另一个单位。

风险管控:是指通过采取措施减小风险发生的可能或减少风险发生造成的损失。

风险消减:是指在风险等级确定以后,采取措施将风险降到最低程度。

风险自留:是指企业自己主动承担风险,并以其内部资源来弥补损失。

风险共担:是指多个主体共同承担风险,以减少各自承担的风险成本。

作答本题的难点在于第一问,可以按照考试要求进行作答,如上述参考答案,也可在参考答案的基础上,进一步将风险自留和风险共担作为答案的一部分。

问题 2:设备采购文件的内容由哪些组成?设备采购评审包括哪几部分?

【参考答案】

(1) 设备采购文件由设备采购技术文件和设备采购商务文件组成。

(2) 设备采购评审包括技术评审、商务评审、综合评审。

【分析思路及作答要求】

本题以常规问答题的形式考查了设备采购文件的组成和设备采购评审。该考点作为 2016 年、2017 年、2022 年和 2023 年共同考查的考点,内容较为简单,作答亦很简单。但除此之外,考生还需重点掌握两个内容,一个是设备采购商务文件的修订,另一个是综合评审的要求。

设备采购商务文件通常采用标准通用的商务文件,在执行某一特定项目时,应根据项目合同及业主的要求把通用商务文件修改为适合该设备使用的设备采购商务文件。

综合评审应从质量、进度、费用、执行合同的信誉、同类产品的业绩、交通运输的条件等方面综合评价并排出推荐顺序。

问题 3:按照电气设备交接试验标准的规定,220kV 变压器的电气试验项目还有哪些?

【参考答案】

220kV 变压器的电气试验项目还有:变压器的绝缘油试验、绕组连同套管的交流耐压试验、额定电压冲击合闸试验、变压器的变比测量及相位检查。

【分析思路及作答要求】

本题以补充问答题的形式考查了变压器的交接试验。作答本题需熟练记忆变压器的交接试验的内容，针对此内容，考生可以按以下逻辑顺序强化记忆，以提高学习效率。

(1) 绝缘油试验或 SF_6 气体试验。

(2) 测量铁芯及夹件的绝缘电阻。

(3) 测量绕组连同套管的直流电阻。

(4) 测量绕组连同套管的绝缘电阻、吸收比。

(5) 进行绕组连同套管的交流耐压试验。

(6) 检查相位、所有分接的电压比、三相绕组的连接组别。

(7) 进行额定电压下的冲击合闸试验。

上述内容的学习，第（1）条针对的是不同变压器的试验，第（2）~（5）条针对的是铁芯、夹件、绕组，第（6）条检查没有问题后进行第（7）条的冲击合闸试验。

问题4：发电机转子穿装前气密性试验重点检查内容有哪些？发电机转子穿装常用方法还有哪些？

【参考答案】

(1) 发电机转子穿装前气密性试验重点检查集电环下导电螺钉、中心孔堵板的密封状况。

(2) 发电机转子穿装常用方法还有接轴的方法、用后轴承座作平衡重量的方法、用两台跑车的方法。

【分析思路及作答要求】

本题以常规问答和补充问答题的形式考查了发电机转子安装技术要求。发电机转子穿装前气密性试验重点检查集电环下导电螺钉、中心孔堵板的密封状况，原因在于：

(1) 集电环下导电螺钉作为一种重要的电力传输设备，其作用在于连接集电环和导体，以传输电流。在电力传输过程中，由于存在氧化、腐蚀、灰尘等环境因素的干扰，尤其是在恶劣环境下，导电螺钉容易受到损伤，从而使电功率传输受到很大影响。因此，为了保护集电环下导电螺钉不受外界环境的影响，密封是必要的手段。

(2) 发电机转子在锻造过程中，转子中心孔可以帮助去除集中在轴心处的夹杂物和疏松部分，从而保证转子的强度和可靠性，还可以通过潜望镜进行探伤检查，确保转子的内部质量，转子中心孔两端各有一个堵板，用来防止运行过程中油汽和水汽进入孔内。在汽轮机运行过程中，如果转子中心孔没有有效的密封措施，油汽可能会从中心孔渗入，导致润滑系统出现问题，影响机组的正常运行，堵板可以有效阻止油汽的渗入，确保润滑系统的稳定。在极端情况下，如汽缸进水，转子突然冷却，可能会导致中心孔内气体压力变化，进而使外部的水汽通过未密封的中心孔进入转子内部，这不仅会影响转子的性能，还可能会导致更为严重的设备故障。

另外，本题还考到了发电机转子穿装方法，考生需要加强对四种方法的理解和记忆。滑道式方法是通过在发电机定子内部设置滑道，将转子沿着滑道滑入定子内部，这种方法需要精确的滑道设计和安装，以确保转子能够顺利滑入并定位准确。接轴的方法是通过在转子上安装一个接轴，利用接轴的连接作用将转子吊装到定子内部，这种方法需要精确的接轴设计和安装，以确保转子的安全稳定。用后轴承座作平衡重量的方法是通过在后轴承座上增加平衡重量，以平衡转子的重量，从而方便穿装，这种方法需要精确计算平衡重量，以确保穿装过程的安全稳定。用两台跑车的方法是使用两台跑车分别在转子的两端进行吊装和移动，通过两台跑车的协同工作，将转子平稳地穿入定子内部，这种方法需要精确的跑车操作和协调，以确保穿装过程的安全稳定。

案例 37 2017 年一建案例题二

▶▶ **考情先知**
（1）工业管道阀门的检验与试验
（2）索赔管理
（3）工程保修

某厂的机电安装工程由 A 安装公司承包施工，土建工程由 B 建筑公司承包施工，A 安装公司和 B 建筑公司均按照《建设工程施工合同（示范文本）》与建设单位签订了施工合同。

合同约定，A 安装公司负责工程设备和材料的采购，合同工期为 214 天（3 月 1 日到 9 月 30 日），工程提前 1 天奖励 2 万元，延误 1 天罚款 2 万元。

合同签订后，A 安装公司项目部编制了施工方案、施工进度计划和设备采购计划，并经建设单位批准。

合同实施过程中发生了如下事件。

事件 1：A 安装公司项目部进场后，因 B 建筑公司的原因，土建工程延期 10 天交付给 A 安装公司项目部，使得 A 安装公司项目部的开工时间延后 10 天。

事件 2：因供货厂家原因，订购的不锈钢阀门延期 15 天送达施工现场。A 安装公司项目部对阀门进行了外观检查，阀体完好、开启灵活，准备用于工程管道安装，被监理工程师叫停，要求对不锈钢阀门进行试验，项目部对不锈钢阀门进行了试验，试验全部合格。

事件 3：监理工程师发现，A 安装公司项目部已开始进行压力管道安装，但未向本市特种设备安全监督管理部门书面告知。监理工程师发出停工整改指令，项目部进行了整改，并向本市特种设备安全监督管理部门书面告知。

因以上事件造成安装工期延误，A 安装公司项目部及时向建设单位提出工期索赔，要求增加工期 25 天。项目部采取了技术措施，施工人员加班加点赶工期，使得机电安装工程在 10 月 4 日完成。

该机电安装工程完工后，建设单位在 10 月 4 日未经工程验收就擅自投入使用，在使用 3 天后发现不锈钢管道焊缝渗漏严重。建设单位要求项目部进行返工抢修，项目部抢修后，经再次试运转检验合格，并于10月11日重新投用。

问题1：送达施工现场的不锈钢阀门应进行哪些试验？给出不锈钢阀门试验介质的要求。

【参考答案】

（1）送达施工现场的不锈钢阀门应进行壳体压力试验、密封试验、光谱分析试验。

（2）不锈钢阀门进行试验应以洁净水为试验介质，水中氯离子含量不超过 $25×10^{-6}$。

【分析思路及作答要求】

本题以常规问答题的形式考查了工业管道阀门的检验与试验。由于A公司采购的阀门是不锈钢阀门，因此作答本题的关键在于光谱分析必须要有，根据《工业金属管道工程施工规范》GB 50235—2010 第4.1.4条的规定：铬钼合金钢、含镍低温钢、不锈钢、镍及镍合金、钛及钛合金材料的管道组成件，应采用光谱分析或其他方法对材质进行复查，并应做好标识。

除此之外，对试验介质的要求，无论是吹扫清洗还是压力试验，凡是涉及用水的，均为洁净水，凡是对水中氯离子含量有要求的，其含量均不超过25ppm，即 $25×10^{-6}$，也即百万分之二十五。建筑管道阀门的检验试验与工业管道阀门的检验试验区别如下表所示。

不同管道阀门的检验与试验

管道类别	试验类别	试验压力	试验时间	抽检比例
建筑管道	强度试验	公称压力的1.5倍	分类而定	10%且不少于1个
	严密性试验	公称压力的1.1倍	分类而定	10%且不少于1个
通风空调水系统	强度试验	公称压力的1.5倍	5min	—
	严密性试验	公称压力的1.1倍	—	—
制冷剂管道阀门	强度试验	公称压力的1.5倍	5min	—
	严密性试验	公称压力的1.1倍	30s	—
供暖系统锅炉阀门	—	—	—	—
	严密性试验	公称压力的1.25倍	—	逐个
工业管道	壳体压力试验	20℃时最大允许工作压力的1.5倍	5min	—
	密封试验	20℃时最大允许工作压力的1.1倍	5min	—

问题2：A安装公司项目部应得到工期提前奖励还是工期延误罚款？金额是多少万元？说明理由。

【参考答案】

（1）A安装公司项目部应得到工期提前奖励。

（2）奖励金额是12万元。

（3）事件1，A安装公司和B建筑公司分别与建设单位签订施工合同，且由于B建筑公司的原因，土建工程延期10天交付给A安装公司，使得A安装公司项目部的开工时间延后10天，必然会导致总工期延误10天，因此可以索赔10天的工期延误。事件2，由于合同约定，A安装公司负责工程设备和材料的采购，因此订购的不锈钢阀门延期15天送达，属于A公司自身的责任，不可索赔。综上所述，可以索赔的工期是10天，由于合同工期为214天，因此调整后的合同工期应为224天，而实际工期是218天，因此工期提前6天，可获得工期提前奖励12万元。

【分析思路及作答要求】

本题以分析计算和论述题的形式考查了索赔管理。作答本题的关键在于对事件1和事件2的准确分析，准确定责，分析问题的关键在于以下三点：首先，A安装公司和B建筑公司分别与建设单位签订合同，因此由于B建筑公司的原因导致了A安装公司的损失是可以向有合同关系的建设单位索赔的；其次，由于材料设备导致的损失，责任在于采购方；最后，工程未经竣工验收，发包人擅自使用的，以建设工程转移占有日为竣工日期。

问题3：该工程的保修期应从何日起算？写出工程保修的工作程序。（部分超纲）

【参考答案】

（1）建设工程的保修期应自竣工验收合格之日起开始计算。在建设工程未经竣工验收的情况下，发包人擅自使用的，以建设工程转移占有日为竣工日期，因此该工程的保修期应从10月4日起算。（超纲）

（2）工程保修的工作程序：

① 工程竣工验收的同时，由施工单位向建设单位发送机电安装工程保修书。

② 建设单位或用户发现使用功能不良，或是由于施工质量而影响使用，可以口头或书面方式通知施工单位派人前往检查修理。

③ 施工单位必须尽快派人前往检查，并会同建设单位做出鉴定，提出修理方案，并尽快组织人力、物力，按用户要求的期限进行修理。

④ 修理完毕后应在保修证书的"保修记录"栏内做好记录，经建设单位验收签认。

【分析思路及作答要求】

本题以常规问答题的形式考查了工程保修。作答本题第一问，关键在于竣工时间的准确界定，根据《建设项目工程总承包计价规范》T/CCEAS 001—2022 第7.3.3条的规定。

7.3.3 除合同另有约定外，实际开工时间和竣工时间可按下列规定计算：

1 实际开工时间应以发包人发出的开工通知或批准的开工报告上载明的开工时间起计算。

2 实际竣工时间可按下列规定计算。

（1）工程经竣工验收合格的，以承包人提交竣工验收申请报告的时间为实际竣工时间。

（2）发包人在收到承包人竣工验收申请报告之日起，未在合同约定的时间内完成竣工验收的，以承包人提交竣工验收申请报告之日为实际竣工时间。

（3）工程未经竣工验收，发包人擅自使用的，以发包人占有建设工程之日为实际竣工时间。

作答本题第二问，关键在于梳理逻辑和组织语言，可按下面的逻辑顺序阐述工程保修的工作程序，发送保修证书→有了问题通知修理→施工单位实施保修→做好记录签字确认。

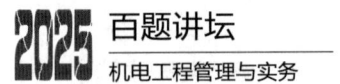

案例 38　2017 年一建案例题三

▶▶ 考情先知

(1) 进度分析的双代号网络图
(2) 危大工程方案实施和起重机选用的基本参数
(3) 轴系对轮中心找正

某机电工程公司通过招标承包了一台 660MW 火电机组安装工程，工程开工前，施工单位向监理工程师提交了工程安装主要施工进度计划，如下图所示，满足合同工期的要求并获业主批准。

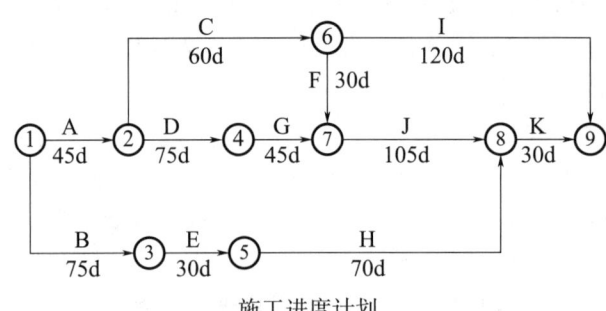

施工进度计划

在施工进度计划中，因为工作 E 和 G 需吊装载荷基本相同，所以租赁了同一台塔吊安装，并计划在第 76 天进场。

在锅炉设备搬运过程中，由于叉车故障在搬运途中失控，使所运设备受损，返回制造厂维修，工作 B 中断 20 天，监理工程师及时向施工单位发出通知，要求施工单位调整进度计划，以确保工程按合同工期完成。对此施工单位提出了调整方案，即将工作 E 调整为工作 G 完成后开工。

在塔吊施工前，施工单位组织编写了吊装专项施工方案，并经审核签字后组织实施。

该工程安装完毕后，施工单位在组织汽轮机单机试运转中发现，在轴系对轮中心找正过程中，轴系联结时的复找存在一定误差，导致设备运行噪声过大，经再次复找后满足了要求。

问题 1：在原计划中如果按照先工作 E 后工作 G 组织吊装，塔吊应安排在第几天投入使用可使其不闲置？说明理由。

【参考答案】

(1) 在原计划中如果按照先工作 E 后工作 G 组织吊装，塔吊应安排在第 91 天投入使用可使其不闲置。

(2) 由图可知工作 G 是在工作 D 结束后开始吊装，即第 121 天开始吊装，因此为使塔吊连续作业不闲置，只需要使工作 E 同样在第 120 天结束即可，由于工作 E 的持续时间为 30 天，因此工作 E 应自第 91 天开始进行吊装作业，持续 30 天，并在第 120 天结束，所以塔吊应安排在第 91 天投入使用可使其不闲置。

【分析思路及作答要求】

本题以图表分析题的形式考查了进度分析的双代号网络图。作答本题的关键在于要读懂背景资料，也即"工作 E 和 G 需吊装载荷基本相同，所以租赁了同一台塔吊安装，并计划在第 76 天进场"。塔吊在第 76 天进场没有问题，因为塔吊投入使用前还有诸多准备工作，例如塔吊的现场安装、监督检验等，合格后才能投入使用，而若使塔吊连续作业不闲置，只需要保证工作 E 的结束时间和工作 D 的结束时间一样即可。

问题 2：工作 B 停工 20 天后，施工单位提出的计划调整方案是否可行？说明理由。

【参考答案】

（1）工作 B 停工 20 天后，施工单位提出的计划调整方案可行。

（2）首先，工作 B 停工 20 天，并不会导致关键线路发生变化，因此也不会影响总工期。但是只有一台塔吊，如果按照原计划，先进行工作 E 再进行工作 G，就会影响工作 G 的正常开始时间，导致工期延误，因此施工单位才考虑提出调整方案，即先进行工作 G 的吊装再进行工作 E 的吊装。工作 B 延误 20 天后，先进行工作 G 吊装，工作 G 第 165 天完工（45+75+45=165 天），因此工作 E 的工期延误天数为 165-（75+20）=70 天。而工作 E 的总时差是 45+75+45+105-（75+20）-30-70=75 天，工作 E 的工期延误天数小于总时差，因此不会影响总工期，计划调整方案可行。

【分析思路及作答要求】

本题以图表分析题的形式考查了进度分析的双代号网络图。作答本题的关键在于，会计算工作 E 的工期延误天数，在考虑工作 B 停工 20 天的情况下，其实工作 B 的持续时间就变成了 75+20=95 天，即工作 B 的结束时间是第 95 天，工作 G 的结束时间是第 165 天，因此工作 G 结束后再进行工作 E 的吊装，那么工作 E 的延误时间就是 165-95=70 天。

计算工作 E 的总时差可以利用总时差的概念来计算，即在不影响总工期的前提下本工作可以机动的时间，因此工作 E 的总时差等于线路①②④⑦⑧⑨的长度减去①③⑤⑧⑨的长度。

问题 3：塔吊专项施工方案在施工前应由哪些人员签字？塔吊选用除了考虑吊装载荷参数外，还有哪些基本参数？

【参考答案】

（1）塔吊专项施工方案在施工前应由机电工程公司单位技术负责人、项目总监理工程师签字。

（2）塔吊选用除了考虑吊装载荷参数外，还应考虑额定起重量、最大幅度、最大起升高度。

【分析思路及作答要求】

本题以常规问答和补充问答题的形式考查了危大工程方案实施和起重机选用的基本参数。塔吊的施工，即塔吊的安装，属于起重设备自身的安装拆卸工程，而此类工程属于危险性较大的分部分项工程，因此需要编制危大工程安全专项施工方案，并经施工单位技术负责人审核签字、加盖单位公章，总监理工程师审查签字、加盖执业印章后方可实施。对此，《危险性较大的分部分项工程安全管理规定》（住房城乡建设部令第 37 号）第十一条有明确规定：专项施工方案应当由施工单位技术负责人审核签字、加盖单位公章，并由总监理工程师审查签字、加盖执业印章后方可实施。危大工程实行分包并由分包单位编制专项施工方案的，专项施工方案应当由总承包单位技术负责人及分包单位技术负责人共同审核签字并加盖单位公章。作答本题第二问较为简单，且为必会内容，可直接按照要求作答即可。

问题 4：汽轮机轴系对轮中心找正除轴系联结时的复找外还包括哪些找正？
【参考答案】
汽轮机轴系对轮中心找正除轴系联结时的复找外，还包括轴系初找、凝汽器灌水至运行重量后的复找、汽缸扣盖前的复找、基础二次灌浆前的复找、基础二次灌浆后的复找。
【分析思路及作答要求】
本题以补充问答题的形式考查了轴系对轮中心找正。轴系对轮中心找正要进行多次，即轴系初找、凝汽器灌水至运行重量后的复找、汽缸扣盖前的复找、基础二次灌浆前的复找、基础二次灌浆后的复找、轴系联结时的复找。除第一次初找外，所有工作都是在凝汽器灌水至运行重量状态下进行的，原因是通过水的重力作用，使凝汽器与汽轮机轴线形成固定关系，从而准确找到中心位置，还可以模拟实际运行工况，有助于提前发现潜在的问题并加以解决，如设备不平衡、安装误差等。轴系对轮中心找正，内容很少，但是考试频率很高，分别在 2016 年、2017 年、2020 年以案例题的形式进行考查。

案例39 2017 年一建案例题四

▶▶ 考情先知
(1) 通风与空调系统风管及部件的制作安装要求
(2) 绿色施工评价
(3) 设备单机试运行

背景资料

某机电工程公司承接北方某城市一高档办公楼机电安装工程，建筑面积 16 万 m^2，地下 3 层，地上 24 层，内容包括通风空调工程、给水排水及消防工程、电气工程。
本工程空调系统设置类型如下：
(1) 首层大堂采用全空气定风量可变新风比空调系统。
(2) 裙楼二层、三层报告厅采用风机盘管与新风处理系统。
(3) 三层以上办公区采用变风量 VAV 空调系统。
(4) 网络机房和 UPS 室采用精密空调系统。
在地下室出入口区域、计算机房和资料室区域设置消防预作用灭火系统，系统通过自动控制的空压机保持管网系统正常的气体压力，在火灾自动报警系统报警后，开启电磁阀组使管网充水，变成湿式系统。

工程采用独立换气功能的内呼吸式玻璃幕墙系统，通过幕墙风机使幕墙空气腔形成负压，将室内空气经过风道直接排出室外，以增加室内新风，并对外墙玻璃降温。系统由内外双层玻璃幕墙、幕墙管道风机、风道、静压箱、回风口及排风口六部分组成。回风口为带过滤器的木质单层百叶，安装在装饰地板上，风道为用镀锌钢板制作的小管径圆形风管，管道直径为DN100~DN250mm。

安装完成后，试运行时发现呼吸式幕墙风管系统运行噪声非常大，自检发现噪声大的主要原因是：

（1）风管与排风机连接不正确。
（2）风管静压箱未单独安装支吊架。

项目部组织整改后，噪声问题得到解决。

在施工阶段，项目参加全国建筑业绿色施工示范工程的过程检查，专家对机电工程采用BIM技术优化管线排布、风管采用工厂化加工预制、现场水电控制管理等方面给予表扬，检查得分92分，综合评价等级为优良。

机电工程全部安装完成后，项目部编制了机电工程系统调试方案并经监理审批后实施。制冷机组、离心冷冻冷却水泵、冷却塔、风机等设备单体试运行的运行时间和检测项目均符合规范和设计要求，项目部及时进行了记录。

问题1：风口安装与装饰装修交叉施工应注意哪些事项？指出风管与排风机连接处的技术要求。（修改）

【参考答案】

（1）风口安装与装饰装修交叉施工应注意风口与装饰装修工程结合处的处理形式要正确，对装饰装修工程的成品保护要到位。

（2）风管与排风机连接处的技术要求：风管与排风机连接处应设置长度为150~250mm的柔性短管。柔性短管松紧适度不扭曲，柔性短管不宜作为找平找正的异径连接管。

【分析思路及作答要求】

本题以常规问答题的形式考查了通风与空调系统风管及部件的制作安装要求。首先第一问，该内容虽已删除，但是作为实操题仍具有可考性，因此仍属应学应会内容，风口安装与装饰装修交叉施工的注意事项，一方面是接口配合，另一方面是成品保护，主要围绕这两个方面阐述即可，该问题也适用于其他有交叉作业的情况。其次第二问，风管与排风机连接的技术要求，此处内容有变化，按照最新的要求有柔性短管的制作要求、柔性短管的安装要求、防排烟系统的施工技术要求，本题仅做了解，考生可按最新要求进行学习即可。

问题2：绿色施工评价指标按其重要性和难易程度分为哪三类？单位工程施工阶段的绿色施工评价由哪个单位负责组织？

【参考答案】

（1）绿色施工评价指标按其重要性和难易程度分为控制项、一般项、优选项。
（2）单位工程施工阶段的绿色施工评价由建设单位或监理单位组织。

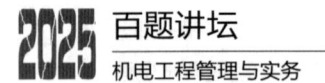

【分析思路及作答要求】

本题以常规问答题的形式考查了绿色施工评价。绿色施工评价虽然内容较少，但是考试频率很高，分别在 2017 年、2022 年、2024 年以案例题的形式进行考查，且均为问答题，针对绿色施工评价的相关要求，总结如下表所示。

绿色施工评价框架体系

基本规定评价	无具体要求
指标评价	控制项、一般项、优选项
要素评价	资源节约、环境保护、人力资源节约和保护
批次评价	在要素评价的基础上随工程进度分批进行评价
阶段评价	地基与基础工程、主体结构工程、装饰装修与机电安装工程
单位工程评价	在阶段评价的基础上进行，评价等级分为不合格、合格和优良
评价频次	绿色施工批次评价次数每季度不少于 1 次，且每阶段不少于 1 次
评价组织和程序	批次评价→施工单位组织 阶段评价→建设单位或监理单位组织 单位工程绿色施工评价→建设单位组织

问题 3：离心水泵单体试运行的目的何在？主要检测哪些项目？

【参考答案】

（1）离心水泵单体试运行的目的是：考核离心水泵的机械性能，检验离心水泵的制造、安装质量和设备性能是否符合规范和设计要求。

（2）主要检测的项目包括：机械密封的泄漏量、填料密封的泄漏量、温升、泵的振动值。

【分析思路及作答要求】

本题以常规问答题的形式考查了设备单机试运行。首先第一问，是借助离心泵考核设备单机试运行的目的，即一个考核，一个检验，考核的是性能、检验的是质量和性能。其次第二问，考了设备单机试运行的要求，其中离心泵在进行单机试运行时，要检测的是密封、温升、振动，即从三个方面关注离心泵是否运行正常。作答本题关键在于准确记忆，但也可以根据自己的理解围绕着上述答题要点简明阐述。

案例 40　2017 年一建案例题五

▶▶ **考情先知**

（1）防腐蚀施工的基本要求

（2）质量数据的统计分析

（3）质量问题的调查处理
（4）金属储罐底板的焊接要求
（5）赢得值法的三个基本参数和四个评价指标

背景资料

某机电安装公司承接南方沿海某成品油罐区的安装任务，该机电公司项目部认真组织施工，在第一批油罐底板到达现场后，即组织下料作业，连夜进行喷砂除锈。

施工人员克服了在空气相对湿度达 90%的闷湿环境下的施工困难，每 20 分钟完成一批钢板的除锈，露天作业 6 小时后，终于完成了整批底板的除锈工作，其后开始底漆喷涂作业。

质检员检查底漆喷涂质量后发现，涂层存在大量的返锈、大面积气泡等质量缺陷，统计数据如下表所示。

质量缺陷数据统计表

序号	缺陷名称	缺陷点数	占缺陷总数的百分比（%）
1	局部脱皮	20	10.0
2	大面积气泡	29	14.5
3	返锈	131	65.5
4	流挂	6	3.0
5	针孔	9	4.5
6	漏涂	5	2.5

项目部启动了质量问题处理程序，针对产生的质量问题，分析了原因，明确了整改方法，整改措施完善后得以妥善处理，并按原验收规范进行验收。

底板敷设完成后，焊工按技术人员的交底，点焊固定后，先焊长焊缝，后焊短焊缝，采用大焊接线能量分段退焊。在底板焊接工作进行到第二天时，出现了很明显的波浪变形。项目总工及时组织技术人员改正原交底中错误的做法，并采取措施，矫正焊接变形，项目继续受控推进。

项目部采取措施，调整进度计划，采用赢得值法监控项目的进度和费用，绘制了项目执行 60 天的赢得值分析法曲线图，如右图所示。

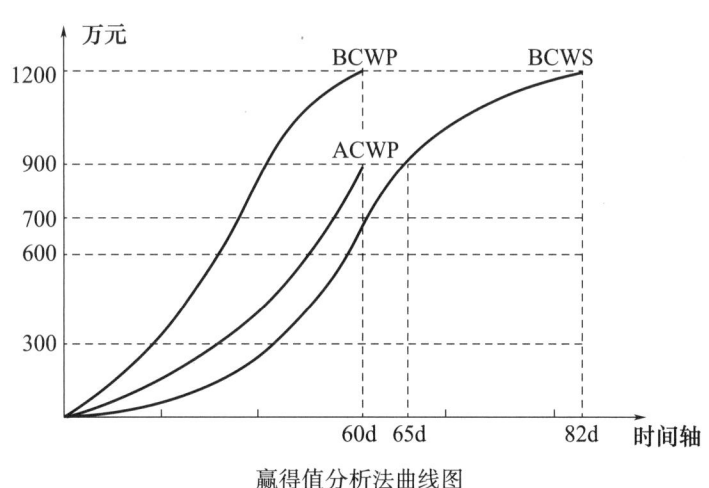

赢得值分析法曲线图

问题 1：指出项目部在喷砂除锈和底漆喷涂作业中有哪些错误之处？经表面除锈处理后的金属，宜进行防腐层作业的最长时间段是几小时以内？（修改）

【参考答案】

（1）项目部在喷砂除锈和底漆喷涂作业中的错误之处：

① 在进行喷砂或打磨处理前未用高压洁净水冲洗表面。

② 空气湿度大于85%未停止表面处理作业。

③ 喷砂除锈和底漆喷涂作业时间间隔过长且无保护措施。

（2）经表面除锈处理后的金属，宜进行防腐层作业的最长时间段是4h以内。

【分析思路及作答要求】

本题以判断改错和常规问答题的形式考查了防腐蚀施工的基本要求。作答本题需要结合背景资料进行分析。首先，沿海地区盐度大，金属表面容易腐蚀，因此在表面处理前必须用高压洁净水冲洗，防止返锈；其次，相对湿度90%超过规范规定的85%；最后，除锈6h后才开始底漆喷涂，超过了规范规定的4h。该内容虽然有修改，但是上述问题并不过时，作为实操题型仍很重要。

问题 2：根据质检员的统计表，按排列图法，将底漆质量分别归类为 A 类因素、B 类因素和 C 类因素。

【参考答案】

排列图法是把影响质量的项目按照从重要到次要的顺序排列，并按累计频率分为 A 类、B 类、C 类等三类因素，累计频率 0%~80% 的为 A 类因素，80%~90% 的为 B 类因素，90%~100% 的为 C 类因素。

因此，根据质检员的统计表，按排列图法经计算可知：

A 类因素有返锈、大面积气泡。

B 类因素有局部脱皮。

C 类因素有针孔、流挂、漏涂。

【分析思路及作答要求】

本题以图表分析题的形式考查了质量数据的统计分析。作答本题的关键是要对上表中给定的数据重新排序，按照缺陷点数由大到小的顺序进行排列，并计算累计频率，如下表所示。

调整后的质量缺陷数据统计表

序号	缺陷名称	缺陷点数	占缺陷总数的百分比（%）	累计频率（%）
1	返锈	131	65.5	65.5
2	大面积气泡	29	14.5	80.0
3	局部脱皮	20	10.0	90.0
4	针孔	9	4.5	94.5
5	流挂	6	3.0	97.5
6	漏涂	5	2.5	100.0

问题 3：项目部就底漆质量缺陷应分别做何种后续处理？制定的质量问题整改措施还应包括哪些内容？

【参考答案】

（1）返锈、大面积气泡做返工处理。局部脱皮、针孔、流挂、漏涂等做返修处理。

（2）制定的质量问题整改措施还应包括整改时间、整改人员、质量要求，整改完成后按原施工质量验收规范进行验收。

【分析思路及作答要求】

本题以常规问答和补充问答题的形式考查了质量问题的调查处理。质量问题的处理方案包括返修处理、返工处理、降级使用、不做处理、报废处理。返修处理即修修补补，不需要整改重做。返工处理即整改重做，对于 B 类问题和 C 类问题可以返修处理，但是对于 A 类问题必须返工处理，返工处理要整改重做。因此要制定整改措施，明确的内容主要围绕着四个方面作答，即由谁整改、怎么整改、什么时候整改、整改后需要达到什么样的质量要求。

问题 4：指出技术人员在底板焊接交底中的错误之处并纠正。

【参考答案】

（1）底板焊接时不应先焊长焊缝、后焊短焊缝，应先焊短焊缝、后焊长焊缝。

（2）底板焊接时不应采用大的焊接线能量，应采用较小的焊接线能量进行焊接作业。

【分析思路及作答要求】

本题以判断改错题的形式考查了金属储罐底板的焊接要求。作答本题，只需要根据背景资料描述的内容反向修改，针对该问题的背景资料的描述仅有一句话，即"底板敷设完成后，焊工按技术人员的交底，点焊固定后，先焊长焊缝，后焊短焊缝，采用大焊接线能量分段退焊"。因此可将"先焊长焊缝，后焊短焊缝"修改为"先焊短焊缝，后焊长焊缝"，并将"采用大焊接线能量分段退焊"修改为"采用小焊接线能量分段退焊"。作答时，要充分利用背景资料中所给的信息，一方面将其作为答题的提示信息，另一方面也可据此丰富自己的答案内容，不要自己编话，要充分利用已有的素材进行书写。

问题 5：根据赢得值分析法曲线图，指出项目进度在第 60 天时，是超前或滞后了多少万元？若用时间表达，是超前或滞后了多少天？指出第 60 天时，项目费用是超支或结余了多少万元？

【参考答案】

（1）根据赢得值分析法曲线图，项目进度在第 60 天时，进度偏差 SV＝已完工程预算费用 BCWP－计划工程预算费用 BCWS＝1200－700＝500 万元＞0，因此项目进度在第 60 天时超前了 500 万元。

（2）若用时间表达，项目进度在第 60 天时超前了 22 天，即项目原本计划于第 82 天完成 1200 万元的工程，实际在第 60 天即已完成此目标，82－60＝22 天。

（3）根据赢得值分析法曲线图，项目进度在第 60 天时，费用偏差 CV＝已完工程预算费用 BCWP-已完工程实际费用 ACWP=1200-900=300 万元>0，因此项目费用在第 60 天时结余了 300 万元。

【分析思路及作答要求】

本题以分析计算题的形式考查了赢得值法的三个基本参数和四个评价指标。作答的关键在于以下两点。

（1）熟练掌握图中字母的含义。

BCWP：Budgeted Cost for Work Performed（已完工程预算费用）。

BCWS：Budgeted Cost for Work Scheduled（计划工程预算费用）。

ACWP：Actual Cost for Work Performed（已完工程实际费用）。

（2）熟练掌握进度偏差和费用偏差的计算。

进度偏差=已完工程预算费用 BCWP-计划工程预算费用 BCWS，即要完成 1200 万元的工程，计划要在第 82 天才能实现，实际上在第 60 天就实现了，因此提前了 22 天。

费用偏差=已完工程预算费用 BCWP-已完工程实际费用 ACWP，即在第 60 天时，已完成了 1200 万元的工程，实际上只花了 900 万元，因此结余了 300 万元。

案例 41　2016 年一建案例题一

▶▶ 考情先知

（1）施工进度计划的分析及调整

（2）设备采购评审

（3）特种设备的施工告知

（4）管道工程施工技术要求

背景资料

某制氧站经过招标投标，由具有安装资质的公司承担全部机电安装工程和主要机械设备的采购。安装公司进场后，按合同工期、工作内容、设备交货时间、逻辑关系及工作持续时间（下表）编制了施工进度计划。

制氧站安装公司工作内容、逻辑关系及持续时间表

工作内容	紧前工作	持续时间（d）
施工准备	—	10
设备订货	—	60
基础验收	施工准备	20
电气安装	施工准备	30
机械设备及管道安装	设备订货、基础验收	70
控制设备安装	设备订货、基础验收	20

续表

工作内容	紧前工作	持续时间（d）
调试	电气安装、机械设备及管道安装、控制设备安装	20
配套设施安装	控制设备安装	10
试运行	调试、配套设施安装	10

在计划实施过程中，电气安装滞后10天，调试滞后3天。设备订货前，安装公司认真对供货商进行了考察，并在技术、商务评审的基础上对供货商进行了综合评审，最终选择了各方均满意的供货商。

由于安装公司进场后，未向当地（市级）特种设备安全监督部门书面告知，致使安装工作受阻，经补办相关手续后，工程得以顺利进行。

在制氧机法兰和管道法兰连接时，施工班组未对法兰的偏差进行检验，即进行法兰连接，遭到项目工程师的制止。

问题1：根据上表计算总工期需多少天？电气安装滞后及调试滞后是否影响总工期？并分别说明理由。

【参考答案】

（1）根据背景资料可知，该工程关键工作是设备订货、机械设备及管道安装、调试、试运行，因此工程总工期为 60+70+20+10=160 天。

（2）电气安装滞后10天不影响总工期，调试滞后3天影响总工期3天。

（3）电气安装工作不是关键工作，且总时差为90天，因此电气安装滞后10天不影响总工期。调试工作是关键工作，总时差为0天，因此调试滞后3天影响总工期3天。

【分析思路及作答要求】

本题以图表分析题的形式考查了施工进度计划的分析及调整。首先，结合上表中信息查找关键工作，按照最后一项工作一定是关键工作的思路从后往前找，找到持续时间最长的线路，该线路上的工作即关键工作，而各项工作的持续时间之和即总工期。

（1）最后一项工作"试运行"是关键工作，且其紧前工作中必有一项关键工作，看谁是关键工作，主要是看谁的持续时间长，谁的持续时间长，谁就有可能是关键工作，就可以初步判断其为关键工作，之所以说是初步判断，是因为我们要找到持续时间最长的线路，而不是持续时间最长的工作，试运行的紧前工作是"调试"和"配套设施安装"，"调试"的持续时间是20天，"配套设施安装"的持续时间是10天，因此可以初步判断"调试"是关键工作。

（2）如果"调试"是关键工作，以此类推，可以初步判断其紧前工作中的"机械设备及管道安装"是关键工作。

（3）如果"机械设备及管道安装"是关键工作，以此类推，可以初步判断其紧前工作中的"设备订货"是关键工作。

（4）此处有考生可能会提出疑问，"设备订货"已无紧前工作，然而"基础验收"仍存在紧前工作。虽然"设备订货"没有紧前工作了，但是其持续时间是60天，远远大于"基础验收"和其紧前工作"施工准备"两项工作的持续时间之和30天，因此关键工作是"设备订货"，而不是"基础验收"和"施工准备"。

作答本题第二问，判断某项工作延误是否影响总工期，主要看其是否为关键工作，关键工作的总时差是0，关键工作延误了必然影响总工期，且对总工期影响的天数即该工作延误的天数。如果不是关键工作，那么判断其是否会影响总工期，主要看其延误的天数是否大于总时差，如果延误的天数大于总时差则影响总工期，否则不影响总工期。在前面的题目中已经讲过，总时差是指在不影响总工期的前提下本工作可以机动的时间，因此本工程"电气安装"的总时差为总工期减去该工作所在线路的最长持续时间，即160－70＝90天。故电气安装滞后10天不影响总工期。"调试"是关键工作，"调试"滞后3天影响总工期3天。

问题2：设备采购前的综合评审除考虑供货商的技术和商务外，还应从哪些方面进行综合评价？

【参考答案】

设备采购前的综合评审除考虑供货商的技术和商务外，还应从质量、进度、费用、执行合同的信誉、同类产品的业绩、交通运输的条件等方面综合评价。

【分析思路及作答要求】

本题以补充问答题的形式考查了设备采购评审。在前面2017年的案例题中已经讲过，设备采购文件包括技术文件、商务文件。设备采购评审包括技术评审、商务评审、综合评审，技术评审合格后才能进行商务评审，商务评审合格后才能进行综合评审。

设备采购商务文件：通常采用标准通用的商务文件，在执行某一特定项目时，应根据项目合同及业主的要求把通用商务文件修改为适合该设备使用的设备采购商务文件。

设备采购综合评审：应从质量、进度、费用、执行合同的信誉、同类产品的业绩、交通运输的条件等方面综合评价并排出推荐顺序。

问题3：安装公司开工前应向当地（市级）特种设备安全监督管理部门提交哪些书面告知材料？

【参考答案】

安装公司开工前，在向当地（市级）特种设备安全监督管理部门办理书面告知时，应填写《特种设备安装改造维修告知单》，并提供特种设备许可证书复印件（加盖单位公章）。

【分析思路及作答要求】

本题以常规问答题的形式考查了特种设备的施工告知。根据国家市场监督管理总局特种设备安全监察局发布的《关于简化〈特种设备安装改造维修告知书〉的通知》（质检办特函〔2009〕1186号）的规定：为了进一步方便企业，简化手续，规范特种设备安装改造维修告知行为，现对特种设备安装改造维修告知及接受告知的特种设备安全监督管理部门提出如下要求。其中，部分要求如下。

（1）告知性质：根据《特种设备安全监察条例》规定，特种设备安装、改造、维修的施工单位（以下简称：施工单位）以书面形式告知直辖市或设区的市的特种设备安全监督管理部门后即可施工，告知不属于行政许可。

（2）告知方式主要包括：送达、邮寄、传真、电子邮件或网上告知。

（3）施工单位应填写《特种设备安装改造维修告知单》（附件），附件说明。

注1：告知单按每台安装、改造、维修的设备各填写一张。

注2：告知单编号为制造单位设备编号+施工单位施工工号+年份（4位）。

注3：按安装、改造、维修分别填写。施工单位应提供特种设备许可证书复印件（加盖单位公章）。

问题4：制氧机法兰与管道法兰的偏差应在何种状态下进行检验？检验的内容有哪些？

【参考答案】

（1）制氧机法兰与管道法兰连接前，应在自由状态下检验法兰的平行度和同轴度。

（2）制氧机法兰与管道法兰最终连接时，应在联轴节上架设百分表监视设备位移。

（3）管道试压、吹扫合格后，应对管道与设备的接口进行复位检验。

（4）管道安装完成后，设备不得承受设计以外的附加应力。

【分析思路及作答要求】

本题以常规问答题的形式考查了管道工程施工技术要求。在前面的案例题中，围绕着2020年和2023两年的经典题，已对该内容进行了详细的讲解。然而本题又与前面两题不同，前面两题的问题都非常具有针对性，且答案唯一，而作答本题应力求全面，可以从施工先后顺序的角度来进行回答，分别是连接前、最终连接时、连接后，如此一看，本题难度骤然减小。

案例42 2016年一建案例题二

▶▶ 考情先知

（1）风管制作安装的检验与试验

（2）通风与空调系统风管的安装要求

（3）通风与空调工程的划分和冷凝水管道安装的技术要求

安装公司承接某商务楼的机电安装工程，工程主要内容是通风与空调、建筑给水排水、建筑电气和消防等工程。

安装公司项目部进场后，依据合同和设计要求，编制了施工组织设计，内容有：各专业工程主要工作量、施工进度总计划、项目成本控制措施和项目信息管理措施等。项目部编制施工组织设计并报安装公司审批，安装公司以施工组织设计中的项目成本控制措施不够完善为由，要求项目部修改后重新报送。施工组织设计修改后得到安装公司批准。

通风空调风管采用工厂化预制，在风管批量制作前，项目部检验了风管的制作工艺，对风管进行了严密性试验，风管系统安装完成后，项目部对主、干风管分段进行了漏光试验。项目部报监理验收时，监理认为项目部对风管的试验与检测项目不全，要求项目部完善试验与检测项目。

通风空调的风管和配件安装后，监理工程师在检查中，发现风管及配件安装不符合规范要求，要求项目部整改，如下图所示。

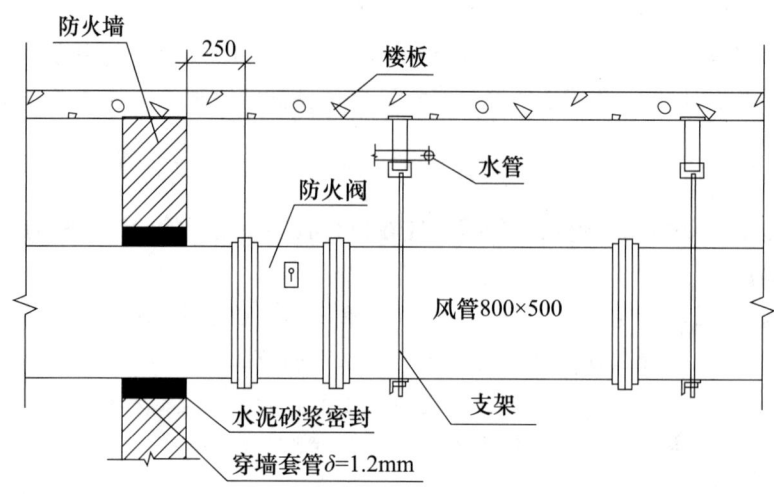

风管安装立面示意图

通风空调工程安装、试验调整合格，在试运行验收中，部分房间的风机盘管有滴水现象，经检查是冷凝水管道的坡度不够，造成风机盘管的冷凝水溢出。经返工，通风空调工程试运行验收合格。

问题1：项目部在风管批量制作前及风管安装完成后还应进行哪些试验与检测？

【参考答案】

（1）项目部在风管批量制作前，除了对风管进行严密性试验外，还应对风管进行强度试验。

（2）项目部在风管安装完成后，除了对主、干风管进行漏光试验外，还应对主、干风管进行漏风量检测。

【分析思路及作答要求】

本题以补充问答题的形式考查了风管制作安装的检验与试验。

根据《通风与空调工程施工规范》GB 50738—2011 第15.1.1条的规定，通风与空调系统检测与试验项目应包括下列内容：

1 风管批量制作前，对风管制作工艺进行验证试验时，应进行风管强度与严密性试验。

2 风管系统安装完成后，应对安装后的主、干风管分段进行严密性试验，应包括漏光检测和漏风量检测。

作答本题的关键在于，风管系统安装完成后的严密性试验既包括漏光检测，也包括漏风量检测，且根据上述规范第15.3.1条的规定，风管系统严密性试验应按不同压力等级和不同材质分别进行，并应符合下列规定：

1 低压系统风管的严密性试验，宜采用漏光法检测。漏光检测不合格时，应对漏光点进行密封处理，并应做漏风量测试。

2 中压系统风管的严密性试验，应在漏光检测合格后，对系统漏风量进行测试。

3 高压系统风管的严密性试验应为漏风量测试。

4 1~5级洁净空调系统风管的严密性试验应按高压系统风管的规定执行；6~9级洁净空调系统风管的严密性试验应按中压系统风管的规定执行。

值得注意的是，上述规范第15.3.1条是对已经安装完成的主、干风管严密性试验的要求，而非风管批量制作前的严密性试验的要求，风管批量制作前的严密性试验主要检测的是不同压力等级的风管的允许漏风量。

问题2：指出图中的风管及配件安装不符合规范要求之处，写出正确的规范要求。

【参考答案】

（1）穿墙套管厚度1.2mm不符合规范要求。风管穿过需要密闭的防火、防爆的楼板或墙体时，应设壁厚不小于1.6mm的钢制预埋管或防护套管。

（2）风管与防护套管之间采用水泥砂浆密封不符合规范要求。风管与防护套管之间应采用不燃且对人体无害的柔性材料封堵。

（3）防火阀未设置支吊架不符合规范要求。边长或直径大于或等于630mm的防火阀宜设置独立的支吊架。

（4）防火阀距离防火墙250mm不符合规范要求。防火分区隔墙两侧安装的防火阀距墙不应大于200mm。

【分析思路及作答要求】

本题以图表分析题的形式考查了通风与空调系统风管的安装要求。该内容较为简单，题目亦很简单，然而支吊架的安装容易混淆，因此借助此题，我们这里主要为广大考生梳理总结通风与空调系统中，常见的需要设置独立支吊架的情况：

(1) 排烟防火阀，应设置独立的支吊架。

(2) 边长或直径≥630mm的防火阀，宜设置独立的支吊架。

(3) 边长或直径>1250mm的弯头、消声弯头、三通，应设置独立的支吊架。

(4) 水系统管道和制冷剂系统管道与设备连接处，应设置独立的支吊架。

(5) 水泵安装的吸入管和出水管，应设置独立的支吊架。

(6) 风机安装的进风管和出风管，应设置独立的支吊架。

(7) 风机盘管、末端装置、消声器、静压箱，应设置独立的支吊架。

问题3：在试运行验收中，需返工的是哪个分项工程？写出其合格的技术要求。

【参考答案】

在试运行验收中，需返工的分项工程是冷凝水管道安装工程。其合格的技术要求是，当设计无要求时，干管坡度宜大于等于8‰，支管坡度宜大于等于1%。

【分析思路及作答要求】

本题以判断改错题的形式考查了通风与空调工程的划分和冷凝水管道安装的技术要求。作答本题的关键在于区分分部工程、子分部工程、分项工程。分部工程按专业划分，因此通风与空调工程属于分部工程。子分部工程可按系统划分，例如，送风系统、排风系统、防排烟系统、净化空调系统、冷却水系统、冷凝水系统等，因此冷凝水系统属于子分部工程。分项工程可按工序或工作内容划分，例如，管道安装、设备安装、吹扫清洗、压力试验、调试试运行等，因此本题需返工的分项工程是冷凝水管道安装工程，必须将"管道安装"回答出来，其次在回答冷凝水管道安装合格的技术要求，即对坡度的要求。

案例 43　2016 年一建案例题三

▶▶ 考情先知

（1）机械工程垫铁的设置要求和质量管理
（2）质量数据的统计分析
（3）起重机的试运行
（4）索赔管理

A 单位中标某厂新建机修车间的机电工程，除两台 20t 桥式起重机安装工作分包给具有专业资质的 B 单位外，余下的工作均自行完成。B 单位将起重机安装工作分包给 C 劳务单位。

在机器设备就位后，A 单位的专业质检员发现设备安装的垫铁组共有 20 组不合格，统计表见下表。

不合格垫铁组统计表

序号	不合格原因	不合格数量	频率（%）
1	垫铁组超厚	10	50
2	垫铁组距超标	7	35
3	垫铁组超薄	2	10
4	垫铁翘曲	1	5

A 单位项目部分析了垫铁组超标成因并进行了整改，达到规范要求。

B 单位检查了与桥式起重机安装有关的安装精度和隐蔽工程记录等资料，编写了桥式起重机试车方案，经获批准后，由 C 单位组织进行桥式起重机满负荷重载行走试验。桥式起重机在试验中，由于大车的限位开关失灵，大车在碰撞车挡后停止，剧烈的甩动造成试验配重脱落，砸坏了停在下方的一辆叉车，造成 8 万元的经济损失。

经查，行程开关失灵的原因是其控制线路虚接。之后按规范接线及测试，达到合格要求。该事故致使项目工期超过合同约定 3 天后才交工。

建设单位根据与 A 单位签订的合同约定，对 A 单位处以 3 万元的延迟交工罚款。A 单位向 C 单位要求 11 万元的索赔，C 单位予以拒绝。A 单位按照规定的程序进行了索赔，并获得了经济补偿。

问题 1：从施工技术管理和质量管理的角度分析垫铁组安装不符合规范的主要原因。
【参考答案】
（1）从施工技术管理的角度分析。
① 垫铁组超厚的主要原因是：垫铁组中垫铁的数量超过 5 块。

② 垫铁组超薄的主要原因是：垫铁组中垫铁的数量不足，或垫铁的厚度小于2mm。

③ 垫铁组距超标的主要原因是：未能保证每个地脚螺栓旁边至少应有一组垫铁，未能保证设备底座有接缝处的两侧各设置一组垫铁，未能保证相邻两组垫铁之间的距离在500~1000mm。

④ 垫铁翘曲的主要原因是：垫铁与设备基础之间接触不良，垫铁放置不平稳，未按照规范要求将厚的放在下面、薄的放在中间，垫铁厚度小于2mm。

（2）从施工质量管理的角度分析。

① 施工前未对垫铁和设备基础进行检查验收。

② 施工前未对施工人员进行技术交底。

③ 施工过程中未严格执行三检制。

【分析思路及作答要求】

本题以论述题的形式考查了机械工程垫铁的设置要求和质量管理。作答本题的关键在于区分技术管理和质量管理，技术管理主要从规范规定技术要求的角度出发进行阐述，质量管理主要从施工前的技术交底、材料验收、中间交接，以及施工后质量检查的角度出发进行阐述，考生应能举一反三，遇到类似问题亦可按此方法进行作答。

问题2：将上表中不合格的垫铁组按累计频率划分为A类、B类、C类。

【参考答案】

（1）对质量问题进行ABC分类，通常按累计频率进行划分，（0%~80%）属于A类问题即主要问题，（80%~90%）属于B类问题即次要问题，（90%~100%）属于C类问题即一般问题。

（2）因此，垫铁组超厚属于A类问题，垫铁组距超标属于B类问题，垫铁组超薄和垫铁翘曲属于C类问题。

【分析思路及作答要求】

本题以图表分析题的形式考查了质量数据的统计分析。作答本题的关键是要对上表中给定的数据按照不合格数量由大到小的顺序进行排列，并计算累计频率，如下表所示。

不合格垫铁组统计表

序号	不合格原因	不合格数量	频率（%）	累计频率（%）
1	垫铁组超厚	10	50	50
2	垫铁组距超标	7	35	85
3	垫铁组超薄	2	10	95
4	垫铁翘曲	1	5	100

问题3：从桥式起重机发生的事故分析，试运行工作中存在哪些主要问题？

【参考答案】

从桥式起重机发生的事故分析，试运行工作中存在的主要问题有：

（1）试运行前未对相关的电气元件进行检查。

(2) 试运行前未将与试运行无关的可移动设备移出警戒区。
(3) 起重机满负荷重载行走试验前，未进行空载和静载试运行。
(4) 试运行工作不应由劳务分包单位组织，应由B专业分包单位组织实施。

【分析思路及作答要求】

本题以论述题的形式考查了起重机的试运行。本题虽然借助起重机考查了单机试运行的条件和要求，但是作答本题仅需结合背景资料进行分析即可，将背景资料中存在的问题指出并修改，背景资料中不存在的问题不需要拓展回答。另外，起重机安装工程施工完毕，应连续进行空载、静载、动载试运行，合格后办理验收手续。

问题4：A单位向C单位索赔11万元是否合理？说明原因。A单位应如何索赔？

【参考答案】

(1) A单位向C单位索赔11万元不合理。
(2) 虽然索赔的费用11万元没有问题，但是A单位和C单位没有直接的合同关系，因此A单位不能直接向C单位索赔。
(3) A单位应向与之有合同关系的B单位进行索赔，B单位赔偿A单位的损失后，由B单位向C单位追偿。

【分析思路及作答要求】

本题以判定论述题的形式考查了索赔管理。作答本题的关键有两点，第一点是判断索赔的费用是否正确，第二点是判断索赔的对象是否正确。首先，索赔的费用包括砸坏叉车造成的8万元的损失和建设单位对A单位罚款的3万元，合计11万元；其次，与索赔的对象之间必须具有合同关系，有合同关系才能索赔，没有合同关系不能索赔。

案例44 2016年一建案例题四

▶▶ **考情先知**

(1) 与施工进度计划安排的协调
(2) 光伏发电设备安装技术要求
(3) 架空导线的连接要求
(4) 架空导线的试验要求
(5) 绿色施工的土壤保护技术要点

背景资料

A公司承包一个10MW光伏发电、变电和输电工程项目。该项目工期150天，位于北方草原，光伏板金属支架采用工厂制作现场安装，每个光伏发电回路（660VDC，5kW）用二芯电缆接至直流汇流箱，由逆变器转换成0.4kV三相交流电，通过变电站升至35kV，采用架空线路与电网连接。

A公司项目部进场后，依据合同、设计要求和工程特点编制了施工进度计划、施工方案、安全技术措施和绿色施工要点。在 10MW 光伏发电工程施工进度计划（下表）审批时，A 公司总工程师指出项目部编制的进度计划中某两项施工内容的工作时间安排不合理，不符合安全技术措施要求，容易造成触电事故，施工内容调整后审批通过。项目部在作业前进行了施工交底，重点是防止触电的安全技术措施和草原绿色施工（环境保护）要点。

10MW 光伏发电工程施工进度计划表

施工内容	工作时间											
	6月			7月			8月			9月		
	1	11	21	1	11	21	1	11	21	1	11	21
支架基础及接地施工	━━	━━	━━									
支架及光伏板安装			━━	━━	━━							
电缆敷设				━━	━━							
光伏板电缆接线						━━	━━					
汇流箱安装、电缆接线								━━				
逆变器安装、电缆接线									━━			
系统试验调整										━━		
系统送电验收											━━	

A 公司因施工资源等因素的制约，将 35kV 变电站和 35kV 架空线路分包给 B 公司和 C 公司，并要求 B 公司和 C 公司依据 10MW 光伏发电工程的施工进度编制进度计划，与光伏发电工程同步施工，配合 10MW 光伏发电工程的系统送电验收。

依据 A 公司项目部的进度要求，B 公司按计划完成 35kV 变电站的安装调试工作，C 公司在 9 月 10 日前完成了导线的架设连接（下图），在开始 35kV 架空导线测量、试验时，被 A 公司项目部要求暂停整改，导线架设连接返工后检查符合规范要求。

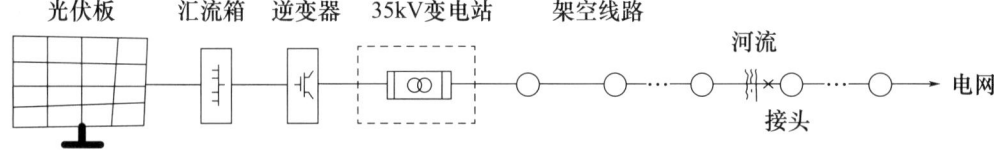

光伏发电、变电和输电工程示意图

光伏发电工程、35kV 变电站和 35kV 架空线路在 9 月 30 日前系统送电验收合格，按合同要求将工程及竣工资料移交给建设单位。

问题 1：项目部依据进度计划安排施工时可能受到哪些因素的制约？工程分包的施工进度协调管理有哪些作用？

【参考答案】

（1）项目部依据进度计划安排施工时可能受到的制约因素有：作业人员和施工机具配备、设备材料进场时机、机电安装工艺规律、工程实体现状、施工场地环境。

（2）施工进度协调管理的作用是把制约作用转化成和谐有序、相互创造的施工条件，使进度计划安排衔接合理、紧凑可行，符合总进度计划的要求。

【分析思路及作答要求】

本题以常规问答题的形式考查了与施工进度计划安排的协调。此处考的是制约因素，并非考查进度管理中影响施工进度的因素和施工进度偏差产生的原因，而且从后面的问题"施工进度协调管理有哪些作用"也可看出，作答本题必须围绕协调管理中的相关内容来回答，否则不能得分，因此作答本题前对问题和答案的定位很重要。

作答本题第一问，有关的制约因素主要包括"人、机、料、法、环"，分别对应的是作业人员的配备、施工机具的配备、设备材料的进场时机、机电安装工艺规律、工程实体现状和施工场地环境。作答本题第二问，施工进度协调管理的作用有两句话，第一句话是"转化"，第二句话是"使……符合……"。

问题2：项目部应如何调整施工进度计划（上表）中施工内容的工作时间？为什么说该施工安排容易造成触电事故？（超纲）

【参考答案】

（1）10MW光伏发电工程施工进度计划调整如下：汇流箱的电缆接线工作调整到7月21日—8月10日；光伏组件的电缆接线工作调整到8月11日—8月31日。

（2）因为光伏组件串联后形成660V高压直流电，电缆与光伏组件串连接后，电缆为带电状态，在后续的电缆施工和接线中容易造成触电事故。

【分析思路及作答要求】

本题以图表分析题的形式考查了光伏发电设备安装技术要求。该题目虽然超纲，但仍然属于必会题目，作为超纲内容，仍然具有很大的可考性。首先介绍几个概念：光伏组件是指能单独提供直流电的太阳电池组件；光伏组件串是指将若干个光伏组件串联后，形成具有一定直流输出电压的电路单元，简称组件串或组串；汇流箱是指在光伏发电系统中将若干个光伏组件串并联汇流后接入的装置；逆变器是指光伏发电站内将直流电变换成交流电的设备。

根据《光伏发电站施工规范》GB 50794—2012的规定：

5.4.3 汇流箱内光伏组件串的电缆接引前，必须确认光伏组件侧和逆变器侧均有明显断开点。

本条为强制性条文，必须严格执行。汇流箱在进行电缆接引时，如果光伏组件串已经连接完毕，那么在光伏组件串两端就会产生直流高电压。而逆变器侧如果没有断开点，其他已经接引好的光伏组件串的电流可能会从逆变器侧逆流到汇流箱内，很容易对人身和设备造成伤害。所以在汇流箱的光伏组件串电缆接引前，必须确保没有电压，确认光伏组件侧和逆变器侧均有明显断开点。

5.5.4 逆变器直流侧电缆接线前必须确认汇流箱侧有明显断开点。

本条为强制性条文，必须严格执行。逆变器的直流侧通过电缆和汇流箱连接，往往在接引此部分电缆时，部分光伏组件已组串完毕，并接引至汇流箱中，此时在汇流箱的正负极两端将会产生很高的直流开路电压。为保障人身安全，应在逆变器直流侧电缆接线前，确认汇流箱侧有明显断开点，并做好安全防护措施。

问题 3：说明架空导线（上图）在测试时被叫停的原因，写出导线连接的合格要求。（修改）

【参考答案】

（1）架空导线在测试时被叫停的原因是：该架空线路在跨越该河流上空有接头，不符合导线连接要求。

（2）导线连接的合格要求是：该架空线路在跨越该河流上空不得设置接头，应在杆上跳线连接，且接头处的机械强度和电阻值符合规范要求。

【分析思路及作答要求】

本题以图表分析题的形式考查了架空导线的连接要求。作答本题只需要结合图形分析作答即可，图中关于架空导线存在的问题只是在跨越河流的位置设置了接头，因此在测试时被叫停，所以只需要回答出接头的位置不符合要求即可。此外，要求写出导线连接的合格要求，一方面要回答出接头应设置在哪里，另一方面，再将接头处的机械强度和电阻值作为其控制指标，然而由于这里没有给出更多的有关导线的信息，因此不需要写出具体的数值要求。另外，根据《电气装置安装工程 66kV 及以下架空电力线路施工及验收规范》GB 50173—2014 第 8.1.3 条的规定：跨越电力线、弱电线路、铁路、公路、索道及通航河流时，应编制跨越施工技术措施。导线或架空地线在跨越档内接头应符合设计要求。当设计无规定时，应符合本规范表 A.0.7 的规定。故此，考生印象中的"每根导线在每一个档距内只准有一个接头，但在跨越公路、河流、铁路、重要建筑物、电力线和通信线等处，导线和避雷线均不得有接头"，已不再完全适用，因此删除了对该内容的要求，考生可按最新的考试要求学习即可，不需要拓展学习。

问题 4：C 公司在 9 月 20 日前应完成 35kV 架空线路的哪些测试内容？

【参考答案】

C 公司在 9 月 20 日前应完成 35kV 架空线路的以下测试内容：

（1）测量杆塔的接地电阻值。
（2）测量绝缘子的绝缘电阻值并进行交流耐压试验。
（3）测量线路的绝缘电阻值。
（4）测量线路的工频参数。
（5）采用红外线测温仪或电压降法测量导线的接头质量。
（6）检查线路各相两侧的相位应一致。
（7）在额定电压下对空载线路进行 3 次冲击合闸试验。

【分析思路及作答要求】

本题以常规问答题的形式考查了架空导线的试验要求。作答本题的关键是要准确记忆，从三个方面记忆为佳，首先是杆塔，其次是杆塔上的绝缘子，最后是绝缘子上的线路，如此一来，逻辑自然清晰。对于绝缘子上的线路，首先是绝缘电阻和工频参数这两个参数，其次是检查接头的质量和相位的连接是否正确，最后是冲击合闸试验。

值得注意的是，一般情况下，要求导线接头处的电阻值不超过同长度导线电阻值的 1.2 倍，因此在使用电压降法测量导线接头质量时，要求导线接头两端的电压降，不超过同长度导线电压降的 1.2 倍。工频参数即与电网工作频率有关的参数,主要包括正序阻抗、负序阻抗、零序阻抗、正序电容、零序电容等。

问题 5:写出本工程绿色施工中的土壤保护要点。
【参考答案】
本工程绿色施工中的土壤保护要点有:
(1) 保护地表环境,防止土壤侵蚀流失,因施工造成的裸土及时覆盖。
(2) 污水处理设施不发生堵塞、渗漏、溢出等现象。
(3) 防腐保温用的油漆、绝缘脂和容易产生粉尘的材料应妥善保管,对现场地面造成污染应及时清理。
(4) 有毒有害废弃物回收后交有资质的单位处理,不能作为建筑垃圾外运。
(5) 施工后,恢复因施工活动破坏的植被。
【分析思路及作答要求】
本题以常规问答题的形式考查了绿色施工的土壤保护技术要点。作答本题如上述参考答案所示,首先第(1)条是对"地表"的要求,其次第(2)条是对"污水"的要求,再次第(3)条和第(4)条是对"有毒有害废弃物"的要求,最后是对"施工结束后恢复植被"的要求。考生可按以上逻辑进行该内容的学习和记忆,以简化学习内容,增强记忆效果。

案例 45 2016 年一建案例题五

▶▶ **考情先知**
(1) 危大工程范围的界定和方案实施
(2) 工程建设用电办理
(3) 轴系对轮中心找正
(4) 施工质量预控

背景资料

某城市基础设施升级改造项目为市郊的热电站二期 2×330MW 凝汽式汽轮机组向城区集中供热及配套管网,工艺流程如下图所示。业主通过招标与 A 公司签订了施工总承包合同,工期 12 个月。

公用管网敷设采用闭式双管制,以电站热计量表井为界,一级高温水供热管网 16km,二级供热管网 9km,沿线新建 6 座隔压换热站,隔压站出口与原城市一级管网连接。

针对公用管网施工,A 公司以质量和安全为重点进行控制策划,制定危险性较大的分部分项工程清单及安全技术措施,确定主要方案的施工技术方法包括:管道预制、保温及外护管工厂化生产;现场施焊采取氩弧焊打底,自动焊填充,手工焊盖面;直埋保温管道无补偿电预热安装;管网穿越干渠暗挖施工,穿越河流架空施工,穿越干道顶管施工;管道清洗采

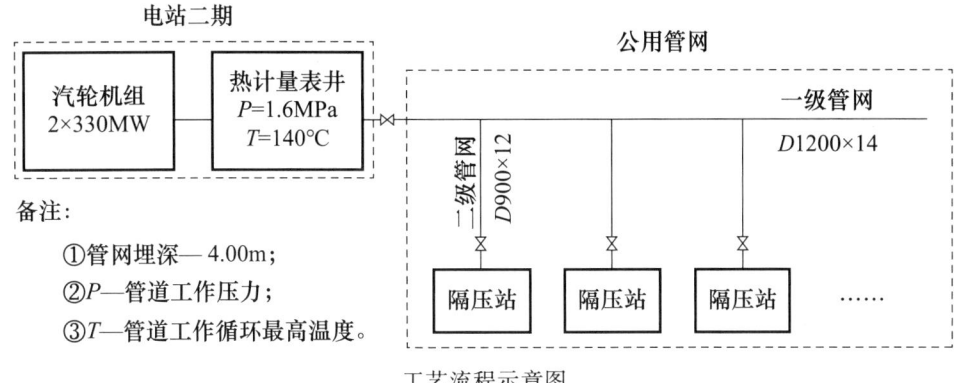

工艺流程示意图

用密闭循环水力冲洗方式等。其中,施工装备全位置自动焊机和大容量电加热装置是 A 公司与厂家联合研发的新设备。

项目实施过程中,发生了下列情况:

现场用电申请已办理,但地处较偏僻的管道分段电预热超市政电网负荷,为不影响工程进度,A 公司自行决定租用大功率柴油发电机组,解决电网负荷不足问题,被供电部门制止。

330MW 机组轴系对轮中心初找正后,为缩短机组安装工期,钳工班组提出通过提高对中调整精度等级,在基础二次灌浆前的工序阶段,一次性对轮中心进行复查和找正,被 A 公司否定。

公用管网焊接过程中,发现部分焊工的焊缝质量不稳定,经无损检测结果分析,主要缺陷是气孔数量超标。A 公司排除焊工操作和焊接设备影响因素后,及时采取针对性的质量预控措施。

问题1:针对公用管网施工,A 公司应编制哪些需要组织专家论证的安全专项方案?(超纲)

【参考答案】

针对公用管网施工,A 公司应编制的需要组织专家论证的安全专项方案有:暗挖施工、顶管施工、采用全位置自动焊机的管道焊接、直埋保温管道无补偿电预热装置安装。

【分析思路及作答要求】

本题以判定题的形式考查了危大工程范围的界定和方案实施。危大工程和超过一定规模的危大工程均需要编制安全专项施工方案,但前者不需要专家论证,后者需要专家论证。根据《住房城乡建设部办公厅关于实施〈危险性较大的分部分项工程安全管理规定〉有关问题的通知》(建办质〔2018〕31 号)的有关规定,超过一定规模的危险性较大的分部分项工程范围界定如下:

(1)深基坑工程

开挖深度超过 5m(含 5m)的基坑(槽)的土方开挖、支护、降水工程。

(2)模板工程及支撑体系

① 各类工具式模板工程:包括滑模、爬模、飞模、隧道模等工程。

② 混凝土模板支撑工程：搭设高度 8m 及以上，或搭设跨度 18m 及以上，或施工总荷载（设计值）15kN/m² 及以上，或集中线荷载（设计值）20kN/m 及以上。
③ 承重支撑体系：用于钢结构安装等满堂支撑体系，承受单点集中荷载 7kN 及以上。
（3）起重吊装及起重机械安装拆卸工程
① 采用非常规起重设备、方法，且单件起吊重量在 100kN 及以上的起重吊装工程。
② 起重量 300kN 及以上，或搭设总高度 200m 及以上，或搭设基础标高在 200m 及以上的起重机械安装和拆卸工程。
（4）脚手架工程
① 搭设高度 50m 及以上的落地式钢管脚手架工程。
② 提升高度在 150m 及以上的附着式升降脚手架工程或附着式升降操作平台工程。
③ 分段架体搭设高度 20m 及以上的悬挑式脚手架工程。
（5）拆除工程
① 码头、桥梁、高架、烟囱、水塔或拆除中容易引起有毒有害气（液）体或粉尘扩散、易燃易爆事故发生的特殊建、构筑物的拆除工程。
② 文物保护建筑、优秀历史建筑或历史文化风貌区影响范围内的拆除工程。
（6）暗挖工程
采用矿山法、盾构法、顶管法施工的隧道、洞室工程。
（7）其他
① 施工高度 50m 及以上的建筑幕墙安装工程。
② 跨度 36m 及以上的钢结构安装工程，或跨度 60m 及以上的网架和索膜结构安装工程。
③ 开挖深度 16m 及以上的人工挖孔桩工程。
④ 水下作业工程。
⑤ 重量 1000kN 及以上的大型结构整体顶升、平移、转体等施工工艺。
⑥ 采用新技术、新工艺、新材料、新设备可能影响工程施工安全，尚无国家、行业及地方技术标准的分部分项工程。

作答本题只需要对背景资料中给定的工程进行判定即可，背景资料中的暗挖施工和顶管施工属于暗挖工程。采用全位置自动焊机的管道焊接和直埋保温管道无补偿电预热装置安装属于采用新技术、新工艺、新材料、新设备可能影响工程施工安全，尚无国家、行业及地方技术标准的分部分项工程。

问题 2：供电部门为何制止 A 公司自行解决用电问题？指出 A 公司使用自备电源的正确做法。

【参考答案】
（1）供电部门制止 A 公司自行解决用电问题的理由是：A 公司变更用电未按规定的程序办理手续。
（2）A 公司使用自备电源应告知供电部门并征得同意，同时要妥善采取安全技术措施，防止自备电源误入市政电网。

【分析思路及作答要求】

本题以判断改错题的形式考查了工程建设用电办理。作答本题第一问，A 公司采用大功率柴油发电机组解决电网负荷不足的问题，属于变更用电，变更用电应办理手续。作答本题第二问，A 公司使用自备电源的正确做法，一是办理告知手续，二是采取安全措施。

问题 3：针对 330MW 机组轴系调整，钳工班组还应在哪些工序阶段多次对轮中心进行复查和找正？

【参考答案】

针对 330MW 机组轴系调整，钳工班组还应在以下工序阶段多次对轮中心进行复查和找正：

（1）凝汽器灌水至运行重量后的复找。
（2）汽缸扣盖前的复找。
（3）基础二次灌浆后的复找。
（4）轴系联结时的复找。

【分析思路及作答要求】

本题以补充问答题的形式考查了轴系对轮中心找正。轴系对轮中心找正要进行多次，即轴系初找、凝汽器灌水至运行重量后的复找、汽缸扣盖前的复找、基础二次灌浆前的复找、基础二次灌浆后的复找、轴系联结时的复找。除第一次初找外，所有工作都是在凝汽器灌水至运行重量状态下进行的，原因是通过水的重力作用，使凝汽器与汽轮机轴线形成固定关系，从而准确找到中心位置，还可以模拟实际运行工况，有助于提前发现潜在的问题并加以解决，如设备不平衡、安装误差等。轴系对轮中心找正，内容很少，但是考试频率很高，分别在 2016 年、2017 年、2020 年以案例题的形式进行考查。

问题 4：针对气孔数量超标缺陷，A 公司在管道焊接过程中应采取哪些质量预控措施？

【参考答案】

针对气孔数量超标缺陷，A 公司在管道焊接过程中应采取以下质量预控措施：

（1）对焊材进行烘干。
（2）配备焊条保温桶。
（3）控制氩气纯度。
（4）焊前进行预热。
（5）采取防风措施。

【分析思路及作答要求】

本题以常规问答题的形式考查了施工质量预控。施工质量预控应从"人、机、料、法、环、测"等六个方面提出相应的质量预控措施。本工程针对气孔数量超标缺陷，A 公司排除了焊工操作和焊接设备的影响因素，因此在制定相应的质量预控措施的时候就不需要考虑"人、机"的因素，同时对于该缺陷也无需考虑测量因素。因此，作答本题应围绕"料、法、环"三个因素进行阐述即可。

案例46 2015年一建案例题一

▶▶ 考情先知
（1）绿色施工要点
（2）施工现场安全检查
（3）质量数据的统计分析
（4）通风与空调系统风管的制作要求

A公司承包某市大型标志性建筑大厦机电工程项目，内容包括管道安装、电气设备安装及通风空调工程。建设单位要求A公司严格实施绿色施工，严格安全和质量管理，并签订了施工合同。

A公司项目部制定了绿色施工管理和环境保护的绿色施工措施，提交建设单位后，建设单位认为绿色施工内容不能满足施工要求，建议补充完善。

施工中项目部按规定多次对施工现场进行安全检查，仍反复出现设备吊装指挥信号不明确或多人同时指挥。个别电焊工无证上岗，雨天高空作业。临时楼梯未设置护栏等多项安全隐患。项目部经认真分析总结，认为是施工现场安全检查未抓住重点，经整改后效果明显。

在第一批空调金属风管制作检查中，发现质量问题，项目部采用排列图法对制作中出现的质量问题进行了统计、分析、分类，并建立了风管制作不合格点数统计表，如下表所示，予以纠正处理。经检查，其中风管咬口开裂的质量问题是咬口形式选择不当造成的，经改变咬口形式后，咬口质量得到改进。

风管制作不合格点数统计表

序号	检查项目	不合格点数	频率（%）	累计频率（%）
1	咬口开裂	24	30	30
2	风管几何尺寸超差	22	27.5	57.5
3	法兰螺栓孔距超差	16	20	77.5
4	翻边宽度不一致	8	10	87.5
5	表面平整度超差	6	7.5	95
6	表面划伤	4	5	100
合计	—	80	100	—

问题1：绿色施工要点还应包括哪些方面的内容？
【参考答案】
绿色施工要点除A公司项目部制定的绿色施工管理和环境保护措施外，还应包括的内容有资源节约、人力资源节约和保护、技术创新等。

【分析思路及作答要求】

本题以补充问答题的形式考查了绿色施工要点。绿色施工要点包括的内容有绿色施工管理、资源节约、环境保护、人力资源节约和保护、技术创新等，同样的问题也在 2022 年考过。作答本题只需按照上述参考答案直接作答即可，无需展开论述。

问题 2：根据背景资料，归纳施工现场安全检查的重点。

【参考答案】

施工现场安全检查的重点是违章指挥、违章作业、直接作业环节的安全保证措施。根据背景资料，本工程中施工现场安全检查的重点是：

（1）违章指挥，如设备吊装指挥信号不明确或多人同时指挥。

（2）违章作业，如个别电焊工无证上岗和雨天高空作业。

（3）直接作业环节的安全保障措施，如临时楼梯未设置护栏。

【分析思路及作答要求】

本题以常规问答题的形式考查了施工现场安全检查。作答本题应注意，此题有两问，首先第一问，必须回答出安全检查的重点是什么，对这个内容的记忆，考生应该已经非常熟悉。其次第二问，必须对背景资料中存在的每一项安全隐患进行归类，方可得满分。

问题 3：对上表中的质量问题进行 ABC 分类。

【参考答案】

（1）对质量问题进行 ABC 分类，通常按累计频率进行划分，（0%～80%）属于 A 类问题即主要问题，（80%～90%）属于 B 类问题即次要问题，（90%～100%）属于 C 类问题即一般问题。

（2）咬口开裂、风管几何尺寸超差、法兰螺栓孔距超差属于 A 类问题；翻边宽度不一致属于 B 类问题；表面平整度超差、表面划伤属于 C 类问题。

【分析思路及作答要求】

本题以图表分析题的形式考查了质量数据的统计分析。作答本题的关键是要对上表中给定的数据按照不合格点数由大到小的顺序进行排列，并计算累计频率，然而表中数据已是按此方式排列，且已经给出了每一个检查项目的累计频率，因此考生只需按照"（0%～80%）属于 A 类问题，（80%～90%）属于 B 类问题，（90%～100%）属于 C 类问题"进行归类即可，如下表所示。

风管制作不合格点数统计表

序号	检查项目	不合格点数	频率（%）	累计频率（%）
1	咬口开裂	24	30	30
2	风管几何尺寸超差	22	27.5	57.5
3	法兰螺栓孔距超差	16	20	77.5

续表

序号	检查项目	不合格点数	频率（%）	累计频率（%）
4	翻边宽度不一致	8	10	87.5
5	表面平整度超差	6	7.5	95
6	表面划伤	4	5	100
合计	—	80	100	—

质量数据的统计分析考试频率极高，分别在2015年、2016年、2017年、2020年进行考查，故此为必会内容。

问题4：金属风管咬口形式和选择依据是什么？

【参考答案】

（1）金属风管咬口形式有单咬口、联合角咬口、转角咬口、按扣式咬口和立咬口。

（2）金属风管咬口形式的选择依据是：风管系统的压力及连接要求。

【分析思路及作答要求】

本题以常规问答题的形式考查了通风与空调系统风管的制作要求。依据《通风与空调工程施工规范》GB 50738—2011第4.2.6条的规定，金属风管咬口形式有单咬口、联合角咬口、转角咬口、按扣式咬口和立咬口等。然而立咬口与其他咬口形式在适用范围上不同，其他咬口形式均可根据系统压力或连接要求选择，而立咬口的适用范围与系统压力无关，只与连接要求有关。虽然，金属风管咬口形式的选择依据已删除，但是作为超纲内容仍需掌握，各种咬口形式的适用范围参考如下表所示。

风管板材咬口连接形式及适用范围

名称	连接形式	适用范围
单咬口		低、中、高压系统
联合角咬口		低、中、高压系统矩形风管或配件四角咬口连接
转角咬口		低、中、高压系统矩形风管或配件四角咬口连接
按扣式咬口		低、中压系统的矩形风管或配件四角咬口连接
立咬口 包边立咬口		圆、矩形风管横向连接或纵向接缝，弯管横向连接

案例 47　2015 年一建案例题二

▶▶ **考情先知**
(1) 应重点进行风险识别的作业和应急预案的分类
(2) 危大工程范围的界定和方案实施
(3) 冷却塔的安装要求

某机电公司承接一地铁机电工程（4 站 4 区间），该工程位于市中心繁华区，施工周期共 16 个月，工程范围包括通风与空调、给水排水及消防水、动力照明、环境与设备监控系统等。

工程各站设置 3 台制冷机组，单台机组重量为 5.5t，位于地下站台层。各站两端的新风及排风竖井共安装 6 台大型风机。空调冷冻、冷却水管采用镀锌钢管焊接法兰连接，法兰焊接处内外焊口做防腐处理。其中某站的 3 台冷却塔按设计要求设置在地铁入口外的建筑区围挡内，冷却塔并排安装且与围挡建筑物距离为 2.0m。

机电工程工期紧，作业区域分散，项目部编制了施工组织设计，对工程进度、质量和安全管理进行重点控制。在安全管理方面，项目部根据现场作业特点，对重点风险作业进行分析识别，制定了相应的安全管理措施和应急预案。

在车站出入口未完成结构施工时，全部机电设备、材料均需进行吊装作业，其中制冷机组和大型风机的吊装运输分包给专业施工队伍。分包单位编制了吊装运输专项方案后即组织实施，被监理工程师制止，后经审批，才组织实施。

在公共区及设备区走廊上方的管线密集区，采用"管线综合布置"的机电安装新技术，由成品镀锌型钢和专用配件组成的综合支吊架系统。机电管线深化设计后，解决了以下问题：避免了设计图纸中一根 600mm×400mm 风管与 400mm×200mm 电缆桥架安装位置的碰撞；确定了各机电管线安装位置；断面尺寸最大的风管最高，电缆桥架居中，水管最低；确定管线间的位置和标高，满足施工及维修操作面的要求。机电公司根据优化方案组织施工，按合同要求一次完成。

问题 1：本工程应重点进行风险识别的作业有哪些？应急预案分为哪几类？
【参考答案】
(1) 根据背景资料，本工程应重点进行风险识别的作业有：
① 不熟悉的作业，如本工程中的"管线综合布置的新技术作业"。
② 临时作业，如本工程中的"脚手架搭设作业"。
③ 造成事故最多的作业，如本工程中的"动火作业、高空作业"。
④ 存在严重伤害危险的作业，如本工程中的"起重吊装作业"。
⑤ 已有控制措施不足以将风险降低至可接受范围的作业，如本工程中的"焊接作业"。
(2) 应急预案分为：综合应急预案、专项应急预案、现场处置方案。

【分析思路及作答要求】

本题以常规问答题的形式考查了应重点进行风险识别的作业和应急预案的分类。作答本题第一问应注意,与2015年案例一的第二问类似,答案中也应包括两部分内容,首先是应重点进行风险识别的作业性质,其次是本工程中的作业名称,如此方可得满分。作答本题第二问较为简单,此处不再赘述。

问题2:分包单位选择的吊装运输专项方案应如何进行审批?

【参考答案】

根据背景资料可知,制冷机组单台重量为5.5t,约为55kN,故其吊装运输属于危险性较大的分部分项工程,需要编制危大工程安全专项施工方案。因此分包单位选择的吊装运输专项方案首先应当由总包单位技术负责人及分包单位技术负责人共同审核签字,加盖单位公章,然后由总监理工程师审查签字,加盖执业印章后方可实施。

【分析思路及作答要求】

本题以常规问答题的形式考查了危大工程范围的界定和方案实施。作答本题首先应进行工程类别的判定,其次写出正确的审批流程。针对起重吊装工程中的危大工程和超过一定规模的危大工程的范围界定要求如下表所示。

危大工程和超过一定规模的危大工程的范围界定

危大工程	(1) 采用非常规起重设备、方法,且单件起吊重量在10kN及以上的起重吊装工程; (2) 采用起重机械进行安装的工程; (3) 起重机械自身安装和拆卸工程
超过一定规模的危大工程	(1) 采用非常规起重设备、方法,且单件起吊重量在100kN及以上的起重吊装工程; (2) 起重量300kN及以上,或搭设总高度200m及以上,或搭设基础标高在200m及以上的起重机械自身安装和拆卸工程

再者,根据《危险性较大的分部分项工程安全管理规定》(住房城乡建设部令第37号)第十一条的规定:专项施工方案应当由施工单位技术负责人审核签字、加盖单位公章,并由总监理工程师审查签字、加盖执业印章后方可实施。危大工程实行分包并由分包单位编制专项施工方案的,专项施工方案应当由总承包单位技术负责人及分包单位技术负责人共同审核签字并加盖单位公章。

作答本题的关键在于准确界定危大工程和超过一定规模的危大工程的范围,由于制冷机组单台重量不足100kN,因此该危大工程安全专项施工方案不需要专家论证。

问题3:本工程冷却塔安装位置能否满足其进风要求?说明理由。塔体安装还应符合哪些要求?

【参考答案】

(1) 本工程冷却塔安装位置可以满足其进风要求。

(2) 理由:根据相关规范,冷却塔的安装位置应符合设计要求,进风侧距建筑物应大于1000mm，本工程冷却塔并排安装且与围挡建筑物距离为2.0m，因此满足其进风要求。

（3）冷却塔塔体安装还应符合以下要求：

① 冷却塔与基础预埋件应连接牢固，连接件应采用热镀锌或不锈钢螺栓，其紧固力应一致，均匀。

② 冷却塔安装应水平，单台冷却塔安装的水平度和垂直度允许偏差均为2/1000。同一冷却水系统的多台冷却塔安装时，各台冷却塔的水面高度应一致，高差不应大于30mm。

③ 冷却塔的积水盘应无渗漏，布水器应布水均匀。

④ 冷却塔的风机叶片端部与塔体四周的径向间隙应均匀。对于可调整角度的叶片，角度应一致。

⑤ 组装的冷却塔，其填料的安装应在所有电、气焊接作业完成后进行。

【分析思路及作答要求】

本题以判定论述和补充问答题的形式考查了冷却塔的安装要求。根据《通风与空调工程施工规范》GB 50738—2011 第10.4.4条的规定。

10.4.4 冷却塔安装应符合下列规定：

1 冷却塔的安装位置应符合设计要求，进风侧距建筑物应大于1000mm。

2 冷却塔与基础预埋件应连接牢固，连接件应采用热镀锌或不锈钢螺栓，其紧固力应一致，均匀。

3 冷却塔安装应水平，单台冷却塔安装的水平度和垂直度允许偏差均为2/1000。同一冷却水系统的多台冷却塔安装时，各台冷却塔的水面高度应一致，高差不应大于30mm。

4 冷却塔的积水盘应无渗漏，布水器应布水均匀。

5 冷却塔的风机叶片端部与塔体四周的径向间隙应均匀。对于可调整角度的叶片，角度应一致。

6 组装的冷却塔，其填料的安装应在所有电、气焊接作业完成后进行。

作答本题共有三问，其中第三问难度最大，但由于当年考试是以当年要求为准，因此当时需要考生记的内容并不多，故此对于该问题，考生了解即可，无需再逐字记忆。

案例48 2015年一建案例题三

▶▶ **考情先知**

（1）金属储罐的安装方法

（2）施工组织设计的实施

背景资料

某机电工程公司施工总承包了一项大型原油储备库工程，该工程主要包括4台50000m³浮顶原油储罐及其配套系统和设施。工程公司项目部对50000m³浮顶罐的施工方案进行了策划，确定罐壁焊缝采用自动焊的主体施工方案。为了减少脚手架的搭设和投入，选用了适宜的内挂脚手架正装法组装罐壁。确定主体施工方案后项目部编制了施工组织设计，并按规定程序进行了审批。

施工过程中，发生了如下事件：

事件1：由于罐壁自动焊接设备不能按计划日期到达施工现场，为了不影响工程进度，项目部决定将罐壁焊缝自动焊改为焊条电弧焊（手工焊），为此，项目部按焊条电弧焊方法修改了施工组织设计，由项目总工程师批准后实施。在施工过程中被专业监理工程师发现，认为改变罐壁焊接方法属于重大施工方案修改，项目部对施工组织设计变更的审批手续不符合要求，因此报请总监理工程师下达了工程暂停令。

事件2：修改罐壁焊接方法后，工程公司项目部把焊缝的焊条电弧焊焊接质量作为质量控制的重点，制定了合理的焊接顺序和工艺要求，并编制了质量预控方案。

事件3：在对第一台焊接的 $50000m^3$ 浮顶罐进行罐壁焊缝射线检测及缺陷分析中，认为气孔和密集气孔是出现频次最多的超标缺陷，是影响焊接质量的主要因素。项目部采用因果分析图方法，找出了焊缝产生气孔的主要原因，制定了对策表。在后续的焊接施工中，项目部落实了对策表内容，提高了焊接质量。

问题1：说明内挂脚手架正装法和外搭脚手架正装法脚手架的搭设区别。

【参考答案】

内挂脚手架正装法和外搭脚手架正装法脚手架的搭设区别如下。

（1）内挂脚手架正装法：每组对一圈壁板，就在壁板内侧沿圆周挂上一圈三脚架，在三脚架上铺设跳板，组成环形脚手架；随后安装护栏，并搭设楼梯间或斜梯连接各圈脚手架，形成上下通道；一台储罐施工宜用 2~3 层脚手架，脚手架从下至上交替使用，不需要随壁板升高而逐层搭设。

（2）外搭脚手架正装法：在储罐壁板外侧，脚手架随壁板升高而逐层搭设。

【分析思路及作答要求】

本题以常规问答题的形式考查了金属储罐的安装方法。作答本题的关键是审清题意，为了简化考生的作答，考题只对"脚手架的搭设区别"做了提问，因此不需要整篇背写内挂脚手架正装法和外搭脚手架正装法的施工技术要求，只需要根据自己的理解，把这两种脚手架的搭设区别阐述清楚即可。其搭设区别主要围绕着两个方面进行阐述，首先是内外之别，其次是判断是否需要逐层搭设。表述清楚即可，不需要逐字逐句死记硬背。

问题2：事件1中，为什么监理工程师认为项目部对施工组织设计变更的审批手续不符合要求？

【参考答案】

改变罐壁焊接方法属于对主要施工方法的重大调整，因此项目部修改的施工组织设计需要履行原审批手续后才能实施，即该施工组织设计应由施工单位技术负责人审批，然后由施工单位项目经理或其授权人签章后向监理报批，而不能由项目总工程师批准后即行实施。

【分析思路及作答要求】

本题以论述题的形式考查了施工组织设计的实施。根据《建筑施工组织设计规范》GB/T 50502—2009 第 3.0.5 条和 3.0.6 条的规定：

3.0.5 施工组织设计的编制和审批应符合下列规定。

1 施工组织设计应由项目负责人主持编制，可根据需要分阶段编制和审批。

2 施工组织总设计应由总承包单位技术负责人审批；单位工程施工组织设计应由施工单位技术负责人或技术负责人授权的技术人员审批；施工方案应由项目技术负责人审批；重点、难点分部（分项）工程和专项工程施工方案应由施工单位技术部门组织相关专家评审，施工单位技术负责人批准。

3 由专业承包单位施工的分部（分项）工程或专项工程的施工方案，应由专业承包单位技术负责人或技术负责人授权的技术人员审批；有总承包单位时，应由总承包单位项目技术负责人核准备案。

4 规模较大的分部（分项）工程和专项工程的施工方案应按单位工程施工组织设计进行编制和审批。

3.0.6 施工组织设计应实行动态管理，并符合下列规定。

1 项目施工过程中，发生以下情况之一时，施工组织设计应及时进行修改或补充：
（1）工程设计有重大修改。
（2）有关法律、法规、规范和标准实施、修订和废止。
（3）主要施工方法有重大调整。
（4）主要施工资源配置有重大调整。
（5）施工环境有重大改变。

2 经修改或补充的施工组织设计应重新审批后实施。

3 项目施工前，应进行施工组织设计逐级交底；项目施工过程中，应对施工组织设计的执行情况进行检查、分析并适时调整。

作答本题应从三个方面进行阐述，首先明确其为对主要施工方法的重大修改，其次明确其必须履行原审批手续，最后将原油储备库工程作为单位工程，阐述单位工程施工组织设计的审批流程即可。

案例 49 2015 年一建案例题四

▶▶ **考情先知**

（1）资格预审和特种设备生产单位的许可
（2）工业机电工程施工质量验收的划分
（3）施工现场危险源的辨识
（4）管道工程的施工程序

某钢厂炼钢技改项目内容包括钢结构、工艺设备、工业管道、电气安装等，为节能减排，新增氧气制取、煤气回收和余热发电配套设施。炼钢车间起重机梁轨顶标高 27.8m，为多跨单层全钢结构（塔楼部分为多层）。炼钢工艺采用顶底复合吹炼，转炉吹氧由球罐氧气干管（$D426\times9$，$P=2.5\text{MPa}$）经加料跨屋面输送至氧舱阀门室。

该项目由具有承包资质的A公司施工总承包。在分包单位通过资格预审后，经业主同意，A公司将氧气站、煤气站和余热发电站机电安装工程分包给具有相应专业资格和技术资格的安装单位。

A公司项目部进场后，根据图纸、合同、施工组织设计大纲、装备技术水平及现场施工条件进行施工组织总设计编制，塔楼钢结构和工艺设备采用$3000\text{t}\cdot\text{m}$塔吊主吊，方案经批准通过。项目实施过程中，项目部在安全和质量管理方面采取措施如下：

措施1：针对工程特点，塔楼施工现场存在危险源较多，项目部仅对临时用电触电危险、构件加工机械伤害危险、交叉作业物体打击危险，以及压力试验、冲洗、试运转等危险源进行辨识和评价，经公司审定，补充完善后，制定了相应安全措施和应急预案，健全现场安全管理体系。

措施2：针对氧气管道管口错边量超标，内壁存在油脂、锈蚀、铁屑等原因易引起燃烧爆炸事故，项目部编制施工方案时，制定了包括材料检验、管道试验等关键工序为内容的施工工艺流程，经批准后严格执行。

措施3：氧气站球罐的球壳板和零部件进场后，A公司项目部及时组织检查和验收，确保分包单位按计划现场组焊。

问题1：A公司审查分包单位专业资格包括哪些内容？氧气站分包单位必须取得哪几种技术资格？

【参考答案】

（1）A公司审查分包单位专业资格包括的内容：工程业绩，包括类似工程的业绩；人员状况，包括承担本项目所配备的管理人员和主要人员的名单和简历；施工方案，包括履行合同任务而配备的施工装备；财务状况，包括申请人的资产负债表和现金流量表。

（2）氧气站分包单位必须取得的技术资格有：GC2级及以上压力管道安装许可资格，A3级压力容器制造许可资格。

【分析思路及作答要求】

本题以常规问答题的形式考查了资格预审和特种设备生产单位的许可。首先第一问，考查的是招投标管理中对资格预审的要求，考生可按上述参考答案的内容进行记忆，同时为了便于简化记忆，特按上述参考答案编写。其次第二问，由于氧气管道设计压力为2.5MPa，不足4.0MPa，因此该氧气管道属于GC2类压力管道，故氧气站分包单位必须取得GC2级及以上压力管道安装许可资格。另外，球形罐的现场组焊单位必须取得A3级压力容器制造许可资格。

值得注意的是，虽然氧气是助燃气体本身不能燃烧，但在有火源的情况下，如遇可燃物会加速燃烧，甚至有些含碳的难燃或不燃固体也会迅速燃烧，因此对于设计压力大于或等于4.0MPa的氧气管道仍然属于GC1类压力管道。

问题2：A公司编制的施工组织总设计包括哪几个机电安装单位工程？

【参考答案】

A公司编制的施工组织总设计包括的单位工程：炼钢车间、氧气站、煤气站、余热发电站。

【分析思路及作答要求】

本题以判定题的形式考查了工业机电工程施工质量验收的划分。根据《工业安装工程施工质量验收统一标准》GB/T 50252—2018 第4.1.2和第4.1.3条的规定：

4.1.2　单位工程应按区域、装置或工业厂房、车间（工号）进行划分，较大的单位工程可划分为若干个子单位工程。当一个专业工程规模较大，具有独立施工条件或独立使用功能时，也可单独构成单位工程或子单位工程。

4.1.3　分部工程应按土建、钢结构、设备、管道、电气、自动化仪表、防腐蚀、绝热和炉窑砌筑专业划分。较大的分部工程可划分为若干个子分部工程。

根据规范结合背景资料分析可知，背景资料中的炼钢车间、氧气站、煤气站、余热发电站等均为单位工程，背景资料中的钢结构、工艺设备、工业管道、电气安装等均为分部工程。作答本题的关键是要结合背景资料进行分析，并判断背景资料中哪些工程属于单位工程，本题需要准确作答，不可多答。

问题3：措施1中，塔楼作业区域还有哪些危险源因素？

【参考答案】

塔楼作业区域存在的危险源因素除临时用电触电危险、构件加工机械伤害危险、交叉作业物体打击危险，以及压力试验、冲洗、试运转等危险外，还有高空作业及高空坠落危险、机械吊装危险、火灾爆炸危险、中毒窒息危险、探伤辐射危险、气体泄漏危险。

【分析思路及作答要求】

本题以常规问答题的形式考查了施工现场危险源的辨识。施工安全重大危险源的主要类型包括：高空作业→高空坠落；机械作业→机械伤害；吊装作业→吊装伤害；交叉作业→物体打击；临时用电→触电；动火作业→火灾；电气焊作业→火灾爆炸；密闭容器内作业→中毒、窒息；脚手架搭设作业、深基坑作业→倒塌、坍塌；其他作业→滑倒、失稳等。作答本题需注意，由于其需要结合背景资料进行作答，因此可以从多角度多方面进行分析，从而确保所给答案全面准确，尽可能多得分。

问题4：措施2中，氧气管道施工还应包括哪几道关键工序？

【参考答案】

氧气管道施工的关键工序除材料检验和管道试验外，还应包括：管道焊前坡口处理、管口组对、管道焊接和焊后热处理、管道安装、管道检查检验、管道吹扫与清洗（酸洗脱脂）。

【分析思路及作答要求】

本题以补充问答题的形式考查了管道工程的施工程序。作答本题一方面要考虑工业管道安装的一般程序，另一方面也要结合背景资料来作答。一般来说，管道工程施工的关键工序有：管道元件和材料的检验、管道加工、管道焊接和焊后热处理、管道安装、管道检查检验和试验、管道吹扫与清洗。其中，管道检查检验和试验的内容包括外观检查、无损检测、硬度检验、压力试验等。

作答本题值得注意的是，由于背景资料中给出了"管道管口错边量超标"和"内壁存在油脂、锈蚀、铁屑等原因易引起燃烧爆炸事故"等相关信息,因此在答案中应包括"管道焊前坡口处理""管口组对""酸洗脱脂"等工序内容。

该题目虽然考查的是工业管道安装的一般程序,但又不能完全按照其程序中的工序进行照搬照抄,应综合重点考虑《工业金属管道工程施工规范》GB 50235—2010 对施工工序的相关规定。

案例 50 2015 年一建案例题五

▶▶ 考情先知

（1）机械设备安装的一般程序
（2）赢得值法的三个基本参数和四个评价指标
（3）设计变更的程序和要求、施工进度计划的分析和调整
（4）竣工验收的实施

背景资料

A 安装公司承包某分布式能源中心的机电安装工程,工程内容有:三联供（供电、供冷、供热）机组、配电柜、水泵等设备安装和冷热水管道、电缆排管及电缆施工。三联供机组、配电柜、水泵等设备由业主采购,金属管道、电力电缆及各种材料由安装公司采购。

A 安装公司项目部进场后,编制了施工进度计划（下表）、预算费用计划和质量预控方案。对业主采购的三联供机组、水泵等设备检查、核对技术参数,符合设计要求。设备基础验收合格后,采用卷扬机及滚杠滑移系统将三联供机组二次搬运、吊装就位。安装中设置了质量控制点,做好施工记录,保证安装质量,达到设计及安装说明书要求。

施工进度计划表

序号	工作内容	持续时间	开始时间	完成时间	紧前工序	3月 1	3月 11	3月 21	4月 1	4月 11	4月 21	5月 1	5月 11	5月 21	6月 1	6月 11	6月 21
1	施工准备	10d	3.1	3.10	—												
2	基础验收	20d	3.1	3.20	—												
3	电缆排管施工	20d	3.11	3.30	1												
4	水泵及管道安装	30d	3.11	4.9	1												
5	机组安装	60d	3.31	5.29	2、3												
6	配电及控制箱安装	20d	4.1	4.20	2、3												
7	电缆敷设、连接	20d	4.21	5.10	6												
8	调试	20d	5.30	6.18	4、5、7												
9	配电设施安装	20d	4.21	5.10	6												
10	试运行验收	10d	6.19	6.28	8、9												

在施工中发生了以下 3 个事件。

事件 1：项目部将 2000m 电缆排管施工分包给 B 公司，预算单价为 120 元/m，在 3 月 22 日结束时检查，B 公司只完成电缆排管施工 1000m，但支付给 B 公司的工程进度款累计已达 160000 元，项目部对 B 公司提出警告，要求加快施工进度。

事件 2：在热水管道施工中，按施工图设计位置施工，碰到其他管线，使热水管道施工受阻，项目部向设计单位提出设计变更，要求改变热水管道的走向，结果使水泵及管道安装工作拖延到 4 月 29 日才完成。

事件 3：在分布式能源中心项目试运行验收中，有一台三联供机组运行噪声较大，经有关部门检验分析及项目部提供的施工文件证明，不属于安装质量问题，后增加机房的隔声措施，验收通过。

问题 1：三联供机组就位后，试运行前还有哪些安装步骤？

【参考答案】

三联供机组就位后，试运行前的步骤还有：设备安装精度调整与检测、设备固定与灌浆、零部件清洗与装配、润滑与设备加油。

【分析思路及作答要求】

本题以补充问答题的形式考查了机械设备安装的一般程序。针对机械设备安装的一般程序，首先是开箱检查、基础的检查验收及基础的测量放线等相关准备工作。其次，要进行设备的安装，必须将垫铁放在设备基础和设备底座之间，以便后期通过垫铁调整设备安装的标高和水平度，放置垫铁后再将设备吊装就位。设备吊装就位后，必须对其进行精度的调整与检测，以保证精度符合要求，精度符合要求后方可对设备进行固定和灌浆，并在设备试运行前进行零部件的清洗和装配，以及润滑与设备加油。

问题 2：计算事件 1 中的 CPI 和 SPI 及其影响，请问是否影响总工期？

【参考答案】

根据背景资料可知，在 3 月 22 日结束时：

已完工程预算费用 = 1000m×120 元/m = 120000 元

已完工程实际费用 = 160000 元

计划工程预算费用 = 1200m×120 元/m = 144000 元

因此，事件 1 中的 CPI 及 SPI 计算及影响如下：

费用绩效指数 CPI = 120000/160000 = 0.75<1，说明费用超支。

进度绩效指数 SPI = 120000/144000 = 0.83<1，说明进度延误。

综上所述，事件 1 中的电缆排管施工进度延误。由于电缆排管施工属于关键工作，总时差为 0，因此电缆排管施工进度延误会影响总工期。

【分析思路及作答要求】

本题以分析计算题的形式考查了赢得值法的三个基本参数和四个评价指标。作答本题第一问的关键在于读懂背景资料和横道图施工进度计划，一共 2000m 的电缆排管施工，预算单价为 120 元/m，工程计划自 3 月 11 日开始并于 3 月 30 日结束，持续时间 20 天，则每天应完成 100m，那么在 3 月 22 日结束时就应完成 1200m。但实际只完成了 1000m，这就是为什么计划工程预算费用＝1200m×120元/m＝144000元，而已完工程预算费用＝1000m×120元/m＝120000元。另外，作答本题必须给出完整的分析和计算过程。

作答本题第二问，需要判断电缆排管施工是否属于关键工作，非关键工作延误不一定会影响总工期，要看其延误的时间和总时差的关系，但关键工作延误一定会影响总工期，其判定方法详见第3问解析。

问题3：请问事件2，承包单位如何才能修改图纸？延误是否影响总工期？
【参考答案】
（1）事件2中，承包单位修改施工图纸的要求如下：
① 施工单位提出变更申请，并报监理单位审核。
② 监理工程师或总监理工程师审核技术是否可行、施工难易程度和工期是否增减，造价工程师核算造价影响，审核后报建设单位审批。
③ 建设单位工程师报建设单位项目经理或总经理同意后，通知设计单位，设计单位工程师同意变更方案后，出变更图纸或变更说明。
④ 建设单位将变更图纸或变更说明发至监理工程师，监理工程师发至施工单位。
（2）事件2中，改变热水管道走向，虽然导致本应在4月9日完工的水泵及管道安装工作拖延到4月29日才完成，但是并不影响总工期。理由是：水泵及管道安装不是关键工作，且有50天的总时差，因此水泵及管道安装延误20天，小于总时差，不影响总工期。

【分析思路及作答要求】
本题以常规问答和判定题的形式考查了设计变更的程序和要求以及施工进度计划的分析及调整。作答本题第一问，施工单位提出设计变更申请的程序要求如下：施工单位提出变更申请→监理工程师或总监理工程师审核技术是否可行、施工难易程度和工期是否增减，造价工程师核算造价影响→建设单位工程师报建设单位项目经理或总经理同意→设计单位工程师同意变更方案并出具变更图纸或变更说明→逐级下发变更图纸或变更说明。

针对本题第二问，施工进度计划的分析及调整，已在2020年的案例四和2016年的案例一中进行了详细的讲解。首先，结合上表信息查找关键工作，按照最后一项工作一定是关键工作的思路从后往前找，找到持续时间最长的线路，该线路上的工作即关键工作，而各项工作的持续时间之和即总工期。

（1）最后一项工作序号为"10"的试运行验收是关键工作，且其紧前工作中必有一项关键工作，看谁是关键工作，主要是看谁的持续时间长，谁的持续时间长，谁就有可能是关键工作，就可以初步判断其为关键工作，之所以说是初步判断，是因为我们要找到持续时间最长的线路，而不是持续时间最长的工作，"10"的紧前工作是"8"和"9"，但两者持续时间均为20天，因此暂无法判断谁是关键工作，需要进一步对"8"和"9"进行分析。

（2）"8"和"9"的紧前工作分别是"4、5、7"和"6"，其中持续时间最长的是"5"，持续时间是60天，因此可以初步判断"5"是关键工作，同时与之有紧前紧后工作关系的"8"也必然是关键工作，其总的持续时间是60+20＝80天。

（3）"5"的紧前工作是"2、3"，两者持续时间均为20天，但"2"没有紧前工作了，而"3"还有紧前工作"1"，因此可以判断"1"和"3"是关键工作，其总的持续时间是

10+20=30 天。

（4）综上所述，最后判定关键线路是 1→3→5→8→10，总工期为 120 天。

作答本题第二问，判断某项工作延误是否影响总工期，主要看其是否为关键工作，关键工作的总时差是 0，关键工作延误了必然影响总工期，且对总工期影响的天数即该工作延误的天数。如果不是关键工作，那么判断其是否会影响总工期，主要看其延误的天数是否大于总时差，如果延误的天数大于总时差则影响总工期，否则不影响总工期。在前面的题目中已经讲过，总时差是指在不影响总工期的前提下本工作可以机动的时间。因此本工程"水泵及管道安装"的总时差为总工期减去该工作所在线路的最长持续时间，即 120-70=50 天。因此水泵及管道安装延误 20 天不影响总工期。

问题 4：针对事件 3，施工单位需要提供哪些资料才能证明自己没有过错？
【参考答案】
施工单位可提供下列资料来证明自己没有过错：设计说明书、设计变更单、施工图纸、施工合同、施工记录、三联供机组技术资料等有关文件。
【分析思路及作答要求】
本题以常规问答题的形式考查了竣工验收的实施。该问题已在 2020 年案例四中给出了详细分析，应围绕竣工验收依据中与本工程有关的施工文件进行阐述说明，主要有设计文件、施工文件、技术资料。

作答本题可以在理解的基础上结合实际工作经验进行回答。值得注意的是，上述的文件资料一定都是与本工程有关的，而且是先有设计文件，再有施工文件，最后才是设备本身的技术资料。

案例 51 2014 年一建案例题一

▶▶ 考情先知
（1）危大工程范围的界定和方案实施
（2）施工现场环境保护的噪声与振动控制、光污染控制技术要点
（3）生产安全事故的等级划分和事故报告

背 景 资 料

某综合大楼位于市区，裙楼为 5 层，1#、2#双塔楼为 42 层，建筑面积 116000m^2，建筑高度 208m。双塔楼主要结构为混凝土核心筒加钢结构框架，其中钢结构框架的钢管柱共计 36 根，规格为 ϕ1600mm×35mm、ϕ1600mm×30mm、ϕ1600mm×25mm 三种，材质为 Q345-B。

钢管柱制作采用工厂化分段预制，经焊接工艺评定，焊接方法采用埋弧焊。钢管柱吊装采用外部附着式塔式起重机，单个构件吊装最大重量为 11.6t。现场临时用电满足 5 台直流焊机和 10 台 CO_2 气体保护焊机同时使用要求。

施工过程中，发生了如下事件。

事件 1：施工总承包单位编制了深基坑、人工挖孔桩、模板、建筑幕墙、脚手架等分项

工程安全专项施工方案，监理单位提出本工程还有几项安全专项方案应编制，要求施工总承包单位补充。

事件2：由于工期较紧，施工总承包单位安排了钢结构构件进场和焊接作业夜间施工，因噪声扰民被投诉，当地有关部门查处时，实测施工场界噪声值为75dB。

事件3：施工班组利用塔吊运转材料构件时，司机操作失误导致吊绳被构筑物挂断，构件高处坠落，造成地面作业人员2人重伤，其中1人重伤经抢救无效死亡，5人轻伤。事故发生后，现场有关人员立即向本单位负责人进行了报告。该单位负责人接到报告后，向当地县级以上安全监督管理部门进行了报告。

问题1：事件1中，施工总承包单位还应补充编制哪几项安全专项施工方案？

【参考答案】

事件1中，施工总承包单位还应补充编制的安全专项施工方案有：起重吊装工程、外部附着式塔式起重机安装拆卸工程、钢结构安装工程等危险性较大的分部分项工程的安全专项施工方案。

【分析思路及作答要求】

本题以判定题的形式考查了危大工程范围的界定和方案实施。危大工程和超过一定规模的危大工程均需要编制安全专项施工方案，但前者不需要专家论证，后者需要专家论证。在2016年的案例五中，已经详细阐述了超过一定规模的危险性较大的分部分项工程范围，而根据《住房城乡建设部办公厅关于实施〈危险性较大的分部分项工程安全管理规定〉有关问题的通知》（建办质〔2018〕31号）的有关规定，危险性较大的分部分项工程范围界定如下：

（1）基坑工程

① 开挖深度超过3m（含3m）的基坑（槽）的土方开挖、支护、降水工程。

② 开挖深度虽未超过3m，但地质条件、周围环境和地下管线复杂，或影响毗邻建、构筑物安全的基坑（槽）的土方开挖、支护、降水工程。

（2）模板工程及支撑体系

① 各类工具式模板工程：包括滑模、爬模、飞模、隧道模等工程。

② 混凝土模板支撑工程：搭设高度5m及以上，或搭设跨度10m及以上，或施工总荷载（荷载效应基本组合的设计值，以下简称设计值）$10kN/m^2$及以上，或集中线荷载（设计值）15kN/m及以上，或高度大于支撑水平投影宽度且相对独立无联系构件的混凝土模板支撑工程。

③ 承重支撑体系：用于钢结构安装等满堂支撑体系。

（3）起重吊装及起重机械安装拆卸工程

① 采用非常规起重设备、方法，且单件起吊重量在10kN及以上的起重吊装工程。

② 采用起重机械进行安装的工程。

③ 起重机械安装和拆卸工程。

（4）脚手架工程

① 搭设高度24m及以上的落地式钢管脚手架工程（包括采光井、电梯井脚手架）。

② 附着式升降脚手架工程。

③ 悬挑式脚手架工程。

④ 高处作业吊篮。
⑤ 卸料平台、操作平台工程。
⑥ 异型脚手架工程。

(5) 拆除工程

可能影响行人、交通、电力设施、通信设施或其他建、构筑物安全的拆除工程。

(6) 暗挖工程

采用矿山法、盾构法、顶管法施工的隧道、洞室工程。

(7) 其他
① 建筑幕墙安装工程。
② 钢结构、网架和索膜结构安装工程。
③ 人工挖孔桩工程。
④ 水下作业工程。
⑤ 装配式建筑混凝土预制构件安装工程。
⑥ 采用新技术、新工艺、新材料、新设备可能影响工程施工安全,尚无国家、行业及地方技术标准的分部分项工程。

作答本题需要对背景资料中给定的工程进行判定,背景资料中事件 1 给出的需要编制危大工程安全专项施工方案的工程有深基坑、人工挖孔桩、模板、建筑幕墙、脚手架等。因此对背景资料进行深入分析可知,施工总承包单位应编制安全专项施工方案的还应有钢管柱等设备的起重吊装工程,起重吊装所用的外部附着式塔式起重机的安装拆卸工程,双塔楼结构中的钢结构框架安装工程。同时,根据上述文件的规定,背景资料中的钢管柱工厂化预制工程、焊接工程、临时用电工程等不需要编制危大工程安全专项施工方案。

问题 2:针对事件 2,写出施工总承包单位组织夜间施工的正确做法。

【参考答案】

针对事件 2,施工总承包单位组织夜间施工的正确做法如下:

(1) 进行夜间施工应向当地环保部门申请,获得批准后,方能施工。
(2) 提前告知附近居民。
(3) 在施工场界对噪声进行实施监测与控制,夜间现场噪声排放不得超过 55dB。
(4) 尽量使用低噪声、低振动的机具,采取隔声与隔振措施。
(5) 夜间电焊作业采取遮挡措施,避免电焊弧光外泄。
(6) 大型照明灯具应控制照射角度,防止强光外泄。

【分析思路及作答要求】

本题以常规问答题的形式考查了施工现场环境保护的噪声与振动控制和光污染控制技术要点。作答本题除第 (3) ~ (6) 条技术要点要回答全面外,还应办理申请手续,并告知附近居民。

另外,根据《建筑施工场界环境噪声排放标准》GB 12523—2011 的规定,噪声测量应使用积分平均声级计或噪声自动监测仪,并在无雨雪、无雷电、风速为 5m/s 以下时进行测量,建筑施工场界环境噪声排放限值,昼间 70dB,夜间 55dB。

问题3： 事件3中，安全事故属于哪个等级？该单位负责人应在多长时间内向安全监督管理部门报告？

【参考答案】

（1）事件3中，安全事故等级属于一般事故。

（2）该单位负责人应在1h内向安全监督管理部门报告。

【分析思路及作答要求】

本题以判定和常规问答题的形式考查了生产安全事故的等级划分和事故报告。依据《生产安全事故报告和调查处理条例》第三条规定，生产安全事故一般分为四个等级，分别是特别重大事故、重大事故、较大事故、一般事故，其范围规定如下。

生产安全事故等级划分

事故等级	伤亡人数		直接经济损失（万元）
	死亡	重伤	
一般事故	$R<3$	$R<10$	$M<1000$
较大事故	$3 \leq R<10$	$10 \leq R<50$	$1000 \leq M<5000$
重大事故	$10 \leq R<30$	$50 \leq R<100$	$5000 \leq M<1$ 亿元
特别重大事故	$R \geq 30$	$R \geq 100$	$M \geq 1$ 亿元

另外，依据《生产安全事故报告和调查处理条例》第九条规定，事故发生后，事故现场有关人员应当立即向本单位负责人报告。单位负责人接到报告后，应当于1h内向事故发生地县级以上人民政府安全生产监督管理部门和负有安全生产监督管理职责的有关部门报告。情况紧急时，事故现场有关人员可以直接向事故发生地县级以上人民政府安全生产监督管理部门和负有安全生产监督管理职责的有关部门报告。

案例52 2014年一建案例题二

▶▶ 考情先知

（1）起重吊装作业失稳的原因及预防措施

（2）起重机械的监督检验

（3）单机试运行前必须具备的条件

某机电工程公司施工总承包了一项大型气体处理装置安装工程，气体压缩机厂房主体结构为钢结构。厂房及厂房内的2台额定吊装重量为35t的桥式起重机安装分包给专业安装公司。气体压缩机是气体处理装置的核心设备，分体到货。机电工程公司项目部计划在厂房内桥式起重机安装完成后，用桥式起重机进行气体压缩机的吊装，超过30t的压缩机大部件用2台桥式起重机抬吊的吊装方法，其余较小部件采用1台桥式起重机吊装，针对吊装作业失稳的风险采取了相应的预防措施。

施工过程中发生了如下事件。

事件1：专业安装公司对桥式起重机安装十分重视，施工前编制了专项方案，组织了专家论证，上报了项目总监理工程师。总监理工程师审查方案时，要求桥式起重机安装实施监督检验程序。

事件2：专业安装公司承担的压缩机钢结构厂房先期完工，专业安装公司向机电工程公司提出工程质量验收评定申请。在厂房钢结构分部工程验收中，由项目总监理工程师组织建设单位、监理单位、机电工程公司、专业安装公司、设计单位的规定人员进行验收，工程质量验收评定为合格。

事件3：工程进行到试运行阶段，机电公司拟进行气体压缩机的单机试运行。在对试运行条件进行检查时，专业监理工程师提出存在两项问题。气体压缩机基础二次灌浆未达到规定的养护时间，灌浆层强度达不到要求；原料气系统未完工，不能确保原料气连续稳定供应。因此，监理工程师认为气体压缩机未达到试运行条件。

问题1：根据背景，指出压缩机吊装可能出现哪些方面的吊装作业失稳？

【参考答案】

压缩机吊装可能出现以下三方面的吊装作业失稳。

（1）起重机械失稳：桥式起重机超载、机械故障。

（2）吊装系统失稳：2台起重机吊装不同步、多动作、多岗位指挥协调失误。

（3）吊装设备或构件失稳：设计与吊装时受力不一致、设备或构件刚度偏小。

【分析思路及作答要求】

本题以常规问答题的形式考查了起重吊装作业失稳的原因及预防措施。作答本题应注意，答案中应包括两部分内容，首先是失稳的类别，其次是结合背景资料分析出本工程中可能出现失稳的原因，如此方可得满分。

问题2：35t桥式起重机安装为何要实施监检程序？

【参考答案】

35t桥式起重机属于起重机械类特种设备，依据《中华人民共和国特种设备安全法》规定，起重机械的安装、改造、重大修理过程，应当经特种设备检验机构按照安全技术规范的要求进行监督检验，未经监督检验或者监督检验不合格的，不得出厂或者交付使用。

【分析思路及作答要求】

本题以论述题的形式考查了起重机械的监督检验。根据《中华人民共和国特种设备安全法》第二十五条的规定：锅炉、压力容器、压力管道元件等特种设备的制造过程，锅炉、压力容器、压力管道、电梯、起重机械、客运索道、大型游乐设施的安装、改造、重大修理过程，应当经特种设备检验机构按照安全技术规范的要求进行监督检验。未经监督检验或者监督检验不合格的，不得出厂或者交付使用。

问题3：分别说明事件3中专业监理工程师提出的气体压缩机未达到试运行条件的问题是否正确及理由。

【参考答案】

（1）专业监理工程师提出的"气体压缩机基础二次灌浆未达到规定的养护时间，灌浆层强度达不到要求"是正确的。

理由：单机试运行的条件之一是，试运行范围内的工程已按设计文件的内容和有关规范的质量标准全部完成。基础二次灌浆未达到规定的养护时间，灌浆层强度达不到要求，说明设备基础未达到有关规范的质量标准，试运行过程中容易造成沉降不均匀、灌浆孔开裂等一系列问题，因此不能进行单机试运行。

（2）专业监理工程师提出的"原料气系统未完工，不能确保原料气连续稳定供应"不正确。

理由：单机试运行是指现场安装的驱动装置、传动装置按规定时间单独空负荷运行，或单台设备以水或空气代替设计的工作介质进行模拟运行。因此，原料气系统未完工，可以用空气代替原料气进行气体压缩机的单机试运行。

【分析思路及作答要求】

本题以判定论述题的形式考查了单机试运行前必须具备的条件。本题虽然借助压缩机考查了单机试运行前必须具备的条件，但是作答本题仅需结合背景资料进行论述即可，对背景资料中给出的问题进行判定并说明理由，背景资料中不存在的问题不需要拓展回答，这也是设备单机试运行前必备条件的常规考查方式。

案例53 2014年一建案例题三

▶▶ 考情先知

（1）施工进度计划的分析及调整
（2）低合金结构钢的特点
（3）赢得值法的三个基本参数和四个评价指标
（4）试运行的组织

某机电工程公司通过投标总承包了一个工业项目，主要内容包括：设备基础施工、厂房钢结构制作和吊装、设备安装调试、工业管道安装及试运行等。项目开工前，该机电工程公司按合同约定向建设单位提交了施工进度计划，编制了各项工作逻辑关系及工作时间表，如下表所示。

该项目的厂房钢结构选用了低合金结构钢，在采购时，钢厂只提供了高强度、高韧性的综合力学性能。

工程施工中，由于工艺设备是首次安装，经反复多次调整后才达到质量要求，致使项目部工程费用超支，工期拖后。在第150天时，项目部用赢得值法分析，取得以下3个数据：

已完工程预算费用 3500 万元，计划工程预算费用 4000 万元，已完工程实际费用 4500 万元。在设备和管道安装、试验和调试完成后，由相关单位组织了该项目的各项试运行工作。

各项工作逻辑关系及工作时间表

代号	工作内容	工作时间（d）	紧前工序
A	工艺设备基础施工	72	—
B	厂房钢结构基础施工	38	—
C	钢结构制作	46	—
D	钢结构吊装、焊接	30	B、C
E	工艺设备安装	48	A、D
F	工业管道安装	52	A、D
G	电气设备安装	64	D
H	工艺设备调整	55	E
I	工业管道试验	24	F
J	电气设备调整	28	G
K	单机试运行	12	H、I、J
L	联动及负荷试运行	10	K

问题 1：根据上表找出该项目的关键工作，并计算总工期。

【参考答案】

（1）该项目的关键工作有：钢结构制作、钢结构吊装和焊接、工艺设备安装、工艺设备调整、单机试运行、联动及负荷试运行。

（2）该项目的总工期是：46+30+48+55+12+10＝201 天。

【分析思路及作答要求】

本题以图表分析题的形式考查了施工进度计划的分析及调整。针对施工进度计划的分析及调整，已分别在 2020 年的案例四、2016 年的案例一、2015 年的案例五中进行了详细的讲解。首先，结合上表信息查找关键工作，按照最后一项工作一定是关键工作的思路从后往前找，找到持续时间最长的线路，该线路上的工作即关键工作，而各项工作的持续时间之和即总工期。

首先 L、K 必然是关键工作，因此接下来要分析的是 K 的紧前工作中 H、I、J 谁是关键工作，由于 H、I、J 的紧前工作分别是 E、F、G。从持续时间的角度来看，H+E＝55+48＝103 天，I+F＝24+52＝76 天，J+G＝28+64＝92 天。因此，可以初步判断 H 和 E 是关键工作。那么 H 和 E 究竟是否为关键工作，还要看后续分析，毕竟上述 103 天和 92 天也并无太大差别，故还要对 E、F、G 的紧前工作进行分析。

由于 E、F、G 的紧前工作均与 A 和 D 有关，而 D 的紧前工作又是 B 和 C。A＝72 天，D+B＝30+38＝68 天，D+C＝30+46＝76 天，因此 D+C 持续时间最长，D 和 C 是关键工作，A 不是关键工作。

综上所述，关键工作由后至前的分析结果是 L、K、H、E、D、C。

问题 2：钢厂提供的低合金结构钢还应有哪些综合力学性能？

【参考答案】

钢厂提供的低合金结构钢还应有以下综合力学性能：较低的脆性转变温度，良好的耐蚀、焊接、冷热压力加工性能。

【分析思路及作答要求】

本题以补充问答题的形式考查了低合金结构钢的特点。低合金结构钢又称低合金高强度结构钢，是在普通碳素结构钢的基础上加入少量的合金元素而成，具有较低的脆性转变温度、高强度、高韧性，良好的耐蚀、焊接、冷热压力加工性能等综合力学性能。该内容以记忆为主，即 1 较低、2 较高、3 良好。

问题 3：计算第 150 天时的进度偏差和费用偏差。

【参考答案】

第 150 天时的进度偏差和费用偏差计算如下：

(1) 进度偏差＝已完工程预算费用－计划工程预算费用＝3500－4000＝－500 万元

(2) 费用偏差＝已完工程预算费用－已完工程实际费用＝3500－4500＝－1000 万元

综上所述，进度落后了 500 万元，费用超支了 1000 万元。

【分析思路及作答要求】

本题以分析计算题的形式考查了赢得值法的三个基本参数和四个评价指标。作答本题的关键在于熟练掌握进度偏差和费用偏差的计算公式，并写出计算过程。

进度偏差＝已完工程预算费用－计划工程预算费用

费用偏差＝已完工程预算费用－已完工程实际费用

问题 4：单机和联动试运行应分别由哪个单位组织？

【参考答案】

单机试运行应由施工单位（机电工程公司）组织，联动试运行应由建设单位组织。

【分析思路及作答要求】

本题以常规问答题的形式考查了试运行的组织。作答的关键在于熟练掌握试运行的工作内容及职责分工，如下表所示。

试运行的工作内容及职责分工

工作内容	施工单位	建设单位	监理单位	设计单位
单机试运行	☆	⊙	⊙	⊙
联动试运行	⊙	☆	⊙	⊙
负荷试运行	⊙	☆	⊙	⊙
水、电、油等物资供应	—	☆	—	—

注："☆"表示负责组织实施，"⊙"表示负责参与配合。

与此同时考生还应熟练记住两句话，即：单机试运行对组织人员的要求是，试运行组织已经建立,操作人员经培训、考试合格,熟悉试运行方案和操作规程,能正确操作;联动试运行对组织人员的要求是,试运行组织已经建立,参加试运行的人员已通过安全生产考试合格。

案例 54 2014 年一建案例题四

▶▶ 考情先知

(1) 变配电工程的施工程序
(2) 施工进度计划的分析及调整
(3) 劳动力的优化配置
(4) 母线槽的安装要求
(5) 照明配电箱的安装技术要求

某安装公司承包一商场的建筑电气施工。工程内容有变电所、供电干线、室内配线和电气照明。主要设备有电力变压器、配电柜、插接式母线槽(供电干线)、照明电器(灯具、开关、插座和照明配电箱)。合同约定设备、材料均由安装公司采购。

安装公司项目部进场后,编制了建筑电气工程的施工方案、施工进度及劳动力计划,如下表所示。

施工进度及劳动力计划表

施工内容	施工人数	5月 1	5月 11	5月 21	6月 1	6月 11	6月 21	7月 1	7月 11	7月 21	8月 1	8月 11	8月 21
施工准备	10人	━━											
变电所施工	20人		━━━━━━━━━━━━━━										
供电干线施工	30人				━━━━━━━━━━━━								
变电所及供电干线送电验收	10人							━━					
室内配线施工	40人					━━━━━━━━━━							
照明灯具安装	30人							━━━━━━━━					
开关、插座安装	20人								━━━━				
照明系统送电调试	20人										━━		
竣工验收	10人											━━	

采购的变压器、配电柜及插接式母线槽在 5 月 11 日送达施工现场,经二次搬运到安装位置,施工人员依据施工方案制定的施工程序进行安装,项目部对施工项目动态控制,及时调整施工进度计划,使工程按合同要求完成。

155

在施工过程中发生了以下 2 个事件。

事件 1：堆放在施工现场的插接式母线槽，因保管措施不当，母线槽受潮，安装前绝缘测试不合格，返回厂家干燥处理，耽误了工期，直到 7 月 31 日才完成供电干线的施工。项目部调整施工进度计划及施工人数，变电所及供电干线的送电验收调整到 8 月 1 日开始。

事件 2：因商业广告需要，在商场某区域增加了 40 套广告灯箱（荧光灯 40W×3），施工人员把 40 套灯箱接到就近的射灯照明 N4 回路上（下图），在照明通电调试时，N4 回路开关跳闸。施工人员又将额定电流为 16A 的开关调换为 32A 开关，被监理检查发现，后经整改才通过验收。

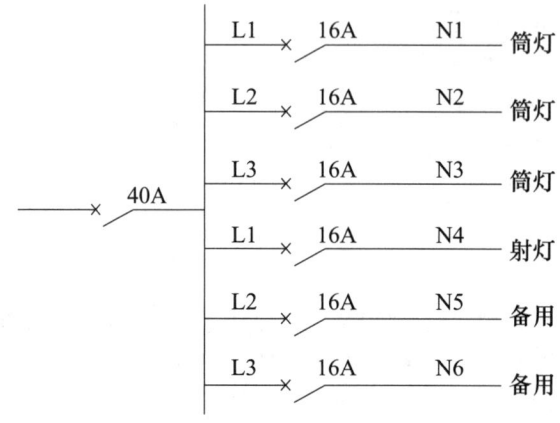

某照明配电箱系统图

问题 1：配电柜在 6 月 30 日前应完成哪些安装工序？
【参考答案】
配电柜在 6 月 30 日前应完成的安装工序有：开箱检查、二次搬运、基础框架制作安装、柜体固定、母线连接、二次线路连接、试验调整。
【分析思路及作答要求】
本题以常规问答题的形式考查了变配电工程的施工程序。作答的关键有两点，首先是熟练掌握配电柜的安装程序，其次是要对施工进度及劳动力计划表进行准确分析，变电所施工的起止时间是 5 月 11 日—6 月 30 日。因此在 6 月 30 日前应完成配电柜从开箱检查开始的所有工序，但是不包括最后一道工序"送电运行验收"，因为"变电所及供电干线送电验收"是在"供电干线施工"完毕后才开始。作答本题不可将配电柜安装的最后一道工序"送电运行验收"写在答案中，否则会被扣分。

问题 2：事件 1 的发生是否影响施工进度？说明理由。写出施工进度计划调整的内容。
【参考答案】
（1）事件 1 的发生影响了施工进度。
（2）理由：根据施工进度及劳动力计划表可知，"变电所及供电干线送电验收"原计划的起止时间是 7 月 21 日—7 月 31 日，持续时间 11 天，由于事件 1 的发生，导致"供电干线施工"延误到 7 月 31 日才能完成，致使"变电所及供电干线送电验收"被调整到 8 月 1 日开始，持续 11 天并于 8 月 11 日结束，这样就导致了本应该在 8 月 11 日开始的"照明系统送电调试"被推迟到 8 月 12 日才能开始，因此事件 1 的发生影响了施工进度，并导致工期延误 1 天。

(3) 施工进度计划调整的内容：施工内容、工程量、起止时间、持续时间、工作关系、资源供应。

【分析思路及作答要求】

本题以图表分析和常规问答题的形式考查了施工进度计划的分析及调整。作答本题第一问和第二问的关键在于要根据施工进度及劳动力计划表判断出"变电所及供电干线送电验收"原计划的起止时间是 7 月 21 日—7 月 31 日，持续时间是 11 天，而不是 10 天，也就是我们常说的"一三五七八十腊、三十一天永不差"。另外，"照明系统送电调试"延误 1 天自然会导致紧随其后的"竣工验收"延误 1 天，也即对总工期的影响是 1 天。

作答本题第三问需要考生熟练记忆施工进度计划调整的内容，可以结合工程实际或者结合自己的工程经验进行作答，设身处地从三个方面着手阐述，有对施工内容和工程量的调整，也有对起止时间和持续时间的调整，还有对工作之间的先后逻辑关系和资源供应的调整。

问题 3：计划调整后 7 月下旬每天安排多少施工人员？施工人员配置的依据有哪些？

【参考答案】

(1) 计划调整后 7 月下旬每天的施工内容及施工人数为：供电干线施工 30 人、室内配线施工 40 人，照明灯具安装 30 人，开关、插座安装 20 人，因此计划调整后 7 月下旬每天安排的施工人员是 30+40+30+20＝120 人。

(2) 施工人员配置的依据有：项目所需劳动力的种类及数量；项目的进度计划；项目的劳动力供给市场状况，包括劳动力供给方的议价能力和可获得性。

【分析思路及作答要求】

本题以分析计算和常规问答题的形式考查了劳动力的优化配置。与 2018 年案例一题目相同。首先，针对第一问，做题的关键在于对施工进度及劳动力计划表的准确分析，计划调整前，7 月下旬的施工内容是"变电所及供电干线送电验收""室内配线施工""照明灯具安装""开关、插座安装"。计划调整后，7 月下旬不再有"变电所及供电干线送电验收"，取而代之的是"供电干线施工"。因此，计划调整后，7 月下旬的施工内容有"供电干线施工""室内配线施工""照明灯具安装""开关、插座安装"，施工总人数为每个施工内容所需人数之和，即为 30+40+30+20＝120 人。

其次，针对第二问，优化配置劳动力的依据，分别在 2014 年、2018 年、2023 年以问答题的形式进行考查，因此该内容的重要性显而易见，考生可以从三个方面加强记忆，即需求、供给、进度计划。

问题 4：写出针对事件 1 的插接式母线槽施工技术要求。采购的母线槽在哪天进场比较合理？

【参考答案】

(1) 针对事件 1，母线槽受潮，经干燥处理后，应测量每节母线槽的绝缘电阻值且不得小于20MΩ，不合格者不得安装。另外，母线槽在安装过程中必须随时做好防水渗漏措施，安装完毕认真检查，确保完好准确无误。

（2）插接式母线槽属于供电干线的一部分，因此应安排在供电干线施工前进场，原计划供电干线施工的起止时间是6月11日—7月20日，因此采购的插接式母线槽应在6月11日（10日）进场比较合理。

【分析思路及作答要求】

本题以常规问答和图表分析题的形式考查了母线槽的安装要求。根据《建筑电气工程施工质量验收规范》GB 50303—2015 第3.3.7条第4款的规定：母线槽组对前，每段母线的绝缘电阻应经测试合格，且绝缘电阻值不应小于20MΩ。因此作答本题第一问，首先应将经干燥处理后的母线槽的绝缘电阻值按照规范的要求回答正确，其次还应围绕背景资料中母线槽受潮的原因进行阐述作答，即堆放在施工现场的母线槽因保管不当而受潮，原因是没有采取有效的防水渗漏措施。

回答本题第二问，关键要知道，插接式母线槽属于供电干线的一部分，供电干线施工是子分部工程，母线槽安装则属于其中的一个分项工程。除此之外，供电干线还包括金属线槽、金属导管、管内穿线、槽盒敷线等。因此插接式母线槽只要在供电干线施工前进场即可，可在施工前一天晚上，亦可在施工当天早上，因此采购的插接式母线槽应在6月11日（10日）进场比较合理。

问题5：针对事件2，写出照明配电箱的施工技术要求，应如何整改？

【参考答案】

（1）针对事件2的照明配电箱的施工技术要求是：正常照明单相分支回路的电流不宜大于16A，所接光源数或LED灯具数不宜超过25个；当连接建筑装饰性组合灯具时，回路电流不宜大于20A，光源数不宜超过60个。

（2）由于每套灯箱内含荧光灯的规格数量是40W×3，因此40套灯箱安装在一个回路时的电流值是 $I=P/U=40$ 套 $\times 40W\times 3\div 220V\approx 22A$，超过了回路及开关允许的额定电流16A，施工人员可将40套灯箱分为2组，每组20套，分别接在N5和N6两个备用回路上，如此可保证每个回路电流值符合要求，且光源数量亦符合要求。

【分析思路及作答要求】

本题以常规问答和图表分析题的形式考查了照明配电箱的安装技术要求。根据《建筑照明设计标准》GB/T 50034—2024 第7.2.2条第2款的规定：正常照明单相分支回路的电流不宜大于16A，所接光源数或LED灯具数不宜超过25个；当连接建筑装饰性组合灯具时，回路电流不宜大于20A，光源数不宜超过60个；连接高强度气体放电灯的单相分支回路的电流不宜大于25A。

由于每套灯箱内含荧光灯的规格数量是40W×3，因此40套灯箱安装在一个回路时的电流值是 $I=P/U=40$ 套 $\times 40W\times 3\div 220V\approx 22A$，超过了回路及开关允许的额定电流16A，因此施工人员将额定电流为16A的开关调换为32A开关，虽然不会跳闸，但是所在回路仍然超载，因此施工人员可将40套灯箱分为2组，每组20套，分别接在N5和N6两个备用回路上，如此可保证每个回路电流值符合要求，且无论是灯具数量还是光源数量均符合要求。

案例 55　2014 年一建案例题五

▶▶ 考情先知

(1) 机电工程项目的建设类型
(2) 设备采购工作内容中对供货商审查的要求
(3) 索赔管理
(4) 变压器的送电试运行
(5) 设备基础施工质量的验收内容及要求

为响应国家节能减排、上大改小的环保要求，某水泥厂把原有的一条日产 1000 吨的湿法生产线，在部分设备不变的基础上，改成日产 1000 吨的干法生产线，同时对前几年因资金困难而中途停建的一条日产 4000 吨的干法生产线恢复建设。另外征用土地，再独立建设一条日产 8000 吨的干法生产线。建设单位实施三项工程各自独立核算，分别管理，以 PC 承包形式分别招标投标。最终 A、B、C 公司分别承担了三种不同类型的工程，C 公司还同时承担了全厂 110kV 变电工程。工程以固定综合单价计价，工程量按实调整，并明确施工场地、施工道路、100 吨以上大型起重机及其操作司机由建设单位提供。施工过程中发生了下列事件。

事件 1：A 公司在设备采购时，在性价比方面对制造厂商进行了咨询，从中选择了备选厂商，进行了邀请招标。然而在制造过程中仍出现个别厂商因交通运输不便或生产任务过于饱和而拖延了交货期，个别厂商因加工能力不足或管理不善而满足不了质量要求。

事件 2：B 公司在施工过程中，因设备延期交付，延误工期 5 天，并发生窝工费及其他费用 5 万元；150 吨起重机在吊装过程中因司机操作失误致使起重机零部件部分损坏造成停工 4 天，发生窝工费 2 万元；因大暴雨成灾停工 3 天；设备安装工程量经核实增加费用 4 万元；因材料涨价，增加费用 20 万元；非标准件制作安装因设计变更增加费用 16 万元。

事件 3：C 公司完成 110kV 变电站的施工后，编制了变压器送电试运行方案，变压器空载试运行 12 小时，记录了变压器的空载电流和一次电压，在验收时没有通过。

事件 4：在球磨机基础验收时，未能对地脚螺栓孔认真检查验收，致使球磨机的地脚螺栓无法正常安装。

问题 1：按照机电工程项目建设的性质划分，本案例包括哪几类项目？
【参考答案】
按照机电工程项目建设的性质划分，本案例包括以下项目。
(1) 改建项目：把原有的一条日产 1000 吨的湿法生产线，改成日产 1000 吨的干法生产线。
(2) 复建项目：对前几年因资金困难而中途停建的一条日产 4000 吨的干法生产线恢复建设。
(3) 新建项目：另外征用土地，再独立建设一条日产 8000 吨的干法生产线。

【分析思路及作答要求】

本题以判定题的形式考查了机电工程项目的建设类型。作答本题应注意，答案中应包括两部分内容，首先是项目的类别，其次是具体的项目内容，如此方可得满分。机电工程项目的建设类型，如下表所示。

机电工程项目的建设类型

类别	概念及特点
新建项目	地块上原来没有的新开工建设的项目
扩建项目	为扩大生产或服务在不改变原有功能的前提下而建设的项目
改建项目	由于技术进步、工艺更新、淘汰落后设备、提高产品服务，或为改变功能而建设的项目
复建项目	为恢复应有的生产能力或服务而建设的项目
迁建项目	将原有项目迁至异地进行生产且并不改变功能而建设的项目

问题2：针对事件1，在选择制造厂商时主要考虑哪几方面的因素？

【参考答案】

针对事件1，在选择制造厂商时主要考虑以下因素：

（1）供货商的地理位置，设备制造场地至施工现场的运输条件，以能够方便地进行产品运输为关注点。

（2）供货商生产任务的饱满度，以期供货商的生产安排与项目的进度要求保持一致。

（3）供货商的生产能力、装备能力、技术能力，以期保证产品的质量和进度。

（4）供货商的信誉，了解供货商的财务状态和履行合同的信誉。

【分析思路及作答要求】

本题以常规问答题的形式考查了设备采购工作内容中对供货商审查的要求。作答本题应结合背景资料进行分析作答，问题明确针对事件1需要考虑的因素，因此通过对事件1的分析可知，有的厂商因交通运输不便而拖延了交货期、有的厂商因生产任务饱和而拖延了交货期、有的厂商因加工能力不足而满足不了要求、有的厂商因管理不善而满足不了要求。综上分析，作答本题应围绕上述四种情况进行阐述，即答案就在背景资料中。与此同时，考生还应知道，对供货商的审查，除上述参考答案所列4条外，还有2条，分别是供货商的制造许可和供货商的制造业绩。

问题3：分别计算事件2中B公司可向建设单位索赔的费用和工期。

【参考答案】

事件2中B公司可向建设单位索赔的费用和工期计算如下。

可以索赔的费用：2+4+16=22万元

可以索赔的工期：4+3=7天

【分析思路及作答要求】

本题以分析计算题的形式考查了索赔管理。作答本题，分析如下：

（1）施工过程中，因设备延期交付，延误工期5天，并发生窝工费及其他费用5万元。

不可索赔,因为是以 PC 形式承包工程,因此承包商承担设备及材料采购、土建安装施工至无负荷试运行,设备延期交付与建设单位无关。

(2) 150t 起重机在吊装过程中因司机操作失误致使起重机零部件部分损坏造成停工 4 天,发生窝工费 2 万元。可以索赔 4 天的工期和 2 万元的费用,因为 100t 以上大型起重机及其操作司机均由建设单位提供。

(3) 因大暴雨成灾停工 3 天。可以索赔 3 天的工期,因为大暴雨属于不可抗力。

(4) 设备安装工程量经核实增加费用 4 万元。可以索赔 4 万元的费用,因为工程量按实调整。

(5) 因材料涨价,增加费用 20 万元。不可索赔,因为工程以固定综合单价计价。

(6) 非标准件制作安装因设计变更增加费用 16 万元。可以索赔 16 万元的费用,因为由于设计变更导致的施工单位的损失,施工单位可以向建设单位进行工期的索赔和费用的索赔。

问题 4:事件 3 中,变压器空载试运行应达到多少小时?试运行中还应记录哪些技术参数?

【参考答案】

(1) 事件 3 中,变压器空载试运行应达到 24h。
(2) 试运行中还应记录的技术参数有:二次电压、冲击电流、温度。

【分析思路及作答要求】

本题以常规问答和补充问答题的形式考查了变压器的送电试运行。作答本题,应熟练掌握各种设备通电试运行的相关要求,如下表所示。

各种设备试运行应达到的运行时间及相关要求

设备名称	运行时间	相关要求
变压器	24h	记录:一次电压、二次电压、空载电流、冲击电流、温度
配电装置	24h	提交:施工图纸、施工记录、产品合格证、使用说明书
电动机	2h	检查:旋转方向、工作情况、温度温升、双振幅值、空载电流
离心泵	—	检查:机械密封的泄漏量、填料密封的泄漏量、温升、振动

值得注意的是,上述内容易与电动机的干燥相混淆。电动机干燥时,应定时测定并记录干燥电源的电压和电流、绕组的绝缘电阻、绕组的温度、环境的温度。当绝缘电阻达到要求,在同一温度下经 5h 稳定不变认定干燥完毕。

问题 5:事件 4 中,地脚螺栓孔应检查验收哪些内容?

【参考答案】

事件 4 中,地脚螺栓孔应检查验收以下内容:
(1) 地脚螺栓孔的中心线位置、深度和孔壁垂直度。
(2) 预留孔洞是否清除干净。

(3) 预留孔洞是否有露筋、凹凸等缺陷。
(4) 预留孔洞是否有裂缝，是否与基础中的钢筋埋管相碰。

【分析思路及作答要求】

本题以常规问答题的形式考查了设备基础施工质量的验收内容及要求。针对事件4，既然地脚螺栓无法正常安装，那么可能出现的几种情况有：尺寸和垂直度不符合要求、内含杂物未清理、存在与钢筋埋管相碰的情况等。因此本题至少应围绕以上三方面作答，故此上述参考答案的内容并非死记硬背，更多的是要根据自己的理解阐述。

案例 56　2013 年一建案例题一

▶▶ 考情先知

(1) 赢得值法的三个基本参数和四个评价指标
(2) 消防工程验收的相关规定
(3) 消防工程验收应提交的资料

某安装公司承担某市博物馆机电安装工程总承包施工，该工程建筑面积32000m²，施工内容包括：给水排水、电气、通风空调、消防、建筑智能化工程，工程于2010年8月开工，2011年7月竣工，计划总费用2100万元。

施工过程中项目部绘制了进度和费用的S形曲线，如下图所示，对工程进度和费用偏差进行分析。通风空调工程于2011年6月进行系统调试，安装公司主要考核了室内空气温度是否达到设计要求，并做了10小时带冷源的试运转。

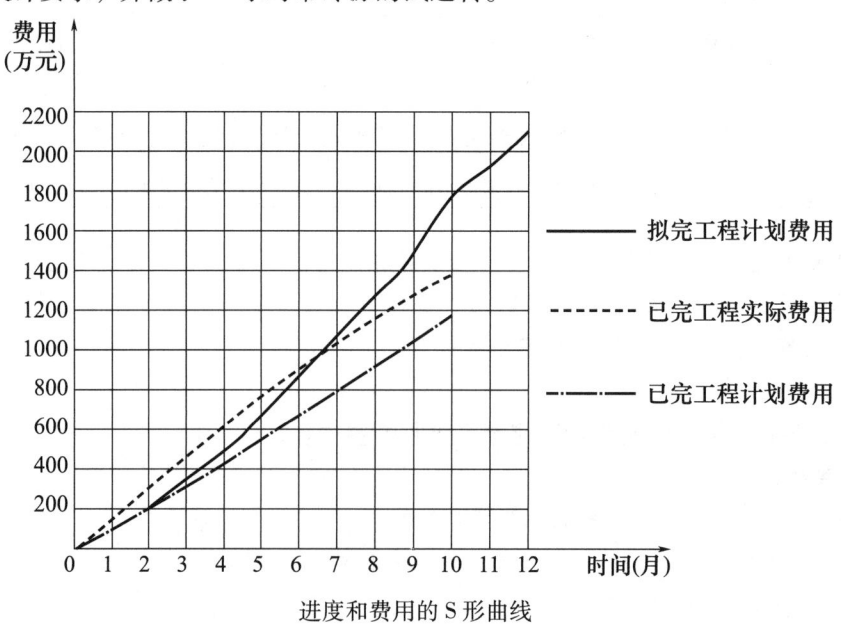

进度和费用的S形曲线

工程竣工验收合格后，建设单位立即向消防设计审查验收主管部门报送了工程竣工验收报告，有防火性能要求的建筑构件、建筑材料、室内装饰材料等符合国家标准或行业标准的证明文件，施工和检测单位的合法身份证明及资质等级证明文件等资料，申请备案。

问题 1：计算工程施工到第 10 个月时，项目部的进度偏差和费用偏差。

【参考答案】

根据进度和费用的 S 形曲线图可知，工程施工到第 10 个月时，已完工程预算费用是 1200 万元，已完工程实际费用是 1400 万元，计划工程预算费用是 1800 万元。

① 进度偏差＝已完工程预算费用－计划工程预算费用＝1200－1800＝－600 万元，说明实际进度落后计划进度 600 万元。

② 费用偏差＝已完工程预算费用－已完工程实际费用＝1200－1400＝－200 万元，说明实际费用超出预算费用 200 万元。

【分析思路及作答要求】

本题以分析计算题的形式考查了赢得值法的三个基本参数和四个评价指标。作答的关键在于熟练掌握进度偏差和费用偏差的计算公式，并写出计算过程。

进度偏差＝已完工程预算费用－计划工程预算费用

费用偏差＝已完工程预算费用－已完工程实际费用

问题 2：建设方申请消防竣工验收备案是否正确？说明理由。

【参考答案】

（1）建设方申请消防竣工验收备案不正确。

（2）理由：该博物馆工程建筑面积 32000m²，根据有关规定，建筑总面积大于 20000m² 的博物馆，建设单位应当向本行政区域内地方人民政府住房城乡建设主管部门申请消防设计审查，并在建设工程竣工后向消防设计审查验收主管部门申请消防验收。

【分析思路及作答要求】

本题以判断改错题的形式考查了消防工程验收的相关规定。具有下列情形之一的特殊建设工程，建设单位应当向本行政区域内地方人民政府住房城乡建设主管部门申请消防设计审查，并在建设工程竣工后向消防设计审查验收主管部门申请消防验收。其他建设工程实行消防验收备案、抽查管理制度。依法应当经消防设计审查、消防验收的建设工程，未经审查或审查不合格的，不得组织施工。未经消防验收或消防验收不合格的，禁止投入使用。其他建设工程经依法抽查不合格的，应当停止使用。需要申请消防验收的特殊建设工程，如下表所示。

需要申请消防验收的特殊建设工程

总建筑面积（m²）	场所	特点
$S>20000$	体育场馆、会堂、公共展览馆、博物馆的展示厅	展览会馆
$S>15000$	民用机场航站楼、客运车站候车室、客运码头候船厅	交通枢纽

续表

总建筑面积（m²）	场所	特点
S>10000	宾馆、饭店、商场、市场	旅游购物
S>2500	公共图书馆的阅览室、影剧院、营业性室内健身休闲场馆； 医院的门诊楼，大学的教学楼、图书馆、食堂； 劳动密集型企业的生产加工车间； 寺庙、教堂	其他宗教
S>1000	托儿所、幼儿园的儿童用房、儿童游乐厅； 养老院、福利院； 医院、疗养院的病房楼，中小学的教学楼、图书馆、食堂； 学校的集体宿舍，劳动密集型企业的员工集体宿舍	老幼病残
S>500	歌舞厅、放映厅、游艺厅、夜总会、桑拿浴室、网吧、酒吧； 具有娱乐功能的餐馆、茶馆、咖啡厅	歌舞娱乐
国家建筑	大型发电、变配电工程、电力调度楼、广播电视楼、电信楼； 国家机关办公楼、防灾指挥调度楼、邮政楼、档案楼、城市轨道交通、隧道工程	
民用建筑	单体建筑面积>40000m² 或者建筑高度>50m 的公共建筑； 一类高层住宅建筑（建筑高度>54m）	
工业建筑	生产、储存、装卸易燃易爆危险物品的工厂、仓库、车站、码头； 易燃易爆气体和液体的充装站、供应站、调压站	

问题3：消防竣工验收还应提交哪些资料？

【参考答案】

消防竣工验收还应提交的资料有：消防验收申报表、涉及消防的建设工程竣工图纸。

【分析思路及作答要求】

本题以补充问答题的形式考查了消防工程验收应提交的资料。建设单位申请消防验收应提交消防验收申报表、工程竣工验收报告、涉及消防的建设工程竣工图纸。建设单位申请消防备案需要提交消防验收备案表、工程竣工验收报告、涉及消防的建设工程竣工图纸。

值得注意的是，考试当年背景资料描述的是向公安机关消防机构申请备案，以及背景资料中施工单位提交的各种资料，均是以当年与消防有关的相关要求为准，针对这部分内容，考生备考应以最新要求为准。

案例57 2013年一建案例题二

▶▶ 考情先知

（1）危大工程范围的界定和方案实施

（2）起重机选用的基本参数

(3) 材料进场验收要求
(4) 材料的领发和保管要求

某机电工程施工单位承包了一项设备总装配厂房钢结构安装工程。合同约定，钢结构主体材料H型钢由建设单位供货。根据住房城乡建设部关于《危险性较大的分部分项工程安全管理规定》的规定，本钢结构工程为危险性较大的分部分项工程，施工单位按照该规定的要求，对钢结构安装工程编制了专项方案，并按规定程序进行了审批。

钢结构屋架为桁架，跨度30m，上弦为弧线形，下弦为水平线，下弦安装标高为21m，单片桁架吊装重量为28t，采用地面组焊后整体吊装。施工单位项目部采用2台起重机抬吊的方法，选用60t汽车起重机和50t汽车起重机各一台。根据现场的作业条件，60t起重机最大吊装能力为15.7t，50t起重机最大吊装能力为14.8t。项目部认为起重机的总吊装能力大于桁架总重量，满足要求，并为之编写了吊装技术方案。

施工过程中发生了如下事件。

事件1：监理工程师审查钢结构屋架吊装方案时，认为若不计索吊具重量，吊装方案亦不可行。

事件2：监理工程师在工程前期质量检查中，发现钢结构用H型钢没有出厂合格证和材质证明，也无其他检查检验记录。建设单位现场负责人表示，材料质量由建设单位负责，并要求尽快进行施工。施工单位认为H型钢是建设单位供料，又有其对质量的承诺，因此仅进行数量清点和外观质量检查后就用于施工。

事件3：监理工程师在施工过程中发现项目部在材料管理上有失控现象，钢结构安装作业队存在材料错用的情况。追查原因是作业队领料时，钢结构工程的部分材料被承担外围工程的作业队领走，所需材料存在较大缺口，为赶工程进度，领用了项目部材料库无标识的材料，经检查，项目部无材料需用计划，为此监理工程师要求整改。

问题1：除厂房钢结构安装外，至少还有哪项工程属于危险性较大的分部分项工程？专项方案实施前应由哪些人审核签字？

【参考答案】

（1）除厂房钢结构安装外，至少还有钢结构屋架起重吊装工程属于危险性较大的分部分项工程。

（2）专项方案实施前应由施工单位技术负责人审核签字、加盖单位公章，并由总监理工程师审查签字、加盖执业印章。

【分析思路及作答要求】

本题以判定和常规问答题的形式考查了危大工程范围的界定和方案实施。危大工程和超过一定规模的危大工程均需要编制安全专项施工方案，但前者不需要专家论证，后者需要专家论证。在2016年的案例五中，已经详细阐述了超过一定规模的危大工程的范围。同时在2014年的案例一中，又详细阐述了危大工程的范围，故此处不再赘述其内容，仅就本题而言，除了厂房钢结构安装外，至少还有钢结构屋架起重吊装工程属于危险性较大的分部分项工程，答出此一项即可，不可多答，以便和问题呼应。然而，除此之外，由于涉及的工程钢结构屋架跨度30m，下弦标高21m，因此本工程中可能还会涉及其他的危大工程，例如，模板工程及支撑体系、脚手架搭设工程等。

作答本题第二问，只需要回答出专项方案实施前由哪些人审核签字即可。虽然单片桁架吊装重量为28t，使得钢结构屋架起重吊装工程不仅属于危大工程，还属于超过一定规模的危大工程，但这并不影响专项方案审核签字人员的确定。根据《危险性较大的分部分项工程安全管理规定》住房城乡建设部令第37号第十一条的规定：专项施工方案应当由施工单位技术负责人审核签字、加盖单位公章，并由总监理工程师审查签字、加盖执业印章后方可实施。危大工程实行分包并由分包单位编制专项施工方案的，专项施工方案应当由总承包单位技术负责人及分包单位技术负责人共同审核签字并加盖单位公章。

问题2：通过计算吊装载荷，说明钢结构屋架起重吊装方案为什么不可行？

【参考答案】

根据背景资料，在不计索吊具重量的情况下，单片桁架由两台起重机共同抬吊的最小吊装计算载荷为 $Q_j = k_1 \times k_2 \times Q = 1.1 \times 1.1 \times 28 = 33.88t$。

根据现场作业条件，两台起重机最大吊装能力分别为15.7t和14.8t，总吊装能力为 15.7+14.8=30.5t<33.88t，因此该吊装方案不可行。

【分析思路及作答要求】

本题以分析计算题的形式考查了起重机选用的基本参数。起重机选用时，要求额定起重量必须大于计算载荷，因此作答本题的关键在于计算吊装计算载荷。双机抬吊的吊装计算载荷需要在吊装载荷的基础上考虑动载荷和不均衡载荷的影响，即 $Q_j = k_1 \times k_2 \times Q$，其中吊装载荷 Q 原本应为被吊设备的重量和吊索具重量之和，但本题在不考虑索吊具重量、且不均衡载荷系数取较小值1.1的情况下，两台起重机的额定起重量仍然不满足大于吊装计算载荷的要求，因此钢结构屋架起重吊装方案不可行。

问题3：事件2中，施工单位对建设单位供应的H型钢放宽验收要求的做法是否正确？说明理由。施工单位对这批H型钢还应做出哪些检验工作？

【参考答案】

（1）事件2中，施工单位对建设单位供应的H型钢放宽验收要求的做法不正确。

（2）理由：进场材料必须按照规定的程序和内容进行验收，业主提供的材料也不能例外或放宽要求，必须同样管理。

（3）施工单位对这批H型钢的检验，内容上除数量清点和外观质量外，还应包括品种、规格、型号、证件，并做好验收记录，办理验收手续。同时检查质量保证书或产品合格证，要求复检的材料还应有取样送检证明报告。

【分析思路及作答要求】

本题以判断改错和补充问答题的形式考查了材料进场验收要求。作答本题的难度在于第三问，需要考生熟练掌握材料进场验收的相关要求，但也并非照搬照抄，而是要按照背景资料所给的提示信息进行阐述作答，例如：

（1）没有出厂合格证和材质证明，对应的检查是质量保证书、产品合格证。

(2) 也无其他检查检验记录，对应的工作有，要求复检的材料应有取样送检证明报告。
(3) 也无其他检查检验记录，对应的工作还有，做好验收记录，办理验收手续。
(4) 仅进行数量清点和外观质量检查，对应的补充是品种、规格、型号、证件等验收内容。

问题 4：针对事件 3 所述的材料管理失控现象，项目部在材料管理上应做出哪些改进？
【参考答案】
针对事件 3 所述的材料管理失控现象，项目部应做如下改进：
(1) 建立领发料台账，记录领发和节超状况。
(2) 凡有定额的工程用料，凭限额领料单领发材料。
(3) 施工设施用料也实行定额发料制度，以设施用料计划进行总控。
(4) 超限额用料在用料前办理手续，填写限额领料单，注明超耗原因，经签发批准后实施。
(5) 加强对材料的保管要求，明确专人管理、建立台账，对材料标识清楚、分类存放、定期盘点。

【分析思路及作答要求】
本题以常规问答题的形式考查了材料的领发和保管要求。针对事件 3 分析可知，作答本题的关键在于两点：一是对材料的领发要求是限额领料、定额发料；二是对材料的保管要求是标识清楚、定期盘点。作答可围绕上述两点组织语言阐述说明，不必照搬照抄。

案例 58　2013 年一建案例题三

▶▶ 考情先知
(1) 施工分包合同和总包单位对分包单位的全过程管理
(2) 工业管道的压力试验
(3) 管道工程的施工程序
(4) 配电装置柜体的安装要求和接地电阻的测量

背　景　资　料

某城市规划在郊区新建一座车用燃气加气总站（压缩天然气 CNG），工艺流程如下图所示。

气源由 $D325mm \times 8mm$ 埋地无缝钢管，从距离总站 420m 的天然气管网接驳，管网压力 1.0MPa，主要设备工艺参数如下图所示，P 表示工作压力，Q 表示流量。

项目报建审批手续完善，采取土建和安装工程施工总承包模式，建设单位通过相关媒体发布公开招标信息，按招标投标管理要求选定具备相应资质的 A 施工单位。

签订施工合同前，建设单位指定 B 专业公司分包储气井施工。A 单位将土建工程的劳务作业发包给 C 劳务分包单位。工程实施过程中，A 单位及时检查、审核分包单位提交

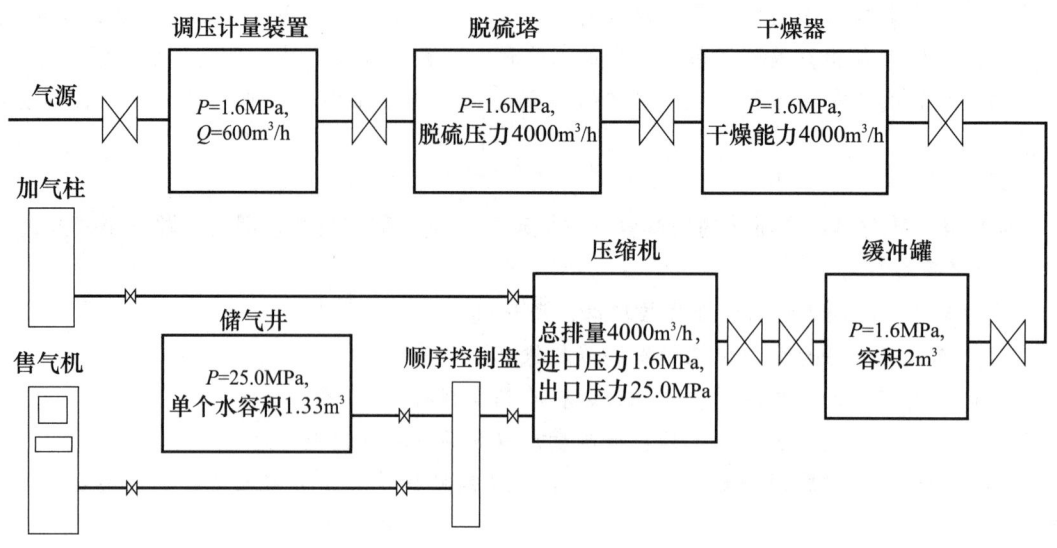

燃气加气总站工艺流程

的分包工程施工组织设计、质量保证体系及措施、安全保证体系及措施、施工进度统计报表、工程款支付申请、竣工交验报告等文件资料，并指派专人负责对分包单位进行全过程管理。

消防设施检测单位对采用共用接地装置的消防控制室主机进行技术测试时，在柜体处实测接地电阻值为 12Ω，在基础槽钢处实测接地电阻值为 0.4Ω。测试有不合格项，为此向 A 单位提出整改要求，项目部认真分析原因，并及时整改，顺利通过消防部门验收。

问题1：签订合同前，A 施工单位应审核 B 专业公司哪些证明文件？工程实施过程中，还需审核分包单位哪些施工资料？

【参考答案】

（1）签订合同前，A 施工单位应审核 B 专业公司的企业资质等级证明文件和相应的特种设备安装许可资格证明文件。

（2）工程实施过程中，还需审核分包单位提交的施工方案、施工进度计划、隐蔽工程验收报告等施工资料。

【分析思路及作答要求】

本题以常规问答和补充问答题的形式考查了施工分包合同和总包单位对分包单位的全过程管理。第一问，工程可以分包，但不能是主体工程，且必须经过建设单位的同意，还必须具备相应的企业资质等级和专业技术资格。

第二问，针对总包单位对分包单位的全过程管理，我们在 2021 年的案例四中已经进行了详细的讲解，全过程管理首先从时间维度记忆有施工准备、进场施工、工序交验、竣工验收、工程保修。其次从管理维度记忆有技术、质量、安全、进度、工程款支付。但本题并未考查上述全过程管理的内容，而是考查了总包单位应及时检查并审核分包单位提交的哪些资料，我们说有什么样的全过程管理就有什么样的资料与之相对应，其对应关系如下：技术→

施工组织设计、施工方案；质量→质量保证体系、质量保证措施；安全→安全保证体系、安全保证措施；进度→施工进度计划、施工进度统计报表；工程款支付→工程款支付申请；工序交验和竣工验收→隐蔽工程验收报告、竣工交验报告。

作答只需要按照自己所记内容将背景资料未给出的内容回答出来即可，无需再次摘抄背景资料中的已给内容，亦无需展开论述。

问题2：根据工艺流程图，工艺管道试压宜采用什么介质？应采取哪些主要技术措施？

【参考答案】

（1）根据工艺流程图，工艺管道试压介质宜采用干燥洁净的空气。

（2）工艺管道试压应采取的主要技术措施有：根据管道工作压力采取分段试压的措施；对试压管道进行区域划分并设置明显的标记；将待试管道与无关系统用盲板或其他隔离措施隔离；划定禁区，无关人员不得进入；试验前应用0.2MPa的压缩空气进行预试验；试验时应装有设定压力不高于1.1倍试验压力的压力泄放装置。

【分析思路及作答要求】

本题以常规问答题的形式考查了工业管道的压力试验。第一问，根据背景资料及工艺流程图可知，该系统输送的气体为车用压缩天然气CNG，主要成分是甲烷，且系统中还设置了干燥器。说明该系统输送的气体中不允许残留水渍，因此虽然该系统的工作压力大于0.6MPa，但仍不能采用洁净水进行压力试验，应采用干燥洁净的空气、氮气或其他不易燃和无毒的气体，而空气最为方便且成本较低，因此本工程试压介质宜采用干燥洁净的空气。

第二问，工艺管道试压应采取的主要技术措施如上述参考答案。首先，不得将整个系统一起试压，应分区分段进行压力试验，并进行标识隔离，同时无关人员不得进入，考生可根据自己的理解组织语言阐述。其次，气压试验最重要的两项技术措施必须答出，即根据《工业金属管道工程施工规范》GB 50235—2010 第8.6.5条的第3款和第4款规定。

8.6.5 气压试验应符合下列规定：

3 试验时，应装有压力泄放装置，其设定压力不得高于试验压力的1.1倍。

4 试验前，应用空气进行预试验，试验压力宜为0.2MPa。

问题3：埋地管道 D325mm×8mm 施工中，有哪些关键工序？

【参考答案】

埋地管道 D325mm×8mm 施工中的关键工序有：管道元件和材料的检验、管道加工、管道焊接和焊后热处理、管道安装、管道检查检验和试验、管道吹扫与清洗。

【分析思路及作答要求】

本题以常规问答题的形式考查了管道工程的施工程序。关于管道工程施工的关键工序，该知识点已在2015年的案例四中进行了详细的分析讲解，一般来说，管道工程施工的关键工序有：管道元件和材料的检验、管道加工、管道焊接和焊后热处理、管道安装、管道检查检验和试验、管道吹扫与清洗。其中，管道检查检验和试验的内容包括外观检查、无损检测、硬度检验、压力试验等。

该题目虽然考查的是工业管道安装的一般程序，但又不能完全按照其程序中的工序进行照搬照抄，应综合重点考虑《工业金属管道工程施工规范》GB 50235—2010 对施工工序的相关规定。

问题 4：分析检测单位提出不合格项整改要求的原因，接地电阻测量可采用哪些方法？（部分超纲）

【参考答案】

（1）柜体接地电阻值 12Ω 远远大于基础槽钢接地电阻值 0.4Ω，说明柜体与基础槽钢之间的接地连接不可靠或未做接地连接，因此需要整改。

（2）接地电阻测量一般采用接地电阻测试仪进行测量，也可使用电压-电流表法进行测量。（超纲）

【分析思路及作答要求】

本题以论述和常规问答题的形式考查了配电装置柜体的安装要求和接地电阻的测量。第一问，配电装置基础型钢的接地应不少于两处，且连接牢固、导通良好。柜体的接地应牢固可靠，以确保安全。每台柜体均应单独与基础型钢做接地保护连接。针对接地电阻值，根据《建筑电气工程施工质量验收规范》GB 50303—2015 第 22.1.2 条的规定，要求如下。

22.1.2 接地装置的接地电阻值应符合设计要求。

检查数量：全数检查。

检查方法：用接地电阻测试仪测试，并查阅接地电阻测试记录。

本题第二问，由于问的是"可以采用哪些方法"，因此至少应写出两种方法，上述参考答案中的电压-电流表法又称三极法，即接地极、电压极、电流极，适用于大面积接地网接地电阻的测试，如下图所示。

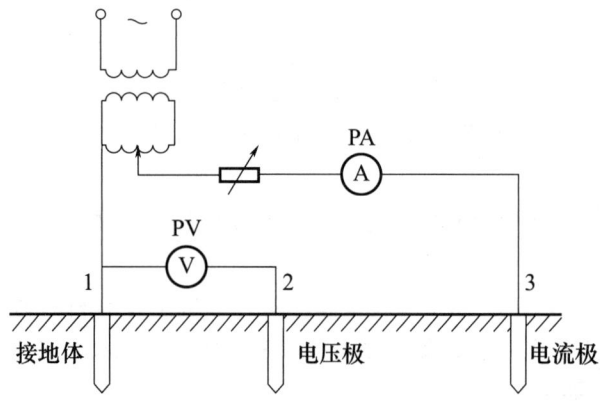

电压-电流表法测量接地电阻

案例 59　2013 年一建案例题四

▶▶ 考情先知

（1）电梯安装资料
（2）曳引式电梯安装对土建交接检验的要求
（3）施工进度计划的分析及调整
（4）影响设备安装精度的因素
（5）消防工程验收的相关规定及曳引式电梯整机验收

某安装公司承接一商务楼（地上30层、地下2层）的电梯安装工程，工程有32层32站曳引式电梯8台，工期为90天，开工时间为3月18日。其中6台客梯需智能群控，2台消防电梯需在4月30日交付使用，并通过消防验收，在工程后期作为施工电梯使用。电梯井道的脚手架、机房及层门预留孔的安全技术措施由建筑公司实施。

安装公司项目部进场后，将拟安装的电梯情况，书面告知了电梯安装工程所在地的特种设备安全监督管理部门，并按合同要求编制了电梯施工方案和电梯施工进度计划，如下表所示。电梯安装前，项目部对机房的设备基础、井道的建筑结构进行检测，土建施工质量均符合电梯安装要求。曳引电机、轿厢、层门等部件外观检查合格，并采用建筑塔式起重机及施工升降机将部件搬运到位。安装中，项目部重点关注了层门等部件的安全技术要求，消防电梯按施工进度计划完成，并验收合格。

电梯施工进度计划

工序	工序时间	4月					5月				
		1	6	11	16	21	26	1	6	11	16	21	26
导轨安装	20d										
机房设备安装	(2+6) d										
井道内配管配线	(3+9) d										
轿厢和对重安装	(3+9) d										
电梯层门安装	(6+18) d										
电器和相关附件安装	(4+12) d										
单机试运行和调试	(2+6) d										
消防电梯验收	1d										
群控试运行和调试	4d										
竣工验收交付业主	3d										

施工进行到客梯单机试运行调试时，有一台客梯轿厢晃动厉害，经检查是导轨的安装精度没达到技术要求，安装人员对导轨重新校正固定，单机试运行合格，但导轨的校正固定，使单机试运行比原工序多用了3天，其后面的工序（群控试运行调试、竣工验收）均按工序时间实施，电梯安装工程比合同工期提前完工，交付业主。

问题1：电梯安装前，项目部应提供哪些安装资料？

【参考答案】

电梯安装前，项目部应提供的安装资料有：

（1）安装许可证和安装告知书，许可证范围能够覆盖所施工电梯的相应参数。
（2）审批手续齐全的施工方案。
（3）施工现场作业人员持有的特种设备作业证。

【分析思路及作答要求】

本题以常规问答题的形式考查了电梯安装资料。电梯安装资料作为历年考试的重点，多数情况会以选择题的形式考查电梯制造厂提供的资料与安装单位提供的资料的区分。电梯制造厂提供的资料不需要记忆，只需要会识别即可。但是电梯安装单位提供的资料则需要记忆，对其内容可简记为"两证一书一方案"，其中"两证"指安装单位的安装许可证和安装人员的特种设备作业证，"一书"指安装告知书，"一方案"指审批手续齐全的施工方案。

另外，考生关心的是电梯制造厂提供的资料有哪些，针对这个问题，答案不在于此，应在于曳引式电梯安装或自动扶梯安装中对电梯设备的进场验收要求，即两种不同的电梯，提供的资料亦会不同，此处资料的内容才需要记忆，且会以问答题的形式考查，相关内容已在2022年的案例四中进行了详细的分析讲解，此处不再赘述。

问题2：项目部在机房、井道的检查中，应关注哪几项安全技术措施？（部分超纲）

【参考答案】

项目部在机房、井道的检查中，应关注的安全技术措施有：

（1）机房通向井道的预留孔应设置临时盖板，并在机房内墙壁上设有警示标语，以示盖板不能随便移位，防止顶层有杂物向下跌落。
（2）层门通向井道的预留孔应设置高度不小于1200mm的安全保护围封，并设置警示标志或告诫性文字。
（3）电梯井道内搭设脚手架施工作业时，脚手架搭设后应经验收合格方可使用，如脚手架或脚手板是可燃材料，要考虑适当的防火措施。

【分析思路及作答要求】

本题以常规问答题的形式考查了曳引式电梯安装对土建交接检验的要求。作答本题应注意，所给答案必须吻合题意的要求，即仅需围绕"机房、井道"两个部位提出相应的安全技术措施，多写无益。首先是机房，关注点自然是机房地板上预留的通向电梯井道的孔洞封堵。其次是井道，与井道有关的因素有三个，一是机房通向井道的孔洞封堵，二是层门通向井道的孔洞封堵，三是为防止烟囱效应而在井道内采取的防火措施。其实，作答主要围绕上述三个因素阐述即可。该内容虽有超纲，但是作为常识性的超纲内容，仍需考生掌握，但无需死记硬背，关键在于理解应用。

问题3：消防电梯从开工到验收合格用了多少天？电梯安装工程比合同工期提前了多少天？

【参考答案】

(1) 电梯工程开工时间为3月18日，电梯安装准备工作、机房和井道的检查验收、电梯设备进场验收、基准线安装等工作用了14天，并于4月1日开始电梯导轨安装，截至到4月21日消防电梯竣工验收，总计14+21=35天，故消防电梯从开工到验收合格用了35天。

(2) 根据电梯施工进度计划可知，项目部编制的电梯施工进度计划是在5月30日竣工验收交付业主，因此电梯安装的计划工期是14+30+30=74天。在电梯安装中，因单机试运行比原工序多用3天，但后续工序均按计划完成，因此电梯安装的实际工期为74+3=77天。根据背景资料可知合同工期是90天，因此该电梯安装工程比合同工期提前13天。

【分析思路及作答要求】

本题以图表分析题的形式考查了施工进度计划的分析及调整。作答本题如上述参考答案所示，此处仅对考生的几点疑虑进行说明：

(1) 答案中的14天是怎么来的？虽然横道图中施工进度计划的开始时间是4月1日，但电梯工程的实际开工时间是背景资料所说的3月18日。我们常说"一三五七八十腊，三十一天永不差"，因此从3月18日到3月31日总计14天，这14天可以理解为施工准备所需的时间。

(2) 为什么横道图施工进度计划的结束时间是5月30日，而不是5月31日？这是因为横道图施工进度计划中左上角已明确告知每个格代表5天，言外之意，本工程计划5月30日结束，5月31日不是不存在，而是不需要再继续施工了。

(3) 为什么单机试运行比原工序多用了3天，会导致总工期由74天变为77天？这是因为"单机试运行和调试"必须结束之后才能进行后续工作，否则无法进行后续工作，故其为关键工作，关键工作延误3天，必然会导致总工期延误3天。

问题4：影响导轨安装精度的因素有几个？

【参考答案】

影响导轨安装精度的因素有：导轨的制造质量、导轨的安装质量、井道结构的施工质量、测量器具的选择、基准线的设置、导轨的测量、电梯安装人员的技术水平及操作误差。

【分析思路及作答要求】

本题借电梯工程以常规问答题的形式考查了机械设备安装技术中的影响设备安装精度的因素。影响设备安装精度的因素，如下表所示。

影响设备安装精度的因素

序号	因素	内容
1	设备基础	强度、沉降、抗震性能
2	垫铁埋设	承载面积、接触情况
3	设备灌浆	强度、密实度
4	地脚螺栓	紧固力、垂直度

续表

序号	因素	内容
5	设备制造	加工精度、装配精度
6	设备基准件	安装精度
7	测量误差	仪器精度、基准精度
8	环境因素	基础温度变形、设备温度变形、恶劣环境场所

作答本题要考虑上述表格的内容，但又不能照搬照抄，必须结合背景资料给出更为实际更为妥当的答案。由于本工程的问题在于"导轨的安装精度没有达到技术要求"，因此在作答时必须包含以下内容，即导轨的制造、导轨的安装、支撑导轨的井道结构。除此之外，还应有测量因素和人为因素。有考生会有疑问，既然"安装人员对导轨重新校正固定，单机试运行合格"，那么是否就能说明导轨的制造没有问题呢？其实不然，对导轨的校正既包括对导轨制造质量的校正，也包括对导轨安装质量的校正，因此既然是发散性的问题，那么作答本题尽可能全面。

问题 5：电梯完工后应向哪个机构申请消防验收？写出电梯层门的验收要求。

【参考答案】

（1）电梯完工后应向消防设计审查验收主管部门申请消防验收。

（2）层门与轿门试验时，每层层门必须能够用三角钥匙正常开启，当一个层门或轿门非正常打开时，电梯严禁启动或继续运行。

【分析思路及作答要求】

本题以常规问答题的形式考查了消防工程验收的相关规定及曳引式电梯整机验收。第一问，针对达到一定规模的特殊建设工程，建设单位应当向本行政区域内地方人民政府住房城乡建设主管部门申请消防设计审查，并在建设工程竣工后向消防设计审查验收主管部门申请消防验收。

第二问，需要对所考内容进行准确定位，既然是让写出电梯层门的验收要求，那么考查的内容必然是"电梯整机验收"，由此给出上述参考答案。

案例 60 2013 年一建案例题五

▶▶ **考情先知**

（1）施工现场环境保护

（2）施工阶段项目成本的控制要点

（3）CO_2 气体保护焊的特点及施工质量预控

（4）炉窑砌筑施工技术要求和烘炉的技术要求

（5）工程保修

背景资料

A 公司总承包某地一扩建项目的机电安装工程,材料和设备由建设单位提供。A 公司除自己承担主工艺线设备安装外,非标准件制作安装工程、防腐工程等均分包给具有相应施工资质的分包商施工。考虑到该地区风多雨少的气候,建设单位将紧靠河边及施工现场的一所弃用学校提供给 A 公司项目部,项目部安排两层教学楼的一层做材料工具库,二层做现场办公室,楼旁临河边修建简易厕所和浴室,污水直接排入河中,并对其他空地做了施工平面布置,如下图所示。

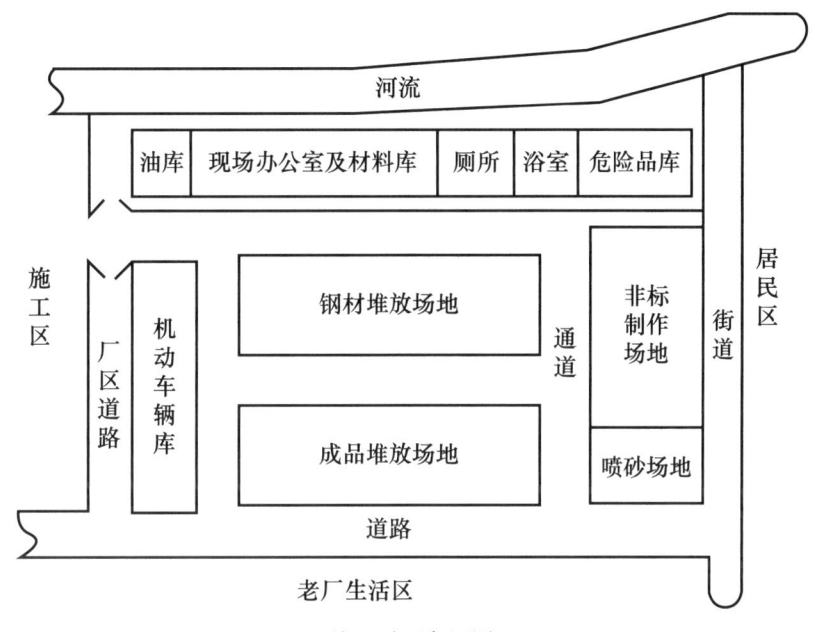

施工平面布置图

开工前,项目部遵循"开源与节流相结合及项目成本全员控制的原则"签订了分包合同,制定了成本控制目标和措施。施工中由于计划多变、设计变更多,管理不到位,造成工程成本严重超过预期。

在露天非标准钢结构构件制作时,分包商采用 CO_2 气体保护焊施焊,质检员予以制止。

动态炉窑焊接完成后,项目部即着手炉窑的砌筑,监理工程师予以制止。砌筑后,在没有烘炉技术资料的情况下,项目部根据在某厂的烘炉经验开始烘炉,又一次遭到监理工程师的制止。

在投料保修期间,设备运行不正常甚至有部件损坏,主要原因有:(1) 设备制造质量问题;(2) 建设单位工艺操作失误;(3) 安装精度问题。建设单位与 A 公司因质量问题的责任范围发生争执。

问题 1:项目部的施工平面布置对安全和环境保护会产生哪些具体危害?

【参考答案】

项目部的施工平面布置对安全和环境保护产生的具体危害有:

(1) 油库和危险品库紧邻现场办公室及材料库,一旦泄漏或发生火灾爆炸会危害现场办公人员及材料安全。

(2) 非标制作场地紧邻居民区，产生的噪声污染和光污染会危害居民健康。

(3) 喷砂场地紧邻居民区，产生的粉尘污染和大气污染会危害居民健康。

(4) 油库和危险品库距离河流太近，一旦泄漏会造成水污染。

(5) 厕所和浴室的污水直接排入河中会造成水污染。

【分析思路及作答要求】

本题以图表分析题的形式考查了施工现场环境保护。施工现场环境保护有扬尘控制、噪声与振动控制、光污染控制、水污染控制、土壤保护、建筑垃圾控制、地下设施文物和资源保护等。但作答本题并非将上述内容写入答案，而是要根据上述内容，结合背景资料中施工现场平面布置，分析上述平面布置可能会对安全和环境保护产生的具体危害，无论是噪声污染还是光污染，是粉尘污染还是大气污染，亦或是水土污染等。同时还应注意，作答本题可先行回答对安全产生的危害，如第（1）~（3）条，其次回答对环境保护产生的危害，如第（5）~（6）条。

问题2：项目部在施工阶段应如何控制成本？（部分修改）

【参考答案】

项目部在施工阶段的成本控制措施有：

(1) 对分解的成本计划进行落实。

(2) 记录、整理、核算实际发生的费用，计算实际成本。

(3) 进行成本差异分析，采取有效的纠偏措施，充分注意不利差异产生的原因，以防对后续作业成本产生不利影响或因质量低劣而造成返工现象。

(4) 注意工程变更，关注不可预计的外部条件对成本控制的影响。

【分析思路及作答要求】

本题以常规问答题的形式考查了施工阶段项目成本的控制要点。该题目虽然是以问答题的形式进行考查，但亦应视其为论述题，作答本题的逻辑可按"落实成本计划→计算实际成本→成本差异分析→关注其他影响"四个步骤进行。同时，为了满足最新考试大纲的要求，也为了适应更加科学的现场管理，考生亦可在此基础之上稍作补充。例如，加强施工任务单和限额领料单的管理，经常检查对外经济合同的履行情况等。

问题3：说明质检员在露天制作场地制止分包商继续作业的理由，应采取哪些措施以保证焊接质量？

【参考答案】

(1) 质检员在露天制作场地制止分包商继续作业的理由是：非标准件制作是露天作业，且本地风多，CO_2气体保护焊飞溅较大，且有风不能施焊，否则无法保证焊接质量。

(2) 为了保证焊接质量可以采取以下措施：改变焊接方法；采取有效的防风措施；加强对焊接质量的检验。

【分析思路及作答要求】

本题以论述和常规问答题的形式考查了CO_2气体保护焊的特点及施工质量预控。第一问，关键是要了解CO_2气体保护焊的特点，虽然它的生产效率高、成本低、焊接变形小、焊接质量好、适用范围广，但是设备复杂、飞溅较大、有风不能施焊（环境风速达到或超过2m/s，在没有采取防风措施的情况下，不能施焊）。第二问，需要考生结合本工程发生的实际情况采取保证焊接质量的措施，即利用所学知识，解决现场实际存在的问题，而不是一股脑儿地按照"人、机、料、法、环、测"提出没有针对性的质量预控措施，因此考虑到本工程户外风大，若想保证焊接质量，其一是改变焊接方法，其二是采取防风措施，其三是加强质量检验。

问题4：分别说明动态炉窑砌筑和烘炉时两次遭监理工程师制止的原因。
【参考答案】
（1）动态炉窑砌筑被监理工程师制止的原因是：动态炉窑砌筑必须在炉窑单机无负荷试运转合格并验收后方可进行。
（2）烘炉被监理工程师制止的原因是：烘炉前必须先制定工业炉的烘炉计划、准备烘炉用的工机具和材料、确认烘炉曲线，编制烘炉期间作业计划及应急处理预案、确定和实施烘炉过程中的监控重点，然后按烘炉曲线和操作规程进行烘炉，而不能根据在某厂的烘炉经验进行烘炉。
【分析思路及作答要求】
本题以论述题的形式考查了炉窑砌筑施工技术要求和烘炉的技术要求。第一问，内容较为简单，此处不再赘述。第二问，由于背景资料中强调的是"没有烘炉技术资料"，因此答案中必须要体现出烘炉前准备工作中对资料的要求，即制定烘炉计划、确认烘炉曲线，按烘炉曲线和操作规程进行烘炉，并以此为中心进行阐述作答。

问题5：分别指出保修期间出现的质量问题应如何解决？
【参考答案】
（1）设备制造质量问题，应由建设单位承担修理费用，施工单位协助修理。
（2）建设单位工艺因操作失误导致的问题，应由建设单位承担修理费用，施工单位协助修理。
（3）安装精度问题，应由施工单位承担修理费用，并负责修理。
【分析思路及作答要求】
本题以论述题的形式考查了工程保修。建设工程在保修范围和保修期限内发生质量问题时，施工单位应当履行保修义务，并由责任单位承担费用。作答本题的难点在于问题（1）设备制造质量问题的解决方式，由于背景资料中第一段话就已明确"材料和设备由建设单位提供"，因此设备制造出现了质量问题，属于建设单位提供的材料设备质量不良造成的，故应由建设单位承担修理费用，施工单位协助修理。

案例61　2012年一建案例题一

▶▶ **考情先知**
（1）项目外部协调管理
（2）工程设备运输的要求

(3) 变压器的运输要求

(4) 特种作业人员的配置和变压器的交接试验

某电力建设工程超大和超重设备多、制造分布地域广、运输环节多、建设场地小、安装均衡协调难度大，业主将该工程的设备管理工作通过招标投标方式分包给一专业设备管理公司（简称设备公司）。设备安装由一家安装公司承担。

该工程变压器（运输尺寸 11.1m×4.14m×4.9m）在西部地区采购，需经长江水道运抵东部某市后，再经由 50km 国道（含多座桥梁）方可运至施工现场。对此，设备公司做了两项工作，首先经与设备制造商、沿途各单位联系妥当后，根据行驶线路中的桥梁状况等因素，进行检测、计算并采取了相关措施，其次变压器采用充气方式运输。

在主变压器运输过程中，安装公司经二次搬运、吊装就位、吊芯检查及干燥等工作后，对其绕组连同套管一起的直流电阻测量、极性和组别测量等进行了多项试验，并顺利完成了安装任务。

问题1：在主变压器沿途运输中，设备公司需要与哪些单位沟通协调？

【参考答案】

在主变压器沿途运输中，设备公司需要与港口、航道、码头、公路、桥梁等管理单位进行沟通协调。

【分析思路及作答要求】

本题以常规问答题的形式考查了项目外部协调管理。作答本题的关键在于读懂背景资料所给信息提示，背景资料已经明确告知变压器的运输要经由长江水道、国道桥梁，方可运至施工现场，且又告知"与设备制造商、沿途各单位联系妥当"，因此基于背景资料的这个问题，设备公司必须与"长江水道、国道桥梁"等相关的管理单位进行沟通协调。作答本题切不可畅所欲言，脱离背景资料盲目作答，以免倒扣分。

问题2：在主变压器途经桥梁前，除了考虑桥梁的当时状况外，还要考虑哪些因素？需要采取哪些主要措施？

【参考答案】

在主变压器途经桥梁前，除了考虑桥梁的当时状况外，还要考虑桥梁的设计负荷、使用年限，并对每座桥梁进行检测、计算，同时采取相应的修复和加固措施。

【分析思路及作答要求】

本题以补充问答和常规问答题的形式考查了工程设备运输的要求。工程设备运输的要求主要涉及沿途公路作业、沿途桥梁作业、现场道路作业等三种情况，如下表所示。

工程设备运输的要求

序号	作业类别	考虑的因素	采取的措施
1	沿途公路作业	地下管线	对地下管线设施进行检查、测量、计算；由此确定行驶路线和需要采取的措施

续表

序号	作业类别	考虑的因素	采取的措施
2	沿途桥梁作业	设计负荷 使用年限、当时状况	对每座桥梁进行检测、计算； 采取相应的修复和加固措施
3	现场道路作业	—	道路两侧用大石块填充并盖厚钢板加固； 在作业区内铺设厚钢板增加承载力； 沿途障碍物要尽数拆除和搬离

作答本题的关键在于熟练掌握上述三种作业类别需要考虑的因素和需要采取的措施，尽量按照上述要求作答，亦可围绕上述内容稍作展开论述，但不宜过于复杂。

问题3：充气运输的变压器在途中应采取的特定措施有哪些？

【参考答案】

充氮气或干燥空气运输的变压器，干燥气体的露点必须低于$-40℃$。在运输过程中应有压力监视和补充装置，油箱内保持正压，气体压力应为$0.01\sim0.03MPa$，同时采取防雨防潮措施。

【分析思路及作答要求】

本题以常规问答题的形式考查了变压器的运输要求。变压器的运输要求甚多，但是作答本题应紧扣题意，即采取的措施必须是"特定措施"。针对充氮气或干燥气体运输的变压器，主要目的是防止变压器内部受潮。因此这个"特定措施"应是防止变压器受潮的措施，故应从三个方面进行作答，其一要求气体本身含水量要足够低，故要求其露点温度低于$-40℃$，其二要求外部空气不能进入，故要求油箱内保持正压且气体压力为$0.01\sim0.03MPa$，其三要求采取防雨防潮措施。

露点温度是指空气中的水蒸气凝结为露珠时的温度，温度高低与水汽含量和大气压力等因素有关。在气压不变的情况下，空气中的水汽含量越低，露点温度越低，水汽含量越高，露点温度越高。在水汽含量不变的情况下，气压越低，露点温度越低，气压越高，露点温度越高。故要求油箱内保持正压且气体压力为$0.01\sim0.03MPa$，不宜过大。

问题4：主变压器安装中需要哪些特种作业人员？补充主变压器安装试验的内容。

【参考答案】

（1）主变压器安装中需要的特种作业人员有：电工、焊工、起重吊装工、场内运输工、架子工。

（2）主变压器安装试验的内容还应包括：

① 绝缘油试验或SF_6气体试验。

② 测量铁芯及夹件的绝缘电阻。

③ 测量绕组连同套管的绝缘电阻、吸收比。

④ 进行绕组连同套管的交流耐压试验。

⑤ 检查相位、所有分接的电压比。

⑥ 进行额定电压下的冲击合闸试验。

【分析思路及作答要求】

本题以常规问答和补充问答题的形式考查了特种作业人员的配置和变压器的交接试验。

第一问，特种作业人员需要持证上岗，所持证书为特种作业操作证，涉及的相关人员主要有电工、焊工、起重吊装工、场内运输工、架子工。

第二问，需熟练记忆变压器的交接试验的内容，针对此内容，我们已在2017年的案例一中进行了详细的分析，考生可以按以下逻辑顺序强化记忆，以提高学习效率。

(1) 绝缘油试验或SF_6气体试验。
(2) 测量铁芯及夹件的绝缘电阻。
(3) 测量绕组连同套管的直流电阻。
(4) 测量绕组连同套管的绝缘电阻、吸收比。
(5) 进行绕组连同套管的交流耐压试验。
(6) 检查相位、所有分接的电压比、三相绕组的连接组别。
(7) 进行额定电压下的冲击合闸试验。

上述内容的学习，第（1）条针对的是不同变压器的试验，第（2）～（5）条针对的是铁芯、夹件、绕组，第（6）条检查没有问题后进行第（7）条的冲击合闸试验。

案例62 2012年一建案例题二

▶▶ **考情先知**
(1) 应急预案的主要内容
(2) 现场文明施工管理的基本要求
(3) 危大工程范围的界定和方案实施

A施工单位总承包某石油库区改扩建工程，主要工程内容包括：（1）新建4台50000m³浮顶油罐；（2）罐区综合泵站及管线；（3）建造18m跨度钢混结构厂房和安装1台32t桥式起重机；（4）油库区原有4台10000m³拱顶油罐开罐检查和修复。A施工单位把厂房建造和桥式起重机安装工程分包给具有相应资质的B施工单位。工程项目实施中做了以下工作。

工作1：A施工单位成立了工程项目部，项目部编制了职业健康安全技术措施计划，制定了风险对策和应急预案。

工作2：根据工程特点，项目部成立了消防领导小组，落实了消防责任制和责任人员，加强了防火、易燃易爆物品等的现场管理措施。

工作3：为保证库区原有拱顶罐检修施工安全，项目部制定了油罐内作业安全措施，主要内容包括：

(1) 关闭所有与油罐相连的可燃、有害介质管道的阀门，并在作业前进行检查。
(2) 油罐的出、入口畅通。

(3) 采取自然通风，必要时强制通风。
(4) 配备足够数量的防毒面具。
(5) 油罐内作业使用电压为 12V 的行灯照明，且有金属防护罩。

工作 4：B 施工单位编制了用桅杆系统吊装 32t 桥式起重机吊装方案，由 B 单位技术总负责人批准后实施。

问题 1：项目部制定的应急预案的主要内容有哪些？（修改）
【参考答案】
项目部制定的应急预案的主要内容有：
(1) 应急工作的组织及职责。
(2) 可依托的社会力量如消防、医疗、卫生及救援程序。
(3) 内、外部信息交流的方式和程序。
(4) 危险物质信息及紧急状态识别。
(5) 应急避险程序（撤离逃生路线图）。
(6) 相关人员的应急培训程序。

【分析思路及作答要求】
本题以常规问答题的形式考查了应急预案的主要内容。应急预案分为综合应急预案、专项应急预案、现场处置方案，为了最大限度还原当年考试，上述参考答案是以当年考试要求为依据制定的，但是考生应以最新要求备考，最新要求如下表所示。

应急预案的主要内容

序号	类别	内容
1	综合应急预案	应急组织机构及职责、应急预案体系、应急预案管理；事故风险描述、预警及信息报告、应急响应、保障措施
2	专项应急预案	应急指挥机构及职责、处置程序和处置措施
3	现场处置方案	应急工作职责、处置措施和注意事项

问题 2：列出现场消防管理的主要具体措施。
【参考答案】
现场消防管理的主要具体措施有：
(1) 施工现场有保卫、消防制度和方案、预案，有负责人和组织机构，有检查落实和整改措施。
(2) 施工现场出入口设置警卫室。
(3) 施工现场有明显防火标志，消防通道畅通（布置成环形且宽度不小于 3.5m），消防设施、工具、器材符合要求，施工现场不准吸烟。
(4) 易燃、易爆、剧毒材料必须单独存放，搬运、使用要符合标准，明火作业要严格审批程序。

【分析思路及作答要求】

本题以常规问答题的形式考查了现场文明施工管理的基本要求。作答本题看似难度较大，但只要把握大的答题方向即可，可围绕四个方向进行阐述，首先是要有消防制度和组织机构，其次是对施工现场出入口的要求，再次是对施工现场内部设施的要求，最后是对易燃易爆有毒有害材料的要求，只要把握这四个方向，考生可以畅所欲言。

问题3：32t桥式起重机吊装方案的审批程序是否符合规定要求？说明理由。

【参考答案】

（1）32t桥式起重机吊装方案的审批程序不符合规定要求。

（2）32t桥式起重机的额定起重量为32t，超过300kN，故其安装属于超过一定规模的危险性较大的分部分项工程，因此其专项施工方案应当经A、B施工单位技术负责人审核和总监理工程师审查，并由A施工单位组织专家论证，专家论证通过后方可实施。

【分析思路及作答要求】

本题以判断改错题的形式考查了危大工程范围的界定和方案实施。作答本题首先应进行工程类别的判定，其次写出正确的审批流程。首先，针对起重吊装工程中的危大工程和超过一定规模的危大工程的范围界定要求如下表所示。

危大工程和超过一定规模的危大工程的范围界定

危大工程	（1）采用非常规起重设备、方法，且单件起吊重量在10kN及以上的起重吊装工程； （2）采用起重机械进行安装的工程； （3）起重机械自身安装和拆卸工程
超过一定规模的危大工程	（1）采用非常规起重设备、方法，且单件起吊重量在100kN及以上的起重吊装工程； （2）起重量300kN及以上，或搭设总高度200m及以上，或搭设基础标高在200m及以上的起重机械自身安装和拆卸工程

其次，根据《危险性较大的分部分项工程安全管理规定》住房城乡建设部令第37号的规定：

第十一条　专项施工方案应当由施工单位技术负责人审核签字、加盖单位公章，并由总监理工程师审查签字、加盖执业印章后方可实施。危大工程实行分包并由分包单位编制专项施工方案的，专项施工方案应当由总承包单位技术负责人及分包单位技术负责人共同审核签字并加盖单位公章。

第十二条　对于超过一定规模的危大工程，施工单位应当组织召开专家论证会对专项施工方案进行论证。实行施工总承包的，由施工总承包单位组织召开专家论证会。专家论证前专项施工方案应当通过施工单位审核和总监理工程师审查。专家应当从地方人民政府住房城乡建设主管部门建立的专家库中选取，符合专业要求且人数不得少于5名。与本工程有利害关系的人员不得以专家身份参加专家论证会。

第十三条　专家论证会后，应当形成论证报告，对专项施工方案提出通过、修改后通过或者不通过的一致意见。专家对论证报告负责并签字确认。专项施工方案经论证需修改后通过的，施工单位应当根据论证报告修改完善后，重新履行本规定第十一条的程序。专项施工方案经论证不通过的，施工单位修改后应当按照本规定的要求重新组织专家论证。

案例 63 2012 年一建案例题三

▶▶ 考情先知

（1）施工进度计划的分析及调整

（2）索赔管理

某工业项目建设单位通过招标与施工单位签订了施工合同，主要内容包括设备基础、设备钢架（多层）、工艺设备、工业管道和电气仪表安装等。工程开工前，施工单位按合同约定向建设单位提交了施工进度计划，如下图所示。

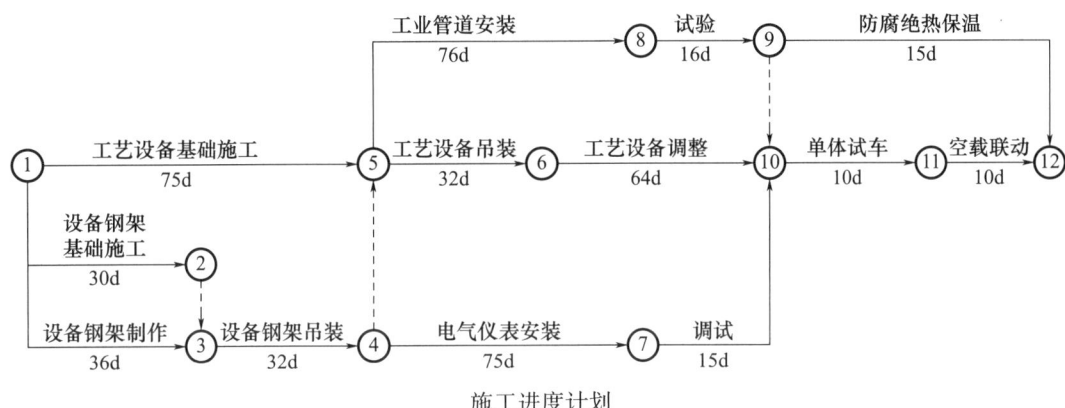

施工进度计划

上述施工进度计划中，设备钢架吊装和工艺设备吊装两项工作共用一台塔式起重机，其他工序不使用塔机。经建设单位审核确认，施工单位按该进度计划进场组织施工。

在施工过程中，由于建设单位要求变更设计图纸，致使设备钢架制作工作停工 10 天，其他工作持续时间不变。建设单位及时向施工单位发出通知，要求施工单位塔机按原计划进场，调整进度计划，保证该项目按原计划工期完工。

施工单位采取措施将工艺设备调整工作的持续时间压缩 3 天，得到建设单位同意，施工单位提出的费用补偿要求如下，但建设单位没有全部认可。

（1）工艺设备调整工作压缩 3 天，增加赶工费 10000 元。

（2）塔机闲置 10 天损失费，1600 元/天（含运行费 300 元/天）×10 天＝16000 元。

（3）设备钢架制作工作停工 10 天造成其他有关机械闲置、人员窝工等综合损失费 15000 元。

问题 1：用节点代号表示施工进度计划的关键线路，该计划的总工期是多少天？

【参考答案】

（1）该工程施工进度计划的关键线路是①→⑤→⑥→⑩→⑪→⑫。

（2）该计划的总工期是 75+32+64+10+10＝191 天。

【分析思路及作答要求】

本题以图表分析题的形式考查了施工进度计划的分析及调整。作答的关键是找到关键线路和关键工作,双代号网络图中持续时间最长的线路为关键线路,关键线路上的工作为关键工作,关键工作的持续时间之和即总工期。值得注意的是,作答本题第一问必须满足题目要求,使用节点代号来表示关键线路,否则无法得分,作答本题第二问,必须要写出完整的计算过程。

问题 2:施工单位按原计划安排塔机在工程开工后最早投入使用的时间是第几天?按原计划设备钢架吊装与工艺设备吊装工作能否连续作业?说明理由。

【参考答案】

(1) 施工单位按原计划安排塔机在工程开工后最早投入使用的时间是第 37 天,因为设备钢架吊装工作最早是在第 37 天开始。

(2) 按原计划设备钢架吊装与工艺设备吊装不能连续作业。

(3) 理由:按原计划,工艺设备吊装应在工艺设备基础施工及设备钢架吊装均完成后才能进行,由双代号网络图可知,工艺设备基础施工的完成时间是第 75 天,而设备钢架吊装的完成时间是第 68 天,因此塔机需要在现场闲置 7 天。

【分析思路及作答要求】

本题以图表分析题的形式考查了施工进度计划的分析及调整。作答本题的难点在于第二问,很多考生的疑问在于,如果将设备钢架吊装的开始时间推迟 7 天,就可以使设备钢架吊装和工艺设备基础施工在同一天完成,也就可以使设备钢架吊装与工艺设备吊装连续进行,但是大家忽略了一个问题,问题问的是"按原计划",如果人为将设备钢架吊装的开始时间推迟 7 天,那就不是按原计划了。

问题 3:说明施工单位调整方案后能保证原计划工期不变的理由。

【参考答案】

根据双代号网络图可知,设备钢架制作的总时差是 7 天,由于建设单位要求变更设计图纸致使设备钢架制作停工 10 天,将导致总工期延误的天数为 10-7=3 天。因此施工单位采取措施将关键线路上的关键工作(工艺设备调整)的持续时间压缩 3 天,可以保证总工期不变,仍为 191 天。

【分析思路及作答要求】

本题以图表分析题的形式考查了施工进度计划的分析及调整。作答本题的难点在于计算设备钢架制作的总时差,可以利用总时差的概念来计算,即在不影响总工期的前提下本工作可以机动的时间,因此设备钢架制作的总时差为总工期减去该工作所在线路的最长持续时间,即线路①→⑤→⑥→⑩→⑪→⑫的长度减去①→③→④→⑤→⑥→⑩→⑪→⑫的长度,即 191-184=7 天。

问题 4：施工单位提出的 3 项费用补偿要求是否合理？计算建设单位应补偿施工单位的总费用。

【参考答案】

第（1）项费用补偿要求合理，应补偿赶工费 10000 元。

第（2）项费用补偿要求不合理，应补偿塔机闲置损失费 3900 元，即（1600－300）×（10－7）＝3900 元。

第（3）项费用补偿要求合理，应补偿施工单位有关机械闲置、人员窝工等综合损失费 15000 元。

因此，建设单位应补偿施工单位的总费用为 10000＋3900＋15000＝28900 元。

【分析思路及作答要求】

本题以分析计算题的形式考查了索赔管理。作答本题应注意，由于施工单位的上述 3 项损失均是建设单位要求变更设计图纸导致的，同时施工单位采取措施将工艺设备调整工作的持续时间压缩 3 天也得到了建设单位的同意，因此上述索赔项目均无异议。但是对于第（2）项的索赔费用是不合理的，首先塔机闲置可以索赔的天数不合理，塔机原计划就是会有 7 天的闲置时间，这 7 天不可索赔。其次，塔机闲置每天可索赔的费用不合理，塔机在闲置的时候是没有运行的，故应扣除每天 300 元的运行费。综上所述，施工单位针对塔机闲置可以索赔的费用是（1600－300）×（10－7）＝3900 元，总的索赔费用是 28900 元。

案例 64　2012 年一建案例题四

▶▶ 考情先知

（1）采购阶段项目管理的任务之采购计划管理

（2）与施工进度计划安排的协调

（3）监控设备的安装要求

（4）通风与空调系统、建筑设备监控系统的调试和检测

A 安装公司承包某大楼空调设备的智能监控系统安装工程，主要监控设备有现场控制器、电动调节阀、电动风阀驱动器，以及水管型和风管型温度传感器。

大楼的空调工程由 B 安装公司承包施工。合同约定全部监控设备由 A 公司采购，其中电动调节阀和电动风阀驱动器由 B 公司安装，空调系统的调试由两家公司共同负责。

A 安装公司项目部进场后，依据 B 安装公司提供的空调工程施工组织设计、空调工程施工方案、变风量空调机组监控设计方案（下图）和空调工程施工进度计划（下表）等资料，编制了空调监控设备的施工方案、监控设备施工进度计划和监控设备材料采购计划。

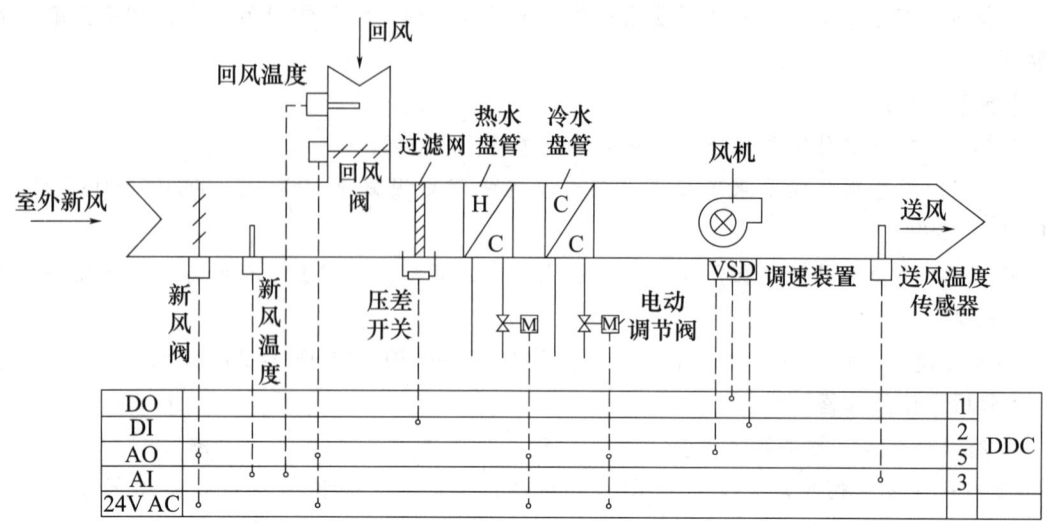

变风量空调机组监控示意图

空调工程施工进度计划

工序	4月						5月					
	1	6	11	16	21	26	1	6	11	16	21	26
施工准备	▬											
设备开箱检查		▬										
空调机组安装			▬▬									
风管制作安装保温			▬▬▬▬▬▬▬▬▬									
风口安装										▬		
冷热水管安装			▬▬▬▬▬▬									
水系统试压清洗保温							▬▬▬▬					
试运转、调试											▬	
验收交付业主												▬

因施工场地狭小，为减少仓储保管，A安装公司项目部在制定监控设备材料采购计划时，考虑集中采购与分批到货的采购计划，要求设备采购计划涵盖空调工程施工的全过程，使材料设备采购计划与施工进度合理搭接，处理好它们之间的接口管理关系。

A公司在监控工程实施过程中，积极与B公司协调，及时调整偏差，使监控工程的施工符合空调工程的施工进度计划，A公司和B公司共同实施对通风空调系统的联动试运行调试，使空调监控工程按合同要求完工。

问题1：A公司项目部在编制监控设备采购计划时应考虑哪些市场现状？

【参考答案】

货物采购计划要与设计进度、施工进度合理搭接，处理好接口管理关系，要分析市场现状，注意供货商的供货能力、生产周期、仓储保管能力、运输距离、运输方法、运输时间，综合确定采购批量及最佳供货时机，使货物供给与施工进度安排有恰当的时间提前量。

【分析思路及作答要求】

本题以常规问答题的形式考查了采购阶段项目管理的任务之采购计划管理。作答本题分析市场现状，主要应从两个方面进行回答，首先从生产供货到仓储保管等能力方面进行回答，其次从运输距离、运输方法、运输时间等运输方面进行回答。从而使采购的设备，不能买得太多，也不能买得太少，买得太多会增加储存成本，买得太少会增加运输成本且有可能导致工期延误。

问题2：A公司项目部制定的空调监控设备进度计划在实施过程中会受到哪些因素的制约？

【参考答案】

A公司项目部制定的空调监控设备进度计划在实施过程中会受到以下因素的制约：作业人员和施工机具配备、设备材料进场时机、机电安装工艺规律、工程实体现状、施工场地环境。

【分析思路及作答要求】

本题以常规问答题的形式考查了与施工进度计划安排的协调。针对此问题，已在2016年的案例四中进行了详细的分析。此处问的是制约因素，并非考查进度管理中影响施工进度的因素和施工进度偏差产生的原因，作答本题必须围绕着协调管理中的相关内容来回答，否则不能得分，因此作答本题前对问题和答案的定位很重要。有关的制约因素主要包括"人、机、料、法、环"，分别对应的是作业人员的配备、施工机具的配备、设备材料的进场时机、机电安装工艺规律、工程实体现状和施工场地环境。

问题3：电动调节阀最迟到货时间是哪天？安装前主要检验哪些内容？

【参考答案】

（1）在空调工程施工进度计划中，冷热水管道安装的开始时间是4月11日，因此电动调节阀最迟到货时间是4月11日。

（2）电动调节阀安装前应按说明书规定检查线圈与阀体间的电阻，进行模拟动作试验和压力试验。

【分析思路及作答要求】

本题以图表分析和常规问答题的形式考查了监控设备的安装要求。第一问要知道，电动调节阀用于安装在冷热水管道上，以调节水的流量大小，因此电动调节阀的最迟到货时间即冷热水管道安装的开始时间。冷热水管道于4月11日开始，因此电动调节阀的最迟到货时间是4月11日，本题主要突出"最迟"两个字。

第二问，主要在于记忆，之所以要进行模拟动作试验，是因为该阀门为电动调节阀，要通过模拟动作试验检验阀门动作的可靠性。之所以要进行压力试验，是因为该阀门安装在冷热水管道上，要通过压力试验检验阀门的强度和严密性。

问题 4：写出铂温度传感器（风管型）的安装起止时间及连接到现场控制器的接线电阻要求。

【参考答案】

（1）因为风管型传感器的安装应在风管保温完成后进行，在空调工程施工进度计划中，风管制作安装保温工作是在 5 月 5 日结束，并在 5 月 16 日开始风口安装，因此铂温度传感器安装的起止时间是 5 月 6 日—5 月 15 日。

（2）铂温度传感器与现场控制器之间的接线电阻应小于 1Ω。

【分析思路及作答要求】

本题以图表分析和常规问答题的形式考查了监控设备的安装要求。第一问要知道，风管型传感器的安装应在风管保温完成后进行，以避免保温层施工损坏传感器，且应在风口安装前进行，以避免返工，风口安装是风管系统安装的最后一道工序。第二问，主要是区分 1Ω 和 3Ω，铂 1 镍 3。

问题 5：空调机组联合试运转调试由哪个安装公司为主组织实施，变风量空调机组联合试运转调试中主要检测哪些参数？

【参考答案】

（1）空调机组联合试运转调试由 B 安装公司为主组织实施。

（2）变风量空调机组联合试运转调试中主要检测的参数有：

① 新风量及送风风量。

② 新风温度、送风温度及回风温度。

③ 过滤网的压差开关报警信号。

④ 风机故障报警信号。

【分析思路及作答要求】

本题以常规问答和图表分析题的形式考查了通风与空调系统、建筑设备监控系统的调试和检测。第一问，因为空调工程由 B 安装公司承包施工，而 A 安装公司只是负责空调设备的智能监控系统，因此空调机组联合试运转调试应由 B 安装公司为主组织实施。

第二问，可结合变风量空调机组监控示意图进行分析作答，图中 DO 和 AO 分别代表数字输出（Digital Output）和模拟输出（Analog Output），而 DI 和 AI 则分别代表数字输入（Digital Input）和模拟输入（Analog Input）。由示意图可知，有接 AI 的新风温度、回风温度、送风温度，主要目的是检测温度，还有接 AO 的新风阀、回风阀、冷热水管的电动调节阀，主要目的是调节风量大小和温度高低。除此之外，还有压差开关和风机的调速装置也接在了相应的输入输出接口上。综上所述，再结合如下相关内容即可得到本题答案。

（1）对风阀的自动调节来控制新风量及送风风量的大小。

（2）对水阀的自动调节来控制送风温度（回风温度）达到设定值。

（3）对加湿阀的自动调节来控制送风相对湿度（回风相对湿度）达到设定值。

（4）根据过滤网的压差开关报警信号来判断是否需要清洗或更换过滤网。

（5）监控风机故障报警及相应的安全联锁、电气联锁、防冻联锁。

案例 65　2012 年一建案例题五

▶▶ 考情先知

（1）特种设备的施工告知
（2）不合格工序的处置
（3）直接工程费的计算
（4）成本费用的计算比较

某安装工程公司承接一锅炉安装及架空蒸汽管道工程，管道工程由型钢支架工程和管道安装组成。项目部根据现场实测数据，结合工程所在地的人工、材料、机械台班价格编制了每 10t 型钢支架工程的直接工程费单价，经工程所在地综合人工日工资标准测算，每吨型钢支架人工费为 1380 元，每吨型钢支架工程用各种型钢 1.1t，每吨型钢材料平均单价 5600 元，其他材料费 380 元，各种机械台班费 400 元。

由于管线需用钢管量大，项目部编制了两套管线施工方案。两套方案的计划人工费 15 万元，计划用钢材 500 吨，计划价格为 7000 元/t。甲方案为买现货，价格为 6900 元/t。乙方案为 15 天后供货，价格为 6700 元/t。如按乙方案实行，人工费需增加 6000 元，机械台班费需增加 1.5 万元，现场管理费需增加 1.0 万元。通过进度分析，甲、乙两方案均不影响工期。

安装工程公司在检查项目部工地时，发现以下问题：

（1）与锅炉本体连接的主干管上有一段钢管的壁厚比设计要求小 1mm，该段管的质量证明书和验收手续齐全，除壁厚外，其他项目均满足设计要求。

（2）架空蒸汽管道的坡度、排水装置、放气装置、疏水器安装均不符合规范要求。

检查组要求项目部立即整改纠正，采取措施，确保质量、安全、成本目标，按期完成任务。

问题 1：锅炉安装前项目部书面告知应提交哪些材料才能开工？

【参考答案】

锅炉安装前项目部书面告知应填写《特种设备安装改造维修告知单》，并提供特种设备许可证书复印件（加盖单位公章）。

【分析思路及作答要求】

本题以常规问答题的形式考查了特种设备的施工告知。根据国家市场监督管理总局特种设备安全监察局发布的《关于简化〈特种设备安装改造维修告知书〉的通知》（质检办特函〔2009〕1186 号）的规定：为了进一步方便企业，简化手续，规范特种设备安装改造维修告知行为，现对特种设备安装改造维修告知及接受告知的特种设备安全监督管理部门提出如下要求。其中，部分要求如下：

（1）告知性质：根据《特种设备安全监察条例》规定，特种设备安装、改造、维修的施工单位（以下简称施工单位）以书面形式告知直辖市或设区的市的特种设备安全监督管理部门后即可施工，告知不属于行政许可。

（2）告知方式主要包括：送达、邮寄、传真、电子邮件或网上告知。

（3）施工单位应填写《特种设备安装改造维修告知单》（附件），附件说明。

注1：告知单按每台安装、改造、维修的设备各填写一张。

注2：告知单编号为制造单位设备编号+施工单位施工工号+年份（4位）。

注3：按安装、改造、维修分别填写。施工单位应提供特种设备许可证书复印件（加盖单位公章）。

问题2：问题（1）应如何处理？

【参考答案】

必须经原设计单位核算，能够满足结构安全和使用功能，并履行设计变更手续后，方可予以验收，否则应予更换，更换管道后重新按规定进行验收。

【分析思路及作答要求】

本题以常规问答题的形式考查了不合格工序的处置。某些工程质量虽达不到设计要求，但经原设计单位核算，仍能满足结构安全和使用功能的，可不做专门处理。同时由于本工程使用的钢管壁厚比设计要求小1mm，也就是材料确实发生了变化，因此必须履行设计变更手续方可通过验收。

问题3：计算每10t型钢支架工程的直接工程费单价。

【参考答案】

根据背景资料可知，每吨型钢支架工程的直接工程费单价中的各项费用如下：

人工费=1380元

主材型钢费=5600×1.1=6160元

其他材料费=380元

机械台班使用费=400元

因此，每10t型钢支架工程的直接工程费单价=（1380+6160+380+400）×10=83200元。

【分析思路及作答要求】

本题以分析计算题的形式考查了直接工程费的计算。作答本题较为容易，直接按照背景资料所给信息列出每吨型钢支架所需的人工费、材料费、施工机械使用费，求和后再乘以10t即可。值得注意的是，材料费包括主材型钢费和其他材料费。

问题4：分别计算两套方案所需费用，分析比较项目部应采用哪种方案？

【参考答案】

计划费用=15+500×0.7=365万元

甲方案所需费用=15+500×0.69=360万元

乙方案所需费用=15+500×0.67+0.6+1.5+1.0=353.1万元

由于甲、乙两方案均不影响工期，且乙方案所需费用更低，因此项目部应采用乙方案。

【分析思路及作答要求】

本题以分析计算题的形式考查了成本费用的计算比较。作答本题较为容易，直接按照背景资料所给信息计算出甲、乙两套方案各自所需的费用进行比较即可。对于方案的选择，在不影响工期的前提下，选择费用更低者为宜。值得注意的是，在计算时必须统一单位。

案例 66　2011 年一建案例题一

▶▶ **考情先知**

（1）中间交接的意义和作用
（2）影响设备安装精度的因素及施工质量预控
（3）质量问题和质量事故的划分及施工质量预控
（4）联动试运行应符合的规定和标准

某机电工程进行到试运行阶段，该工程共包括 A、B 两个单位工程，单位工程 A 办理了中间交接，B 单位工程完成了系统试验，大部分机械设备进行了单机试运行。

联动试运行由建设单位组织，试运行操作人员刚经培训返回工厂，还未熟悉工艺流程和操作程序，为使工程尽快投产，建设单位认为联动试运行的条件已基本具备，可以进行联动试运行。建设单位决定在联动试运行中，对 B 单位工程还未进行单机试运行的机械设备一并进行运行和考核，待联动试运行完成后，再补办 B 单位工程的中间交接手续。联动试运行开始后，发生了如下事件。

事件 1：B 单位工程一台整体安装的进料离心泵振动值超标，轴承密封泄漏，一条合金钢管道多处焊缝泄漏，中断试运行后经检查确认，泵存在制造超标缺陷，未查到该泵的开箱检查记录和有关安装施工记录，管道焊缝未达到标准要求的检查比例，存在焊缝漏检现象。根据事件的影响和损失程度，界定为工程质量问题。

事件 2：A 单位工程中，一台换热设备封头法兰发生严重泄漏，经检测是法兰垫片损坏，需要隔断系统更换垫片，致使联动试运行中断 3h。事后经检查分析，认定是操作工人误操作，致使系统工作压力超过了设计的规定限值。

问题 1：建设单位把未办理中间交接的 B 单位工程直接进行联动试运行的行为是否正确？中间交接对建设单位有什么作用？

【参考答案】

（1）建设单位把未办理中间交接的 B 单位工程直接进行联动试运行的行为不正确，因为办理中间交接是联动试运行必须具备的条件之一。

（2）中间交接对建设单位的作用是：解决了施工单位尚未将工程整体移交之前，建设单位有权对部分装置设备进行试车作业的问题；解决了生产操作人员提前进入装置，为进行联动试运行和负荷试运行提前做出准备，熟悉操作和流程的问题。

【分析思路及作答要求】

本题以判定和常规问答题的形式考查了中间交接的意义和作用。首先针对第一问，中间交接是施工单位向建设单位办理工程交接的一个必要程序，它标志着工程施工安装结束，由单体试运行转入联动试运行。其次针对第二问，中间交接对建设单位的作用主要是解决了两个问题，其一是赋予建设单位进行联动试运行的权利，其二是提前进入装置做好联动试运行的准备。

问题2：事件1中进料离心泵的质量问题是由于在安装施工中存在哪些错误引起的？

【参考答案】

进料离心泵在安装施工中可能存在以下错误：

（1）振动值超标可能由于未对设备基础进行验收，导致基础表面平整度不够、垫铁设置不合理、地脚螺栓未紧固等问题未被发现并解决。

（2）选择的测量仪器和测量基准的精度超标。

（3）设备与管道连接后，未进行整体找平找正，未对安装精度进行调整和检测。

（4）施工人员未按施工程序和顺序进行施工，违反操作规程。

（5）施工现场管理混乱，未对设备进行开箱检查，未对施工过程进行记录，未对管道焊缝进行检查或存在漏检情况，未严格执行三检制。

【分析思路及作答要求】

本题以论述题的形式综合考查了影响设备安装精度的因素及施工质量预控。首先，是从影响设备安装精度的因素角度进行分析，比如设备基础、垫铁埋设、地脚螺栓、测量因素等，以上内容可能会在安装中存在错误，结合背景资料分析，无需考虑设备灌浆、设备制造、环境因素等内容。其次，还应从施工质量预控的角度进行分析，此处应重点强调人为因素，因为"安装施工中存在的错误"主要是指由于人的原因导致的错误，即上述参考答案中的第（3）～（5）条。

问题3：通常工程质量缺陷界定为质量问题的规定有哪些？事件2中出现质量问题的主要原因有哪些？

【参考答案】

（1）质量问题的规定如下：因施工质量不合格，需要经过返工、返修或报废处理，不影响工程结构安全及重要使用功能，未造成人员死亡或重伤，社会影响不大，且直接经济损失在100万元以下的视为质量问题。

（2）事件2中出现质量问题的主要原因有：施工现场管理混乱、违背施工程序和顺序、使用了不合格的材料设备、参加试运行的人员未能掌握操作规程及试运行的具体步骤和操作方法。

【分析思路及作答要求】

本题以常规问答和论述题的形式考查了质量问题和质量事故的划分及施工质量预控。

首先，质量问题和质量事故的区别在于质量问题没有人员死亡、没有人员重伤、直接经济损失在 100 万元以下。其次，质量事故和安全事故的等级划分是一致的，生产安全事故等级划分，如下表所示。

生产安全事故等级划分

事故等级	伤亡人数		直接经济损失（万元）
	死亡	重伤	
一般事故	$R<3$	$R<10$	$M<1000$
较大事故	$3 \leqslant R<10$	$10 \leqslant R<50$	$1000 \leqslant M<5000$
重大事故	$10 \leqslant R<30$	$50 \leqslant R<100$	$5000 \leqslant M<1$ 亿元
特别重大事故	$R \geqslant 30$	$R \geqslant 100$	$M \geqslant 1$ 亿元

第二问，首先施工现场管理混乱，这是导致问题发生的根本原因。而后逐项分析，法兰垫片损坏可能会有两个原因：其一是联动试运行前，施工安装存在问题或者材料质量存在问题；其二是联动试运行中，参加试运行的人员未能掌握操作规程及试运行的具体步骤和操作方法。

问题 4：从操作工人出现误操作分析，试运行操作人员应具备哪些基本条件？
【参考答案】
联动试运行前应划定区域，无关人员不得进入。试运行人员必须按建制上岗，服从统一指挥，必须按照试运行方案及操作规程精心指挥操作。参加试运行的人员应掌握开车、停车、事故处理和调整工艺条件的技术。

【分析思路及作答要求】
本题以常规问答题的形式考查了联动试运行应符合的规定和标准。作答本题虽然是要结合操作工人的误操作进行分析，但是最关键的还是要准确记忆相关内容，考生可按以下逻辑巩固记忆，即不能进的不要进，进来的人员听指挥，指挥操作按规定，最后掌握好技能。

与此同时，还需要考生掌握与本案例无关但很重要的一点，即参加联动试运行的人员必须通过安全生产考试。

案例 67 2011 年一建案例题二

▶▶ 考情先知
(1) 专职安全生产管理人员的配备要求
(2) 危大工程范围的界定和方案实施
(3) 施工阶段项目管理的任务之安全管理
(4) 设备基础施工质量的验收内容及要求

某厂新建一条大型汽车生产线建设工程，内容包括土建施工、设备安装与调试、钢结构工程、各种工艺管道施工、电气工程施工等。工程工期紧，工程量大，技术要求高，各专业交叉施工多。通过招标确定该工程由具有施工总承包一级（房建、机电）资质的A公司总承包，合同造价为15200万元，A公司将土建施工工程分包给具有相应资质的B公司承包。

A公司项目部管理人员进场后，成立了安全领导小组并配备了两名专职安全管理员，B公司配备了两名兼职安全管理员，A公司项目部建立了安全生产管理体系，制定了安全生产管理制度。

在4000t压机设备基础施工前，B公司制定了深基坑支护专项安全技术方案，并报B公司总工程师审批，在基坑开挖过程中，发生坍塌，造成两人重伤，一人轻伤。事故发生后经检查确认B公司未制定安全技术措施，A公司未明确B公司的安全管理职责，A公司、B公司之间的安全管理存在问题，该施工项目被地方政府主管部门要求停工整顿，经项目部整顿合格后，恢复施工。

A公司在设备基础位置和几何尺寸及外观、预埋地脚螺栓验收合格后，即开始了4000t压机设备的安装工作，经查验4000t压机设备基础验收资料不齐，项目监理工程师下发了暂停施工的"监理工作通知书"。

问题1：项目部配置的安全管理人员是否符合规定要求？说明理由。

【参考答案】

（1）项目部配置的安全管理人员不符合规定要求。

（2）首先，由于项目合同造价超过1亿元，因此A公司项目部应配备不少于3名专职安全生产管理人员，且按专业配备。其次，B公司为专业分包公司，应当至少配备1名专职安全生产管理人员，并根据所承担的分部分项工程的工程量和施工危险程度增加。

【分析思路及作答要求】

本题以判断改错题的形式考查了专职安全生产管理人员的配备要求。作答本题的关键在于，总包单位应按工程合同价和专业配备专职安全生产管理人员，且至少配备1名。专业分包单位和劳务分包单位至少配备1名专职安全生产管理人员，施工作业班组可以设置兼职安全巡查员。具体要求详见《建筑施工企业安全生产管理机构设置及专职安全生产管理人员配备办法》（建质〔2008〕91号）的规定。

第十三条 总承包单位配备项目专职安全生产管理人员应当满足下列要求。

（一）建筑工程、装修工程按照建筑面积配备。

1. 1万m^2以下的工程不少于1人；

2. 1万~5万m^2的工程不少于2人；

3. 5万m^2及以上的工程不少于3人，且按专业配备专职安全生产管理人员。

（二）土木工程、线路管道、设备安装工程按照工程合同价配备。

1. 5000万元以下的工程不少于1人；

2. 5000万~1亿元的工程不少于2人；

3. 1亿元及以上的工程不少于3人，且按专业配备专职安全生产管理人员。

第十四条　分包单位配备项目专职安全生产管理人员应当满足下列要求。

（一）专业承包单位应当配置至少1人，并根据所承担的分部分项工程的工程量和施工危险程度增加。

（二）劳务分包单位施工人员在50人以下的，应当配备1名专职安全生产管理人员；50~200人的，应当配备2名专职安全生产管理人员；200人及以上的，应当配备3名及以上专职安全生产管理人员，并根据所承担的分部分项工程施工危险实际情况增加，不得少于工程施工人员总人数的5‰。

第十六条　施工作业班组可以设置兼职安全巡查员，对本班组的作业场所进行安全监督检查。建筑施工企业应当定期对兼职安全巡查员进行安全教育培训。

问题2：基坑支护安全专项技术方案审批程序是否符合规定要求？说明理由。
【参考答案】
（1）基坑支护安全专项技术方案审批程序不符合规定要求。

（2）既然背景资料强调是深基坑支护工程，那么必然属于超过一定规模的危险性较大的分部分项工程。因此B公司制定的安全技术方案，首先应当通过A公司和B公司的单位技术负责人审核和总监理工程师审查，然后由A公司组织召开专家论证会对专项方案进行论证，论证通过后方可实施。

【分析思路及作答要求】

本题以判断改错题的形式考查了危大工程范围的界定和方案实施。危大工程和超过一定规模的危大工程均需要编制安全专项施工方案，但前者不需要专家论证，后者需要专家论证。在2016年的案例五中，已经详细阐述了超过一定规模的危大工程的范围，根据《住房城乡建设部办公厅关于实施〈危险性较大的分部分项工程安全管理规定〉有关问题的通知》（建办质〔2018〕31号）的有关规定，深基坑工程属于超过一定规模的危险性较大的分部分项工程。

另外，根据《危险性较大的分部分项工程安全管理规定》（住房城乡建设部令第37号）的规定：

第十一条　专项施工方案应当由施工单位技术负责人审核签字、加盖单位公章，并由总监理工程师审查签字、加盖执业印章后方可实施。危大工程实行分包并由分包单位编制专项施工方案的，专项施工方案应当由总承包单位技术负责人及分包单位技术负责人共同审核签字并加盖单位公章。

第十二条　对于超过一定规模的危大工程，施工单位应当组织召开专家论证会对专项施工方案进行论证。实行施工总承包的，由施工总承包单位组织召开专家论证会。专家论证前专项施工方案应当通过施工单位审核和总监理工程师审查。专家应当从地方人民政府住房城乡建设主管部门建立的专家库中选取，符合专业要求且人数不得少于5名。与本工程有利害关系的人员不得以专家身份参加专家论证会。

第十三条　专家论证会后，应当形成论证报告，对专项施工方案提出通过、修改后通过或者不通过的一致意见。专家对论证报告负责并签字确认。专项施工方案经论证需修改后通过的，施工单位应当根据论证报告修改完善后，重新履行本规定第十一条的程序。专项施工方案经论证不通过的，施工单位修改后应当按照本规定的要求重新组织专家论证。

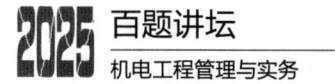

问题 3：简要说明 A 公司、B 公司之间正确的安全闭口管理流程。

【参考答案】

A 公司、B 公司之间正确的安全闭口管理流程如下：

（1）A 公司负责建设全过程的安全管理总体策划，并制定全场性的安全管理制度，经批准后监督执行。

（2）B 公司应承诺执行 A 公司制定的安全管理制度，并明确自己的安全管理职责。

（3）B 公司还应根据工程特点制定相应的安全技术措施，报 A 公司审核批准后执行。

【分析思路及作答要求】

本题以常规问答题的形式考查了施工阶段项目管理的任务之安全管理。作答本题看似困难，但实则容易。考生可按下述逻辑内容进行阐述作答，即总包单位负责策划并制定制度，分包单位承诺执行并明确责任，同时制定措施经审核批准后实施。

问题 4：对 4000t 压机基础还应提供哪些合格证明文件和详细记录？

【参考答案】

对 4000t 压机基础还应提供的合格证明文件和详细记录有：

（1）应提供设备基础质量合格证明文件。

（2）应提供预压沉降详细记录。

【分析思路及作答要求】

本题以补充问答题的形式考查了设备基础施工质量的验收内容及要求。针对设备基础的验收，首先是设备基础混凝土强度的检查验收，此处涉及两个资料，分别是设备基础质量合格证明文件和预压沉降详细记录。其次是其他方面的检查验收，分别对应的是设备基础的位置、标高、几何尺寸的检查验收记录，设备基础外观质量的检查验收记录，设备基础预埋地脚螺栓的检查验收记录。

综上所述，作答本题，考虑到背景资料已经给出了上述所有其他方面的检查验收记录，因此紧扣题意，需补充的文件是"设备基础质量合格证明文件"，需补充的详细记录是"预压沉降详细记录"。

案例 68　2011 年一建案例题三

▶▶ **考情先知**

（1）工期费用的计算及进度计划的调整

（2）成本降低率

背景资料

某安装公司分包一商务楼（1~5 层为商场，6~30 层为办公楼）的变配电工程，工程的主要设备（三相干式电力变压器、手车式开关柜和抽屉式配电柜）由业主采购，设备已运抵施工现场。其他设备、材料由安装公司采购；合同工期 60d，并约定提前 1d 奖励 5 万元人民币，延迟 1d 罚款 5 万元人民币。

安装公司项目部进场后,依据合同、施工图、验收规范及总承包的进度计划,编制了变配电工程的施工方案、进度计划(下图)、劳动力计划和计划费用。项目部施工准备工作用去了5d。正式施工时,因商场需提前送电,业主要求变配电工程提前5d竣工。项目部按工作持续时间及计划费用(下表)分析,在关键工作上,以最小的赶工增加费用,在试验调整工作前赶出5d。

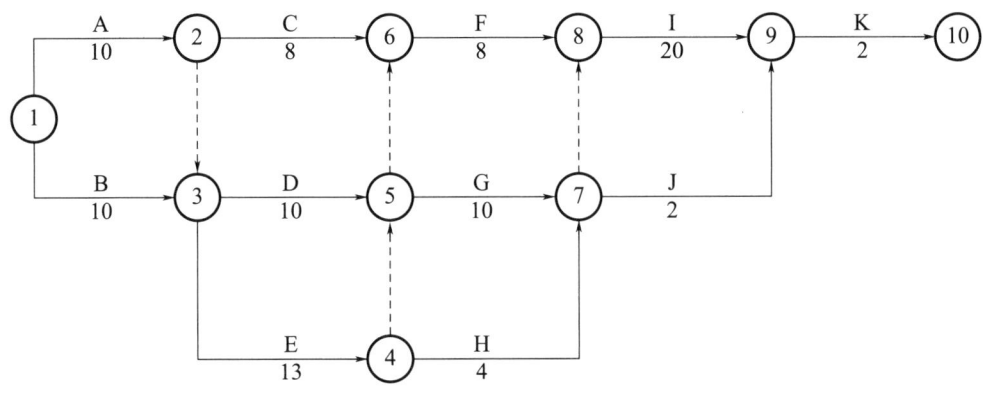

变配电工程进度计划(单位:d)

工作持续时间及计划费用

代号	工作内容	紧前工作	持续时间(d)	计划费用(万元)	可压缩时间(d)	压缩单位时间增加费用(万元/d)
A	基础框架安装	—	10	10	3	1.0
B	接地干线安装	—	10	5	2	1.0
C	桥架安装	A	8	15	3	0.8
D	变压器安装	A、B	10	8	2	1.5
E	开关柜、配电柜安装	A、B	13	32	3	1.5
F	电缆敷设	C、D、E	8	90	2	2.0
G	母线安装	D、E	10	80	—	—
H	二次线路敷设	E	4	4	1	1.5
I	试验调整	F、G、H	20	30	3	1.5
J	计量仪表安装	G、H	2	4	—	—
K	检查验收	I、J	2	2	—	—

进入试验调整工作时,发现有2台变压器线圈因施工中保管不当受潮,干燥处理用去3d,并增加费用3万元,项目部又赶工3d,变配电工程最终按业主要求提前5d竣工,验收合格后,资料整理齐全,准备归档。

问题1:项目部在哪几项工作上赶工了?分别列出其赶工的天数和增加的费用。
【参考答案】
根据背景资料可知,本工程关键线路有两条,分别是:

①→②→③→④→⑤→⑦→⑧→⑨→⑩
①→③→④→⑤→⑦→⑧→⑨→⑩

由关键线路可知，本工程关键工作有 A、B、E、G、I、K，且 A 和 B 为并列关键工作。因此，项目部可通过压缩关键工作的持续时间实现赶工的目标，由于 A 和 B 为并列关键工作，必须同时将 A 和 B 压缩 2d 才能使总工期缩短 2d，并同时可将工作 E 压缩 3d，这样才能在试验调整工作（I）前赶出 5d。但是试验调整时又由于变压器干燥处理用去 3d，因此还需将试验调整工作压缩 3d，才能使变配电工程最终按业主要求提前 5d 竣工。

基础框架安装工作（A）赶工 2d，赶工费：2×1＝2 万元。

接地干线安装工作（B）赶工 2d，赶工费：2×1＝2 万元。

开关柜、配电柜安装工作（E）赶工 3d，赶工费：3×1.5＝4.5 万元。

试验调整工作（I）赶工 3d，赶工费：3×1.5＝4.5 万元。

综上所述，总的赶工费用是 2+2+4.5+4.5＝13 万元。

【分析思路及作答要求】

本题以图表分析题的形式考查了工期费用的计算及进度计划的调整。作答本题的关键在于三步：第一步，找关键线路，双代号网络图中持续时间最长的线路为关键线路；第二步，找到关键线路中可以压缩时间的关键工作，即 A、B、E、I；第三步，列式作答。考生在对上述三个步骤进行分析时，可能面临以下两个问题。

（1）A 和 B 为什么要被同时压缩 2d？是因为 A 和 B 是并列关键工作，假设 A 压缩 3d，B 压缩 2d，那么并不会使总工期多被压缩 1d，也就是 A 多压缩 1d 属于无效压缩，花了钱，但事儿没办成。

（2）合同工期是 60d，为什么根据双代号网络图计算的工期是 55d？是因为项目部施工准备用去了 5d，这 5d 并没有标注在双代号网络图中。因此，计划调整后，包括施工准备在内的本工程的实际工期是 55d，比原计划提前 5d 竣工。

问题 2：变配电工程原计划施工费用是多少？赶工后实际施工费用是多少？计算变配电工程的成本降低率。

【参考答案】

（1）变配电工程原计划施工费用：10+5+15+8+32+90+80+4+30+4+2＝280 万元。

（2）变配电工程赶工后的实际施工费用计算如下。

① 总的赶工费用：2+2+4.5+4.5＝13 万元；

② 变压器干燥费用：3 万元；

③ 提前 5d 竣工奖励：5×5＝25 万元。

因此，变配电工程赶工后的实际施工费用：280+13+3−25＝271 万元。

（3）变配电工程的成本降低率＝（计划成本−实际成本）÷计划成本＝（280−271）÷280＝3.21%。

【分析思路及作答要求】

本题以分析计算题的形式考查了成本降低率。作答本题的关键在于三步：第一步，计算计划成本；第二步，计算实际成本；第三步，根据计划成本和实际成本计算成本降低率。

成本降低率＝（计划成本-实际成本）÷计划成本

值得注意的是，必须逐步作答，且必须写出完整的计算工程。

案例69　2011年一建案例题四

▶▶ **考情先知**

（1）招标投标项目的分类
（2）国际机电工程项目合同风险防范措施
（3）索赔管理
（4）接地装置的敷设要求
（5）负荷试运行应符合的标准

A公司以EPC交钥匙总承包模式中标非洲北部某国一机电工程项目，中标价2.5亿美元。合同约定总工期36个月，支付币种为美元，设备全套由中国制造，所有技术标准、规范全部执行中国标准和规范。

工程进度款每月10日前按上月实际完成量支付，竣工验收后全部付清，工程进度款支付每拖欠一天，业主需支付双倍利息给A公司。工程价格不因各种费率、汇率、税率变化及各种设备、材料、人工等价格变化而做调整。

施工过程中，A公司发生了下列情况：

（1）当地发生短期局部战乱，造成工期延误30天，窝工损失30万美元。
（2）原材料涨价，增加费用150万美元。
（3）所在国劳务工因工资待遇罢工，工期延误5天，共计增加劳务工工资50万美元。
（4）美元贬值，损失人民币1200万元。
（5）进度款多次拖延支付，影响工期4天，经济损失（含利息）40万美元。
（6）所在国税率提高，税款比原来增加50万美元。
（7）遭遇百年一遇的大洪水，工期拖延10天，直接经济损失20万美元。
（8）中央控制室接地极施工时，A公司以镀锌角钢作为接地极，遭到业主制止，要求用铜棒作接地极，双方发生分歧。
（9）负荷试运行时，出现短暂停机，粉尘排放浓度和个别设备噪声超标，经修复、改造及反复测试，各项技术指标均达到设计要求，业主及时签发竣工证书并予以结算。

问题1：A公司中标的工程项目包含哪些承包内容？

【参考答案】

A公司中标的工程项目包含的承包内容有：工程设计、设备及材料采购、土建及安装施工、试运行、试生产直至达产达标。

【分析思路及作答要求】

本题以常规问答题的形式考查了招标投标项目的分类。项目总承包即设计、采购、施工,承包商承担全部设计、设备及材料采购、土建及安装施工、试运行、试生产直至达产达标。

问题2：国际机电工程总承包除项目实施中的自身风险外，还存在哪些风险？

【参考答案】

国际机电工程总承包除项目实施中的自身风险外，还存在的风险有政治风险、市场和收益风险、财经风险、法律风险、不可抗力风险。

【分析思路及作答要求】

本题以补充问答题的形式考查了国际机电工程项目合同风险防范措施。国际机电工程项目合同风险的类别及防范措施，如下表所示，其中风险类别需要记忆，防范措施理解即可。

国际机电工程项目合同风险防范措施

风险类别		防范措施
环境风险	政治风险	特许权协议必须得到东道国政府的正式批准，并对项目付款义务提供担保，向保险公司投保政治保险
	财经风险	通过金融工具规避汇率风险；使用人民币支付工程款
	法律风险	因违约、歧义、争端的仲裁在双方认可的第三国进行
	市场和收益风险	在特许协议中由东道国政府对项目付款提供担保
	不可抗力风险	对可投保的各种不可抗力风险进行保险
自身风险	建设风险	通过招标选择有资信有实力的承包商，在特许经营期的设计上，完工风险采用东道国政府和项目公司共同承担
	营运风险	运行维护委托专业化运行单位承包
	技术风险	委托专业化监造单位严格控制施工质量和设备制造质量，关键技术采用国内成熟的设计、设备、施工技术
	管理风险	提高项目融资风险管理水平，提高项目精细化管理能力

问题3：A公司可向业主索赔的工期和费用分别是多少？

【参考答案】

A公司可向业主索赔的工期：30+4+10=44天。

A公司可向业主索赔的费用：40万美元。

【分析思路及作答要求】

本题以分析计算题的形式考查了索赔管理。作答本题的关键在于对索赔成立的前提条件的熟练应用，即施工单位有损失、造成损失的原因不在施工单位、施工单位提交了索赔意向通知和索赔报告。根据上述原则，同时考虑合同要求"工程价格不因各种费率、汇率、税率变化及各种设备、材料、人工等价格变化而做调整"，对各个事件能否索赔分析如下：

（1）当地发生短期局部战乱：不可抗力，工期顺延30天，费用损失不可索赔。

（2）原材料涨价：不可索赔。

(3) 所在国劳务工因工资待遇罢工：自己的工人管理不善，不可索赔。
(4) 美元贬值：不可索赔。
(5) 进度款多次拖延支付：工期顺延 4 天，费用索赔 40 万美元。
(6) 所在国税率提高：不可索赔。
(7) 遭遇百年一遇的大洪水：不可抗力，工期顺延 10 天，费用损失不可索赔。

综上所述，A 公司可向业主索赔的工期为 30+4+10＝44 天，A 公司可向业主索赔的费用为 40 万美元。针对索赔管理的题目，均属于必得分题目，需要考生多做练习即可得分。

问题 4：业主要求用铜棒作接地极的做法是否合理？简述理由。双方协调后，可怎样处理？

【参考答案】

（1）业主要求用铜棒作接地极的做法不合理，因为合同规定所有技术标准、规范全部执行中国标准和规范，用镀锌角钢作接地极符合中国规范要求。

（2）双方协调后可继续按 A 公司方案进行施工。如果按业主要求用铜棒作接地极，业主应补偿材料差价及 A 公司的其他损失。

【分析思路及作答要求】

本题以判定论述题的形式考查了接地装置的敷设要求。作答本题较为容易，关键在于深刻理解"所有技术标准、规范全部执行中国标准和规范"这一要求，根据《建筑电气工程施工质量验收规范》GB 50303—2015 第 22.2.1 条的规定：

22.2.1 当设计无要求时，接地装置顶面埋设深度不应小于 0.6m，且应在冻土层以下。圆钢、角钢、钢管、铜棒、铜管等接地极应垂直埋入地下，间距不应小于 5m；人工接地体与建筑物的外墙或基础之间的水平距离不宜小于 1m。

检查数量：全数检查。

检查方法：施工中观察检查并用尺量检查，查阅隐蔽工程检查记录。

综上可知，第一问，施工单位可以使用圆钢、角钢、钢管、铜棒、铜管等材料中的任意一种作接地极。第二问，双方协调后的处理方法，需要围绕要不要按原施工方案施工进行阐述，如果不按原施工方案施工，施工单位可向业主进行索赔。

问题 5：负荷试运行应符合的标准有哪些？

【参考答案】

负荷试运行应符合的标准有：

(1) 生产装置连续运行，生产出合格产品，一次投料负荷试运行成功。
(2) 负荷试运行的主要控制点正点到达。
(3) 不发生重大设备、操作、人身事故，不发生火灾和爆炸事故。
(4) 环保设施做到"三同时"，不污染环境。
(5) 负荷试运行不得超过试车预算，经济效益好。

【分析思路及作答要求】

本题以常规问答题的形式考查了负荷试运行应符合的标准。负荷试运行和联动试运行的区别在于，联动试运行不需要投料生产，而负荷试运行需要投料生产并产出合格产品，以考核设备的性能、生产工艺、生产能力，检验设计是否符合和满足正常生产的要求。既然要生产，那么作答本题可通过3个方面5条内容进行阐述，首先是能产出合格产品且控制点都能达到，其次是不发生事故不污染环境，最后是经济效益好。

案例70 2011年一建案例题五

▶▶ **考情先知**
（1）采购阶段项目管理的任务之采购合同管理
（2）项目施工总承包单位的工作
（3）建筑业10项新技术和施工方案的编制内容及要点
（4）通风与空调水系统阀部件的安装要求
（5）建筑管道常用的连接方式

某安装公司承包一演艺中心的空调工程，演艺中心地处江边（距离江边100m），空调工程设备材料：双工况冷水机组（650Rt）、蓄水槽、江水源热泵机组、燃气锅炉、低噪声冷却塔（650t/h）、板式热交换机、水泵、空调箱、风机盘管、各类阀门（DN20～DN700mm）公称压力1.6MPa、空调水管（DN20～DN700mm）、风管、风阀及配件（卡箍、法兰）等由安装公司订立采购合同。

安装公司项目部进场后，针对工程中采用的新设备、新技术编制了施工方案，方案中突出了施工程序和施工方法，并明确了施工方法的内容，江水源热泵机组利用江水冷却，需敷设DN700mm冷却水管至江边，DN700mm冷却水管道的敷设路径上正好有一排千年古树，方案中选择非开挖顶管技术，并分包给A专业公司施工。空调水管须化学清洗并镀膜，分包给B专业公司施工。安装公司向专业公司提供了相关资料，负责现场的管理工作，确保专业公司按批准的施工方案进行施工。

按施工进度计划，安装公司项目部及时与供货厂商联系，使设备材料运到现场的时间与施工进度配合，以满足施工进度要求。设备材料运到施工现场，按规定对设备材料进行检验，其中对阀门进行重点检验。空调工程按施工程序实施，空调设备安装后，进行管道、风管及配件安装调试，空调工程按要求完工。

问题1： 安装公司项目部在履行设备采购合同时主要有哪些环节？
【参考答案】
安装公司项目部在履行设备采购合同时主要的环节有：到货检验、损毁缺陷缺少的处理、设备监造、施工安装服务、试运行服务。
【分析思路及作答要求】
本题以常规问答题的形式考查了采购阶段项目管理的任务之采购合同管理。针对设备采购合同履行环节的记忆，看似较难，实则容易，考生可从两个方面按下列逻辑巩固记忆：

①到货检验→问题处理；②设备监造→设备安装→设备运行。除此之外，材料采购合同履行环节的记忆，考生亦可从两个方面进行记忆：①产品交付→交货检验→数量验收→质量检验；②合同变更。

问题2：A、B专业公司进场后，安装公司项目部应做哪些工作？

【参考答案】

A、B专业公司进场后，安装公司项目部应做的工作有：

（1）向分包人提供与分包工程相关的各种证件、批件和各种相关资料，向分包人提供具备施工条件的施工场地。

（2）组织分包人参加图纸会审，向分包人进行设计图纸交底。

（3）提供本合同专用条款中约定的设备和设施。

（4）为分包人提供施工所要求的场地和通道等。

（5）负责施工场地的管理工作，协调分包人与同一施工场地的其他施工人员之间的交叉配合，确保分包人按照经批准的施工组织设计进行施工。

【分析思路及作答要求】

本题以常规问答题的形式考查了项目施工总承包单位的工作。作答本题的难点在于对相关知识点的准确记忆。总体来说，总包单位的主要工作在于服务和管理。服务即提供，例如提供证件资料、提供施工场地（施工作业面）、提供设备设施、提供场地通道（材料堆放场地及材料搬运通道等）。管理即组织协调，例如组织图纸会审和图纸交底，协调施工人员之间的交叉配合。作答本题，考生可按上述服务和管理两个方面进行论述，不必照搬照抄。

问题3：本工程需要编制哪几项新技术的施工方案？方案中的施工方法应有哪些主要内容？（超纲、修改）

【参考答案】

（1）本工程需要编制新技术的施工方案有：非开挖顶管技术施工方案、地源热泵供暖空调技术施工方案。（超纲）

（2）方案中的施工方法应明确以下内容：应明确工序操作要点、机具选择、检查方法和要求，明确有针对性的技术要求和质量标准。（修改）

【分析思路及作答要求】

本题以判定和常规问答题的形式考查了建筑业10项新技术和施工方案的编制内容及要点。如参考答案，上述子项新技术中，非开挖顶管技术属于10项新技术中的"地基基础和地下空间工程技术"，地源热泵供暖空调技术属于10项新技术中的"建筑节能和环保应用技术"。值得注意的是，该答案是以当年考试要求为依据，依据的是《建筑业10项新技术（2005版）》，目前实施的是2017年10月发布的《建筑业10项新技术（2017版）》，如按最新文件要求，那么本题中的新技术施工方案只有一个，即"非开挖顶管技术施工方案"。第二问，施工方案中施工方法的主要内容亦是以当年考试要求为依据，因此针对上述题目，考生仅做了解即可，对于相关内容，考生可按最新考试大纲的要求为准进行学习。

问题4：指出DN700mm阀门压力试验的合格标准。

【参考答案】

DN700mm阀门压力试验的合格标准为：在试验压力为公称压力的1.5倍状态下，试验持续时间不少于5min，阀门的壳体、填料应无渗漏。

【分析思路及作答要求】

本题以常规问答题的形式考查了通风与空调水系统阀部件的安装要求。作答本题应注意，问题中阀门的压力试验即壳体强度试验，根据《通风与空调工程施工质量验收规范》GB 50243—2016 第9.2.4条第1款的规定：阀门安装前应进行外观检查，阀门的铭牌应符合现行国家标准《工业阀门 标志》GB/T 12220的有关规定。工作压力大于1.0MPa及在主干管上起到切断作用和系统冷、热水运行转换调节功能的阀门和止回阀，应进行壳体强度和阀瓣密封性能的试验，且应试验合格。其他阀门可不单独进行试验。壳体强度试验压力应为常温条件下公称压力的1.5倍，持续时间不应少于5min，阀门的壳体、填料应无渗漏。严密性试验压力应为公称压力的1.1倍，在试验持续的时间内应保持压力不变，阀门压力试验持续时间与允许泄漏量应符合规定。

作答本题还应注意的是，该问题也是以当年考试要求为参考的一个问题，因此按照现在的规范要求，题目中直接问"DN700mm阀门压力试验的合格标准"是不严谨的，但并不影响对相关内容的学习。

问题5：空调供回水（冷热水）主管需要与哪些设备连接？DN100mm以上空调水管与设备宜采用哪种连接方式？

【参考答案】

（1）空调供回水（冷热水）主管需要与双工况冷水机组、蓄水槽、江水源热泵机组、板式热交换机、低噪声冷却塔、水泵等设备进行连接。

（2）DN100mm以上空调水管与设备宜采用法兰连接。

【分析思路及作答要求】

本题以常规问答题的形式考查了建筑管道常用的连接方式。第一问，需要结合背景资料进行分析，找出背景资料所给设备中需要与空调供回水（冷热水）主管连接的设备，作答本题必须坚持宁缺毋滥的原则，背景资料中的空调箱，即空气处理调节箱，主要用于对新风回风进行处理，是中央空调系统中的末端装置之一，不需要与水管主管进行连接。风机盘管用于调节室内的空气参数，是空调系统的末端装置之一，亦不需要与水管主管进行连接。

第二问，DN100mm以上的建筑管道可以采用的连接方式有法兰连接、沟槽连接、焊接连接等。但值得注意的是，本题的问题是"水管与设备采用哪种连接方式"，因此水管和设备的连接只能采用法兰连接。

第二部分
30道二建经典案例题

案例1　2024年二建案例题一

▶▶ **考情先知**
（1）单位工程施工进度计划的实施
（2）质量预控方案的内容
（3）母线槽安装的技术要求
（4）母线槽安装的试验要求

背景资料

某施工单位承接某综合交通枢纽项目的机电安装工程，工程内容包括建筑电气、建筑智能化、建筑给排水、通风与空调、消防、防雷接地等安装。

施工单位根据建设单位要求编制单位工程施工进度计划，经批准后进行了实施前的交底。参加交底的人员：项目负责人、计划人员、调度人员、作业班组人员，以及相关的物资供应、安全、质量管理人员。交底内容：施工进度控制重点、各专业的衔接时间点、安全技术措施要领和质量目标。

项目部根据现场实际情况，通过对影响施工质量的因素特性进行分析，编制母线槽安装质量预控方案，并在施工过程中加以实施。

施工单位在机电管线安装过程中，遇到室内配电低压母线槽与重力雨水管交叉干涉问题。项目工程师根据现场实际情况，按照合理的避让原则提出解决方案。施工后，室内配电低压母线槽与重力雨水管交叉避让示意图，如下图所示。

室内配电低压母线槽安装完成后，监理单位进行了验收。检查了母线槽的金属外壳与外部保护导体的连接情况，以及各个相序连接是否正确。验收合格后施工单位准备配电母线槽的通电试运行。

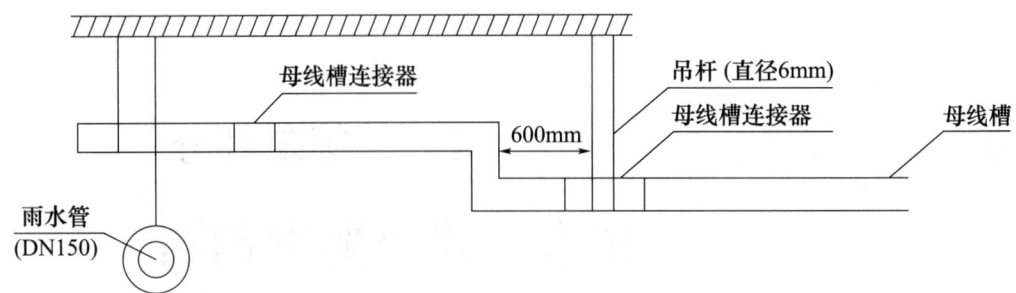

室内配电低压母线槽与重力流雨水管交叉避让示意图

问题 1：单位工程施工进度计划实施前的交底还需要补充哪些内容？

【参考答案】

单位工程施工进度计划实施前的交底还需要补充的内容有：施工用人力资源和物资供应保障情况、各专业（含分包方）的分工和衔接关系。

【分析思路及作答要求】

本题以补充问答题的形式考查了单位工程施工进度计划的实施。单位工程施工进度计划实施前要进行交底，参加人员有项目负责人、计划人员、调度人员、安全管理人员、质量管理人员、物资供应人员、作业班组人员。交底内容包括施工进度的控制重点、人力资源和物资供应的保障情况、各专业（含分包方）的分工和衔接关系及时间点、安全技术措施要领、单位工程质量目标。

★ 对于一建的备考，该题的意义在于指导考生学习的方向。虽然考生并不需要掌握该内容，但是一建备考中有关施工进度计划实施的相关内容，需要考生重点学习。

★ 指导考生学习的方向是指：二建有一建没有，题中内容不需要考生掌握，但是一建中与该考点有关的内容需要考生学习。

★ 指导考生学习的内容是指：二建有一建也有，或作为超纲内容应需掌握。

问题 2：母线槽安装质量预控方案的主要内容是什么？

【参考答案】

母线槽安装质量预控方案的主要内容是：工序（过程）名称、可能出现的质量问题、提出的质量预控措施。

【分析思路及作答要求】

本题以常规问答题的形式考查了质量预控方案的内容。作答本题只需要将这三个内容答出即可，不需要制定具体的控制方案，即不需要写出可能出现的质量问题和提出的质量预控措施。如果考题要求考生针对某个质量问题制定质量预控方案，则需要从人、机、料、法、环、测等六个方面提出具体的质量预控措施。

★ 对于一建的备考，该题的意义在于指导考生学习的内容，质量预控方案不仅是二建考试的重点，同样也是一建考试的重点。

★ 指导考生学习的方向是指：二建有一建没有，题中内容不需要考生掌握，但是一建中与该考点有关的内容需要考生学习。

★ 指导考生学习的内容是指：二建有一建也有，或作为超纲内容应需掌握。

问题3：图中母线槽安装存在哪些质量问题？应怎样整改？

【参考答案】

图中母线槽安装存在的质量问题和整改方式如下：

（1）母线槽吊杆的直径为6mm不符合要求，应不小于8mm。

（2）母线槽吊杆的位置不符合要求，水平或垂直敷设的母线槽，每节不得少于1个支架，距拐弯0.4~0.6m处应设置支架，固定点的位置不应设置在母线槽的连接处或分接单元处。

【分析思路及作答要求】

本题以图表分析题的形式考查了母线槽安装的技术要求。由背景资料可知，图中所绘为配电母线槽，配电母线槽和照明母线槽在安装时的区别主要是对支吊架的直径要求不同，对于自重较大的配电母线槽，圆钢直径不得低于8mm，对于自重较小的照明母线槽，因为自重较轻，可以采用直径不低于6mm的圆钢。另外，根据《建筑电气工程施工质量验收规范》GB 50303—2015第10.2.5条第1款的规定：水平或垂直敷设的母线槽固定点应每段设置一个，且每层不得少于一个支架，其间距应符合产品技术文件的要求，距拐弯0.4~0.6m处应设置支架，固定点位置不应设置在母线槽的连接处或分接单元处。

★ 对于一建的备考，该题的意义在于指导考生学习的内容，母线槽安装的技术要求不仅是二建考试的重点，同样也是一建考试的重点。

★ 指导考生学习的方向是指：二建有一建没有，题中内容不需要考生掌握，但是一建中与该考点有关的内容需要考生学习。

★ 指导考生学习的内容是指：二建有一建也有，或作为超纲内容应需掌握。

问题4：母线槽通电试运行前应做什么测试及试验？合格要求是什么？

【参考答案】

（1）母线槽通电试运行前应做绝缘电阻测试和交流工频耐压试验。

（2）合格要求是母线槽绝缘电阻值不应小于0.5MΩ。

【分析思路及作答要求】

本题以常规问答题的形式考查了母线槽安装的试验要求。根据《建筑电气工程施工质量验收规范》GB 50303—2015第3.3.7和第10.1.5条的规定：

3.3.7 母线槽安装应符合下列规定：

4 母线槽组对前，每段母线的绝缘电阻应经测试合格，且绝缘电阻值不应小于20MΩ。

5 通电前，母线槽的金属外壳应与外部保护导体完成连接，且母线绝缘电阻测试和交流工频耐压试验应合格。

10.1.5 母线槽通电运行前应进行检验或试验，并应符合下列规定：

1 高压母线交流工频耐压试验应按本规范第3.1.5条的规定交接试验合格。

2 低压母线绝缘电阻值不应小于0.5MΩ。

3 检查分接单元插入时，接地触头应先于相线触头接触，且触头连接紧密，退出时，接地触头应后于相线触头脱开。

4 检查母线槽与配电柜、电气设备的接线相序应一致。

★ 对于一建的备考，该题的意义在于指导考生学习的内容，母线槽安装的试验要求不仅是二建考试的重点，同样也是一建考试的重点。

★ 指导考生学习的方向是指：二建有一建没有，题中内容不需要考生掌握，但是一建中与该考点有关的内容需要考生学习。

★ 指导考生学习的内容是指：二建有一建也有，或作为超纲内容应需掌握。

案例2　2024年二建案例题二

▶▶ **考情先知**

（1）施工方案交底的内容
（2）消防水泵接合器的安装和应用
（3）消防产品的进场验收
（4）消防工程验收的相关规定

背 景 资 料

安装公司承接了某所大学图书馆的消防安装工程，工程内容包括：消防给水及消火栓系统、自动喷水灭火系统、高压细水雾灭火系统和火灾自动报警系统等的安装。

该图书馆共三层，总建筑面积为 $4200m^2$，楼高为 14m，其中一、二层为阅览室，采用自动喷水灭火系统；三层为藏书室，采用高压细水雾灭火系统。

工程开工前，项目部完成了施工组织设计及施工方案编制等技术准备工作，并由方案编制人员向施工作业人员进行了施工技术交底。交底时使用了大量的细部节点图，如利用下图对消防水泵接合器组装进行交底。

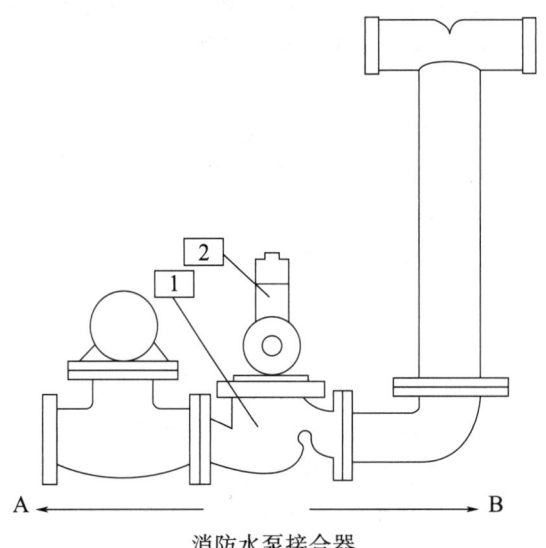

消防水泵接合器

工程开工后，监理单位在审查点型感烟火灾探测器进场报验资料时，发现缺少 3C 认证证书，经补充资料后通过验收。

工程完工后，建设单位组织设计单位、监理单位、施工单位进行了消防工程验收，涉及消防的各分部分项工程验收合格，并在验收合格之日起 5 个工作日内向消防设计审查验收主管部门办理了消防验收备案。

问题 1：施工方案交底主要包括哪些内容？
【参考答案】
施工方案交底的内容主要包括：工程的施工程序和顺序、施工工艺、操作方法、要领、质量控制、安全措施、环境保护措施。
【分析思路及作答要求】
本题以常规问答题的形式考查了施工方案交底的内容。施工组织设计交底和施工方案交底的目的是不一样的，施工组织设计是编制人员向管理人员交底，以做好施工准备工作。施工方案是编制人员向作业人员交底，以便指导施工作业。因此施工方案交底的内容主要围绕着两个方面进行阐述，首先是如何指导作业人员进行施工作业，其次是如何保证质量、安全、环境。

★ 对于一建的备考，该题的意义在于指导考生学习的内容，施工方案交底不仅是二建考试的重点，同样也是一建考试的重点。

问题 2：说出图中代号 1 和代号 2 代表的部件名称，水流方向是 A 还是 B？
【参考答案】
图中代号 1 为止回阀；代号 2 为安全阀；水流方向是 A。
【分析思路及作答要求】
本题以图表分析题的形式考查了消防水泵接合器的安装和应用。消防水泵接合器的主要作用是连接消防车向室内消防给水系统加压供水。当发生火灾时，消防车的水泵可以通过该接合器的接口与建筑物内的消防设备相连接，送水加压，从而使室内的消防设备得到充足的压力水源，用以扑灭不同楼层的火灾。消防水泵接合器的安装，应按接口、本体、连接管、止回阀、安全阀、放空管、控制阀的顺序进行，止回阀的安装方向应使消防用水能从消防水泵接合器进入系统，如下图所示。

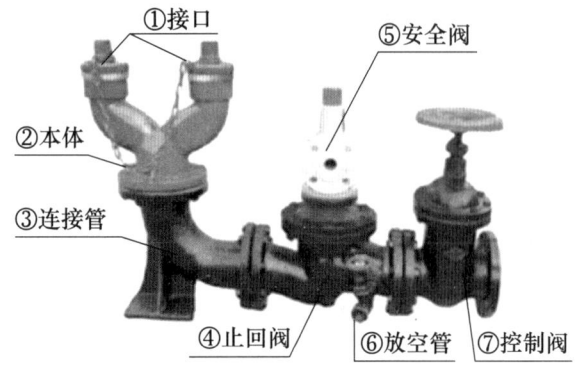

消防水泵接合器的安装

★对于一建的备考,该题的意义在于指导考生学习的内容,消防水泵接合器的安装和应用不仅是二建考试的重点,同样也是一建考试的重点。

问题3:点型感烟火灾探测器的进场报验资料还应包括哪些文件?
【参考答案】
点型感烟火灾探测器的进场报验资料还应包括:清单、使用说明书、质量合格证明文件、国家法定质检机构的检验报告、3C认证证书、认证标识。
【分析思路及作答要求】
本题以补充问答题的形式考查了消防产品的进场验收。根据《火灾自动报警系统施工及验收标准》GB 50166—2019第2.2.1条的规定:材料、设备及配件进入施工现场应具有清单、使用说明书、质量合格证明文件、国家法定质检机构的检验报告等文件,火灾自动报警系统中的强制认证产品还应有认证证书和认证标识。

★对于一建的备考,该题的意义在于指导考生学习的内容,消防产品的进场验收作为超纲内容,既是二建考试的重点,同样也是一建考试的重点。

问题4:建设单位向消防主管部门办理验收备案的做法是否合规?理由是什么?
【参考答案】
(1)建设单位向消防主管部门办理验收备案的做法不合规。
(2)建筑总面积大于2500m^{2}的大学教学楼、图书馆、食堂,应按规定申请消防验收,该大学图书馆总建筑面积为4200m^2,因此应按规定申请消防验收。
【分析思路及作答要求】
本题以判断改错题的形式考查了消防工程验收的相关规定。具有下列情形之一的特殊建设工程,建设单位应当向本行政区域内地方人民政府住房城乡建设主管部门申请消防设计审查,并在建设工程竣工后向消防设计审查验收主管部门申请消防验收。其他建设工程实行消防验收备案、抽查管理制度。依法应当经消防设计审查、消防验收的建设工程,未经审查或者审查不合格的,不得组织施工。未经消防验收或者消防验收不合格的,禁止投入使用。其他建设工程经依法抽查不合格的,应当停止使用。需要申请消防验收的特殊建设工程,如下表所示。

需要申请消防验收的特殊建设工程

总建筑面积(m^2)	场所	特点
$S>20000$	体育场馆、会堂、公共展览馆、博物馆的展示厅	展览会馆
$S>15000$	民用机场航站楼、客运车站候车室、客运码头候船厅	交通枢纽
$S>10000$	宾馆、饭店、商场、市场	旅游购物
$S>2500$	公共图书馆的阅览室、影剧院、营业性室内健身休闲场馆; 医院的门诊楼、大学的教学楼、图书馆、食堂; 劳动密集型企业的生产加工车间; 寺庙、教堂	其他宗教

续表

总建筑面积（m²）	场所	特点
S>1000	托儿所、幼儿园的儿童用房、儿童游乐厅； 养老院、福利院； 医院、疗养院的病房楼，中小学的教学楼、图书馆、食堂； 学校的集体宿舍，劳动密集型企业的员工集体宿舍	老幼病残
S>500	歌舞厅、放映厅、游艺厅、夜总会、桑拿浴室、网吧、酒吧； 具有娱乐功能的餐馆、茶馆、咖啡厅	歌舞娱乐
国家建筑	大型发电、变配电工程、电力调度楼、广播电视楼、电信楼； 国家机关办公楼、防灾指挥调度楼、邮政楼、档案楼、城市轨道交通、隧道工程	
民用建筑	单体建筑面积>40000m²或者建筑高度>50m的公共建筑； 一类高层住宅建筑（建筑高度>54m）	
工业建筑	生产、储存、装卸易燃易爆危险物品的工厂、仓库、车站、码头； 易燃易爆气体和液体的充装站、供应站、调压站	

★ 对于一建的备考，该题的意义在于指导考生学习的内容，消防工程验收的相关规定既是二建考试的重点，同样也是一建考试的重点。

案例3　2024年二建案例题三

▶▶ **考情先知**

（1）特种设备的范围和施工告知
（2）危大工程范围的界定和方案实施
（3）机械设备典型零部件的安装要求
（4）机械设备试运行

某安装公司承接一项柴油加氢装置压缩单元扩建工程。工程内容包括：压缩机组、桥式起重机、工艺管道、电气及自动化仪表等安装；压缩机组由机身、中体、汽缸、曲轴、活塞、中间冷却器、缓冲罐、管道等组成，属于压力容器的中间冷却器、缓冲罐安装在厂房一层，压缩机本体安装在厂房二层，压缩机组散件到货，单件最大起重量为9.6t。

工程开工后，安装公司编制了压缩机组吊装运输专项施工方案，因厂房内检修用桥式起重机不能满足机组部件的吊装要求，采用了在设备吊装口上部设置吊点、由卷扬机-滑轮组系统提升机组部件至二层平台、利用搬运小坦克配合手拉葫芦牵引设备部件至基础、再用千斤顶就位的起重运输工艺方法。

压缩机组初步找正合格后，作业人员采用双表法进行联轴器对中找正。百分表安装后，两轴同时转动，根据百分表读数计算轴向、径向偏差。联轴器找正示意图及轴向、径向偏差如下图所示,联轴器找正用百分表检定合格且在有效期内。

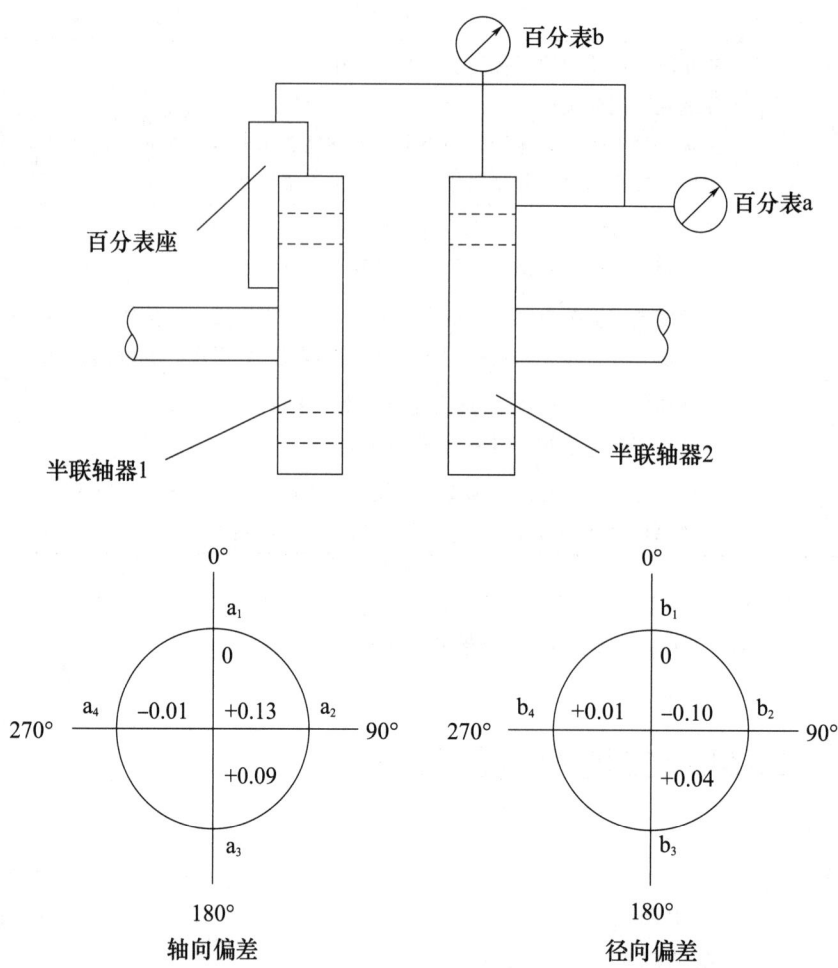

联轴器找正示意图及轴向、径向偏差

压缩机组润滑系统油循环前,技术员在进行工艺检查时,发现系统油管路上漏装1支热电偶。管工采用机械开孔、氩弧焊焊接支管,补装了热电偶。在润滑系统油循环过程中,回油管视镜显示系统回油不畅,经分析处理后排除故障。

问题1:压缩机组的中间冷却器、缓冲罐的安装是否需要办理施工告知?说明理由。

【参考答案】

(1) 压缩机组的中间冷却器、缓冲罐需要办理施工告知。

(2) 压缩机组的中间冷却器、缓冲罐属于压力容器,压力容器属于特种设备。特种设备安装前,施工单位应将拟进行的特种设备安装、改造、维修情况书面告知直辖市或者设区的市级人民政府负责特种设备安全监督管理的部门。

【分析思路及作答要求】

本题以判定论述题的形式考查了特种设备的范围和施工告知。作答的关键在于判断属于压力容器的中间冷却器和缓冲罐是否属于特种设备,因为特种设备的安装才需要办理施工告知。依据《中华人民共和国特种设备安全法》规定,特种设备主要包括锅炉、压力容器(含气瓶)、压力管道、电梯、起重机械、客运索道、大型游乐设施、场(厂)内专用机动车辆,以及法律、行政法规规定适用本法的其他特种设备。因此属于压力容器的中间冷却器和缓冲罐属于特种设备,需要办理施工告知。同时,根据《中华人民共和国特种设备安全法》第二十三条的规定,特种设备安装、改造、修理的施工单位应当在施工前将拟进行的特种设备安装、改造、修理情况书面告知直辖市或者设区的市级人民政府负责特种设备安全监督管理的部门。

★ 对于一建的备考,该题的意义在于指导考生学习的内容,特种设备的范围和施工告知不仅是二建考试的重点,同样也是一建考试的重点。

问题2:压缩机组部件吊装运输是否属于超过一定规模的危险性较大的分部分项工程?说明理由。

【参考答案】

(1)压缩机组部件吊装运输不属于超过一定规模的危险性较大的分部分项工程。

(2)虽然压缩机组部件吊装运输采用的是非常规方法。但是其单件起吊重量最大为9.6t,约为96kN,不足100kN,因此其吊装运输不属于超过一定规模的危险性较大的分部分项工程。

【分析思路及作答要求】

本题以判定论述题的形式考查了危大工程范围的界定和方案实施。针对起重吊装工程中的危大工程和超过一定规模的危大工程的范围界定要求,如下表所示。

危大工程和超过一定规模的危大工程的范围界定

危大工程	(1)采用非常规起重设备、方法,且单件起吊重量在10kN及以上的起重吊装工程; (2)采用起重机械进行安装的工程; (3)起重机械自身安装和拆卸工程
超过一定规模的危大工程	(1)采用非常规起重设备、方法,且单件起吊重量在100kN及以上的起重吊装工程; (2)起重量300kN及以上,或搭设总高度200m及以上,或搭设基础标高在200m及以上的起重机械自身安装和拆卸工程

作答本题的关键在于准确界定危大工程和超过一定规模的危大工程的范围,危大工程和超过一定规模的危大工程均需要编制安全专项施工方案,但前者不需要专家论证,后者需要专家论证。作答必须给出准确的答案,既要保证观点正确,又要保证理由充分,方能得满分。

★ 对于一建的备考,该题的意义在于指导考生学习的内容,危大工程和超过一定规模的危大工程的范围不仅是二建考试的重点,同样也是一建考试的重点。

问题3:根据上图中的轴向偏差、径向偏差分析百分表读数是否正常?说明理由。(超纲)

【参考答案】

根据规范要求:凸缘联轴器装配,应使两个半联轴器的端面紧密接触,两轴心的径向位移和轴向位移不应大于0.03mm。

轴向偏差：$(0.09-0)/2=0.045$mm，$[0.13-(-0.01)]/2=0.07$mm，均大于 0.03mm，轴向百分表读数不正常。

径向偏差：$(0.04-0)=0.04$mm，$[0.01-(-0.1)]=0.11$mm，均大于 0.03mm，径向百分表读数不正常。

【分析思路及作答要求】

本题以图表分析题的形式考查了机械设备典型零部件的安装要求。作答的关键在于两点，首先第一点是根据《机械设备安装工程施工及验收通用规范》GB 50231—2009 第 5.3.3 条的规定：凸缘联轴器装配，应使两个半联轴器的端面紧密接触，两轴心的径向和轴向位移不应大于 0.03mm。其次第二点是会计算轴向偏差和径向偏差，轴向偏差应为 $|a_1-a_3|/2$ 和 $|a_2-a_4|/2$，径向偏差应为 $|b_1-b_3|$ 和 $|b_2-b_4|$。

★ 对于一建的备考，该题的意义在于指导考生学习的内容，作为超纲内容，需要考生举一反三，能够解决类似问题。

问题 4：分析压缩机组油循环时，润滑油管道回油不畅的主要原因，应如何处理？

【参考答案】

（1）油温测量不准确，油温过低黏度增大影响流动，需要检查热电偶的工作情况，并将油温加热到正常范围。

（2）开孔焊接的热电偶支管深入管道内部，影响油体流动，需要拆除热电偶支管并重新焊接安装。

（3）润滑油质量有问题，如含有杂质、添加剂不稳定等，需要更换润滑油。

（4）润滑油管道堵塞，需要疏通润滑油管道。

（5）润滑油管道设计不合理，如弯头过多、管径过细、布局不当等，需要重新对润滑油管道进行设计安装。

【分析思路及作答要求】

本题以论述题的形式考查了机械设备试运行。首先，该内容超纲，但很接近工程实际。其次，作答本题主要从油和管两个方面进行阐述，其中（1）和（2）是围绕着背景资料给出的信息进行阐述，（3）~（5）是结合工程实际进行阐述。

★ 对于一建的备考，该题的意义在于指导考生学习的内容，虽然超纲，但是同样需要考生能够举一反三，能够解决类似问题。

案例 4 2024 年二建案例题四

▶▶ **考情先知**

（1）工业管道的安装要求

（2）工业管道的压力试验

（3）施工进度的控制措施

（4）特种设备安装改造修理单位提供竣工资料的规定

背景资料

某住宅小区建设一座热力站,小区住宅楼采用低温地板辐射供暖系统,该热力站内的设备、管道、电气、供热台控制系统等安装工程由某施工单位承担,热力站主要工艺设计参数如下表所示,管道均采用无缝钢管,材质为20号钢。

热力站主要工艺设计参数表

	设计压力(MPa)	供水温度(℃)	回水温度(℃)
一次网	1.6	120	60
二次网	1.6	45	35

热力站设计文件规定,管道在安装完成后以设计压力的1.5倍进行水压试验,项目部现有满足精度要求的量程分别为0~2.5MPa、0~4.0MPa、0~6.0MPa三种规格的压力表。

施工单位在机组安装完毕后,根据工程实际绘制的热力站内供热机组主要设备、工艺管道系统图,如下图所示。经审查发现下图中管件、压力表及温度计安装存在多处错误,要求整改。

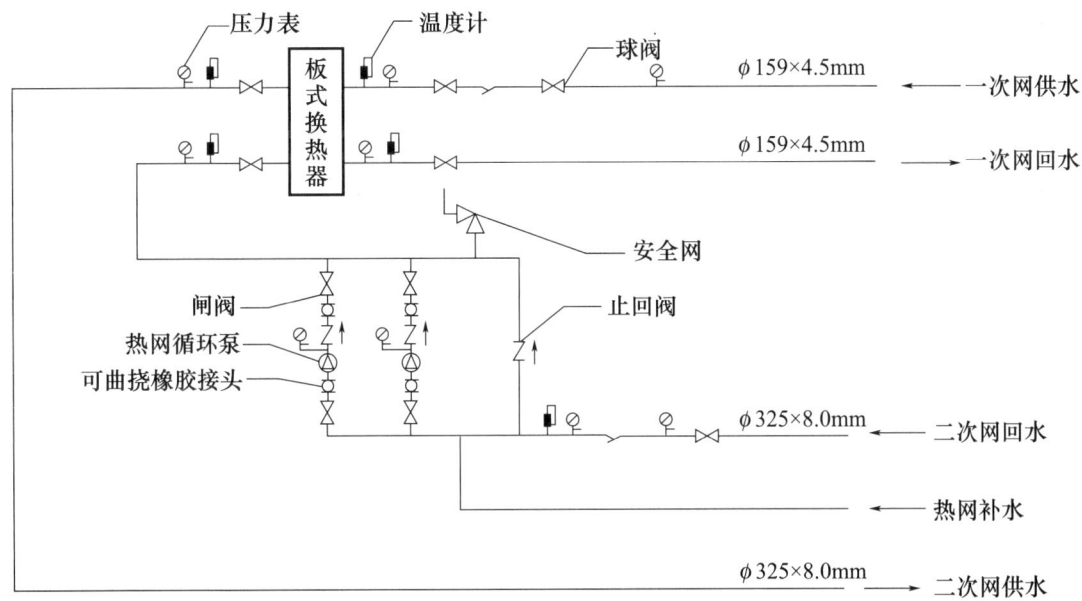

热力站内供热机组主要设备、工艺管道系统图

施工合同要求热力站必须在规定的供热时间投入正常运行,以保证居民的供暖,为确保热力站工程按工期完成,施工单位确定机电工程施工进度目标,建立目标控制体系,明确施工现场进度控制人员及其分工,落实各管理层进度控制任务和责任。工程竣工后,施工单位向热力站工程的建设单位提交竣工资料时,建设单位要求施工单位应同时提交特种设备管理的有关技术资料,要求施工单位补齐相关资料。

问题1：指出图中的错误之处，并写出整改措施。

【参考答案】

（1）二次网供水管道上的压力表和温度计的安装位置错误。压力表应安装在温度计的上游侧，应调换压力表和温度计的安装位置。

（2）温度计安装在球阀、闸阀及热网循环泵的附近错误。温度计应安装在介质温度变化灵敏且具有代表性的地方，不宜安装在阀门等阻力部件的附近。

（3）热网循环泵出口的可曲挠橡胶接头安装在止回阀的后面错误。可曲挠橡胶接头应与热网循环泵出口通过变径直接连接。

（4）安全阀的安装位置错误。安全阀应安装在水泵的总出水管道上。

【分析思路及作答要求】

本题以图表分析题的形式考查了工业管道的安装要求。本题涉及的考点内容较多，借助工业管道系统，重点考查了自动化仪表取源部件的安装要求和水泵的安装要求。作答的关键在于弄清一次网和二次网的关系，以此来判断水流的流向，并根据水流的流向判断图中所示部件的安装位置是否正确。

供热站的一次网是指从热源（如热电厂）到供热站之间的供回水管网，主要功能是输送高温水，温度通常在60~100℃。二次网是指从供热站到用户之间的供回水管网，主要功能是将一次网输送的高温水通过换热站进行热量交换，然后输送到用户，温度通常在30~60℃。

★ 对于一建的备考，该题的意义在于指导考生学习的内容，本题所考内容不仅是二建考试的重点，同样也是一建考试的重点。

问题2：根据一、二次网水压试验要求，判断项目部三种规格的压力表哪种合适？

【参考答案】

根据背景资料可知，管道在安装完成后以设计压力的1.5倍进行水压试验，因此试验压力应为：$1.5 \times 1.6 \text{MPa} = 2.4 \text{MPa}$。

根据规范要求，工业管道压力试验时，压力表的满刻度值应为被测最大压力的1.5~2倍，被测最大压力即试验压力2.4MPa。因此压力表的满刻度值应为3.6~4.8MPa，落在此区间的是量程为0~4.0MPa的压力表，因此该压力表最为合适。

0~2.5MPa的压力表的量程不足被测最大压力的1.5倍，不满足安全要求不合适。

0~6.0MPa的压力表超过了被测最大压力的2倍，不满足精度要求不合适。

【分析思路及作答要求】

本题以判定题的形式考查了工业管道的压力试验。作答本题的关键在于要熟练掌握工业管道压力试验中对压力表的设置要求。根据《工业金属管道工程施工规范》GB 50235—2010第8.6.3条第4款的规定：试验用压力表已校验，并在有效期内，其精度不得低于1.6级，表的满刻度值应为被测最大压力的1.5~2倍，压力表不得少于2块。要注意，压力表的量程并非越大越好，量程越大，最小刻度值也就越大，这样会导致测量结果不准确。

★ 对于一建的备考，该题的意义在于指导考生学习的内容，工业管道的压力试验不仅是二建考试的重点，同样也是一建考试的重点。

问题3：补充完整施工单位工程进度控制的组织措施。
【参考答案】
施工单位工程进度控制的组织措施还包括：
（1）建立工程进度报告制度，建立进度信息沟通网络，实施进度计划的检查分析制度。
（2）建立施工进度协调会议制度，包括协调会议举行的时间、地点、参加人员等。
（3）建立机电工程图纸会审、工程变更和设计变更管理制度。

【分析思路及作答要求】
本题以补充问答题的形式考查了施工进度的控制措施。施工进度的控制措施有组织措施、技术措施、合同措施、经济措施，对此2023年的一建和2024年的二建分别以单选题和问答题的形式进行考查，这也反映了一建和二建考试的关联性。

★ 对于一建的备考，该题的意义在于指导考生学习的内容，然而该考点内容较多，很难达到熟练记忆的程度，且上述内容很少涉及问答题，因此对于该内容的学习应以会区分四种措施为宜。

问题4：施工单位应同时提交的特种设备管理有关技术资料包括哪些？
【参考答案】
施工单位应同时提交的特种设备管理有关技术资料包括：
（1）特种设备的设计文件、产品质量合格证明、安装及使用维护保养说明、监督检验证明等相关技术资料和文件，以及安装技术文件和资料。
（2）高耗能特种设备的能效测试报告。

【分析思路及作答要求】
本题以常规问答题的形式考查了特种设备安装改造修理单位提供竣工资料的规定。作答本题的难点在于准确记忆相关技术资料，对该内容的记忆可以按照以下逻辑顺序：设计→制造→安装→使用，除此之外还要有监督检验和能效测试，由此来看，该内容亦很简单。

★ 对于一建的备考，该题的意义在于指导考生学习的内容，虽然对于一建属于超纲内容，但是也并非完全超纲，相关的技术文件也是考生应该熟知的内容，因此仍然需要重点学习。

案例5　2023年二建（A卷）案例题一

▶▶ **考情先知**
（1）空气质量传感器的安装要求
（2）建筑供暖管道、通风与空调水系统管道的压力试验
（3）施工现场计量器具的使用管理要求
（4）工程保修

背景资料

A公司承接一机电工程项目，承包内容包括通风空调工程、建筑智能化工程、建筑给水

排水及供暖工程和消防工程等。其中通风空调和供暖工程分包给 B 公司施工，工程设备（热泵、风机盘管）、管材（钢管、塑料管）、传感器、阀门等均由 A 公司采购，其中热泵、风机盘管设备由建设单位指定生产厂家。

施工中，A 公司检查发现以下问题，并进行了整改。

（1）空气传感器安装不符合规范要求，如下图所示。

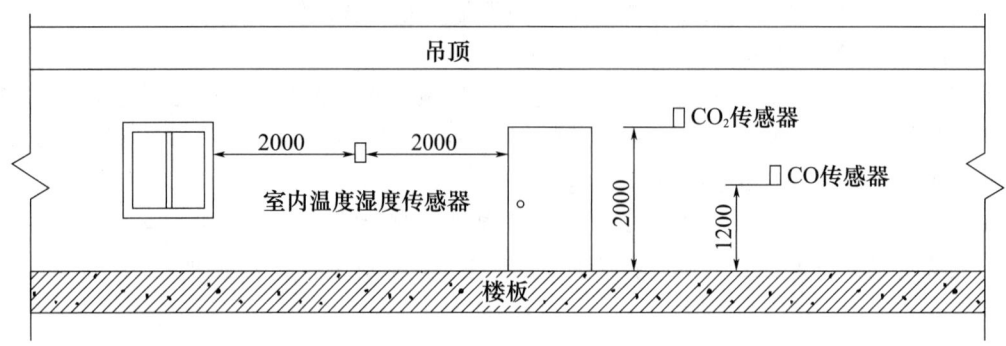

室内传感器安装示意图（尺寸单位：mm）

（2）空调水系统（钢管）、供暖系统（塑料管）的水压试验记录显示：钢管在试验压力下稳压 5min，压力降不超过 0.2MPa，塑料管在试验压力下稳压 1h，压力降不超过 0.05MPa。

竣工验收资料检查时，发现施工用计量检测设备登记表的内容不完整，登记的内容为计量器具的名称、规格、数量、编号、检定日期。

工程竣工投入使用 2 个月后，个别风机盘管噪声过大，经检查是产品质量问题所致。建设单位要求 A 公司对有质量问题的风机盘管进行更换，并承担费用，A 公司拒绝建设单位的要求。

问题 1：上图中的空气传感器安装应如何整改？写出空气传感器安装位置的要求。

【参考答案】

（1）调换 CO_2 传感器和 CO 传感器的安装位置，CO_2 传感器安装在距地面 1200mm 的位置。CO 传感器安装在距地面 2000mm 的位置。

（2）空气质量传感器应安装在能正确反映空气质量状况的地方。

【分析思路及作答要求】

本题以图表分析和常规问答题的形式考查了空气质量传感器的安装要求。该内容虽然超纲，但仍然是一、二建考试的重点内容。根据《智能建筑工程施工规范》GB 50606—2010 第 12.2.5 和第 12.2.13 条的规定。

12.2.5 室内、外温湿度传感器的安装应符合下列规定：

1 室内温湿度传感器的安装位置宜距门、窗和出风口大于 2m。在同一区域内安装的室内温湿度传感器，距地高度应一致，高度差不应大于 10mm。

2 室外温湿度传感器应有防风、防雨措施。

3 室内、外温湿度传感器不应安装在阳光直射的地方，应远离有较强振动、电磁干扰、潮湿的区域。

12.2.13 室内空气质量传感器的安装应符合下列规定：
1 探测气体比重轻的空气质量传感器应安装在房间的上部，安装高度不宜小于1.8m。
2 探测气体比重重的空气质量传感器应安装在房间的下部，安装高度不宜大于1.2m。

因此，通常情况下，室内温湿度传感器应安装在距离门、窗和出风口不小于2.0m的位置，CO_2传感器宜安装在距离地面约1200mm的位置，CO传感器应安装在距离地面2000～2500mm的位置。

★ 对于一建的备考，该题的意义在于指导考生学习的内容，考生可将上述内容直接用于一建的考试中。

问题2：钢管和塑料管的水压试验检验方法是否正确？说明理由。
【参考答案】
（1）钢管的水压试验检验方法不正确，塑料管的水压试验检验方法正确。
（2）空调水系统（钢管）应在试验压力下稳压10min，压力降不大于0.02MPa。
【分析思路及作答要求】
本题以判断改错题的形式考查了建筑供暖管道和通风与空调水系统管道的压力试验。作答本题应注意的是，不同系统不同材质的管道，其压力试验参考的依据亦不相同。空调水系统为钢制管道，需要按照通风与空调水系统中对钢制管道压力试验的要求进行压力试验。供暖系统为塑料管道，需要按照建筑供暖系统中对塑料管道压力试验的要求进行压力试验。其次还应注意的是，作答此类题目只需要对背景资料中给定的信息进行判定修正即可，无需考虑未给定的其他因素。

★ 对于一建的备考，该题的意义在于指导考生学习的内容，建筑给水系统、建筑排水系统、建筑供暖系统、通风与空调系统，以及工业管道系统，压力试验是历年考试必考内容，需要考生重点学习。

问题3：施工用计量检测设备登记表还应补充哪些内容？
【参考答案】
施工用计量检测设备登记表还应补充：领用人、下次检定日期、使用状态。
【分析思路及作答要求】
本题以补充问答题的形式考查了施工现场计量器具的使用管理要求。施工用计量检测设备登记表的内容包括：名称、规格、数量、编号、领用人、检定日期、下次检定日期、使用状态。对于二建的备考，可分三组记忆，分别是：基本信息、领用信息、检定信息。

★ 对于一建的备考，该题的意义在于指导考生学习的方向，考生只需要对一建中有关"计量器具的使用管理要求"进行简单学习即可。

问题4：A公司拒绝建设单位的要求是否合理？风机盘管的更换及费用应由谁负责？
【参考答案】
（1）A公司拒绝建设单位的要求不合理。
（2）风机盘管的更换由A公司负责，费用由生产厂家负责。

【分析思路及作答要求】

本题以判定题的形式考查了工程保修。建设工程在保修范围和保修期限内发生质量问题时，施工单位应当履行保修义务，并由责任单位承担费用。作答本题应注意，虽然风机盘管是由建设单位指定生产厂家，但是合同主体是施工单位和生产厂家，施工单位应对由"风机盘管产品质量问题"导致的噪声过大负责，因此施工单位应当履行保修义务并承担由此造成的损失，针对费用方面，施工单位可向生产厂家追偿。

★ 对于一建的备考，该题的意义在于指导考生学习的内容，工程保修责任的划分及保修期限等相关内容，是历年来一建和二建共同的高频高分值考点。

案例6　2023年二建（A卷）案例题二

▶▶ **考情先知**

（1）施工方案的优化

（2）机械设备典型零部件的安装、百分表的使用及机械设备安装主要工序内容

（3）机电工程项目竣工档案管理要求

背景资料

某工厂因厂区搬迁需要建设一临时性的生产厂房，待新厂区建成后再拆除临时厂房。临时厂房机电工程由某安装公司中标。合同内容包括整体设备安装、解体设备安装、电气设备安装、管道安装等。

安装公司进场后，针对本工程设备安装多、交叉作业频繁、设备安装精细等的特点及难点编制了专项施工方案。报技术负责人审批时，被要求在保证质量和安全的情况下，对施工组织的作业形式进行优化后通过审批。

安装公司在对某设备进行轴承间隙检测后，采用百分表对该轴承径向进行测量，如图1所示，记录了百分表的最大读数与最小读数之差。

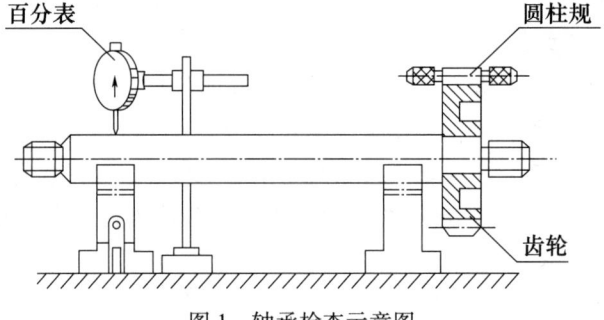

图1　轴承检查示意图

专业监理工程师对某设备的渐开线圆柱齿轮检查接触精度时，发现接触斑点如图2所示，专业监理工程师认为该齿轮安装有误差，造成该齿轮接触不良，要求安装公司整改。安装公司整改后，用该设备的集中润滑系统对其进行润滑，再次检查时该齿轮运转正常。

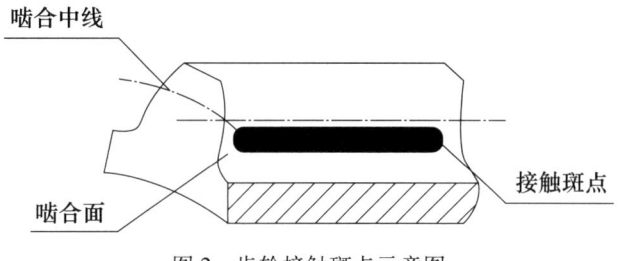

图 2 齿轮接触斑点示意图

工程竣工后，安装公司按单位工程进行竣工资料组卷，移交给档案室。档案室根据临时性厂房 9 年后拆除的特点，按规定设置相应的保管期限后做归档处理。

问题 1：施工方案优化的目的是什么？施工作业有哪几种组织形式？

【参考答案】

（1）施工方案优化的目的是：加快施工进度、保证施工质量、保证施工安全、降低消耗。

（2）施工作业的组织形式有：顺序作业、平行作业、流水作业。

【分析思路及作答要求】

本题以常规问答题的形式考查了施工方案的优化。作答本题主要在于记忆，考生可按以下方法进行记忆。第一问，针对二建的备考，考生可从质量、安全、进度，以及降耗等方面进行回答即可，即施工方案优化是通过对施工方案的经济、技术比较，选择最优的施工方案，达到加快施工进度并保证施工质量和施工安全、降低消耗的目的。

第二问，施工方案优化主要包括：施工方法的优化、施工顺序的优化、施工作业组织形式的优化、施工劳动组织优化、施工机械组织优化等，施工作业组织形式有顺序、平行、流水三种作业形式。

★ 对于一建的备考，该题的意义在于指导考生学习的方向，上述内容无需掌握，但是在一建的备考要求中，也有类似的相关内容，即施工方案中的施工方法及工艺要求应明确各工序之间的逻辑关系，有顺序、平行、交叉三种逻辑关系。

问题 2：轴承应检测哪些间隙？图 1 中的百分表主要是测量轴承径向的什么量值？

【参考答案】

（1）轴承应检测的间隙有：顶间隙、侧间隙、轴向间隙。

（2）图 1 中的百分表主要是测量轴承径向的跳动量（位移值）。

【分析思路及作答要求】

本题以常规问答和图表分析题的形式考查了机械设备典型零部件的安装及百分表的使用。作答本题较为容易，该题并未考查具体的检测要求，只是问了检测项目，因此考生只需要将三种间隙回答出来即可，即顶间隙、侧间隙、轴向间隙。针对轴向间隙，指的是对受轴向负荷的轴承需检查轴向间隙，检查时，将轴推至极限位置，用塞尺或千分表测量。

第二问，需要了解百分表的工作原理，百分表是将被测尺寸引起的测杆微小直线位移，变为指针在刻度盘上转动的角位移，从而读出被测尺寸的大小，其圆形表盘上印有 100 个等分刻度，每一分度值相当于量杆移动 0.01mm，主要用于形状误差、位置误差及微小位移的长度测量。

★ 对于一建的备考，该题的意义在于指导考生学习的内容，对于机械设备典型零部件的安装以及百分表的使用，是历年来一建和二建共同考查的高频高分值内容，需要考生重点学习。

问题 3：安装时的哪种误差会造成图 2 中齿轮接触斑点？集中润滑系统由哪些部分组成？

【参考答案】

（1）齿轮安装时中心距过小（误差）会造成图 2 中齿轮接触斑点。

（2）集中润滑系统由润滑站、管路及附件组成。

【分析思路及作答要求】

本题以图表分析和常规问答题的形式考查了机械设备典型零部件的安装及机械设备安装主要工序内容。第一问，齿轮啮合的接触斑点如右图所示，图（a）代表正常，图（b）代表齿轮安装时中心距过大，图（c）代表齿轮安装时中心距过小。第二问，关键在于记忆，且对该内容的记忆较为容易，即设备、管路和附件。

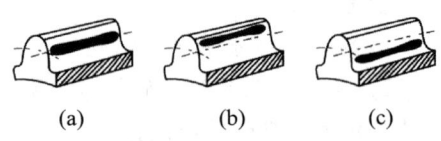

齿轮啮合的接触斑点

★ 对于一建的备考，该题的意义在于指导考生学习的内容，润滑与设备加油曾在 2020 年和 2022 年的一建考试中分别以多选题和单选题的形式进行考查，且考查的是设备润滑的作用，在此特借助此题提示广大考生，集中润滑系统的组成亦很重要。

问题 4：档案的保管期限有哪几种？本工程属于哪种档案保管期限？

【参考答案】

（1）档案的保管期限有：永久保管、长期保管、短期保管。

（2）本工程档案保存 10 年以下，属于短期保管。

【分析思路及作答要求】

本题以常规问答和判定题的形式考查了机电工程项目竣工档案管理要求。作答本题需要熟练掌握竣工档案的如下规定。

竣工档案规定

内容	类别	特点	备注
保管期限	永久保管	无限期地尽可能长久地保存下去	同一案卷有不同保管期限的文件时，本卷保管期限应从长
	长期保管	保存到该工程被彻底拆除	
	短期保管	保存 10 年以下	
密级保管	绝密	—	同一案卷有不同密级的文件时，本卷密级保管应从高
	机密	—	
	秘密	—	

★ 对于一建的备考，该题的意义在于指导考生学习的内容，针对档案资料的管理，在一建和二建的考试中，考试频率越来越高，分值占比也越来越高，已逐渐由非重点内容转为重点内容。

案例7　2023年二建（A卷）案例题三

▶▶ 考情先知

(1) 通风与空调系统水泵和管道的安装要求
(2) 进度款支付的相关规定
(3) 风管制作安装的检验与试验
(4) 索赔管理

某商业综合体机电安装工程位于城市核心区域，工期8个月。某施工单位中标该工程，承包范围包括建筑给水排水、通风与空调、建筑电气和建筑智能化工程，工程采用固定总价合同，签约合同价3000万元。在合同中约定：

(1) 预付款为合同总价的8%，在工程的第3个月开始扣除，2个月扣完。
(2) 工程进度款按月支付80%，且自第1个月起，按进度款3%的比例扣留质量保修金。
(3) 工期提前10d以上，一次性奖励30万元。

进场后，因施工场地狭小，管道及设备安装采用装配式施工技术，B2层冷冻站的一组冷冻泵模块如下图所示。

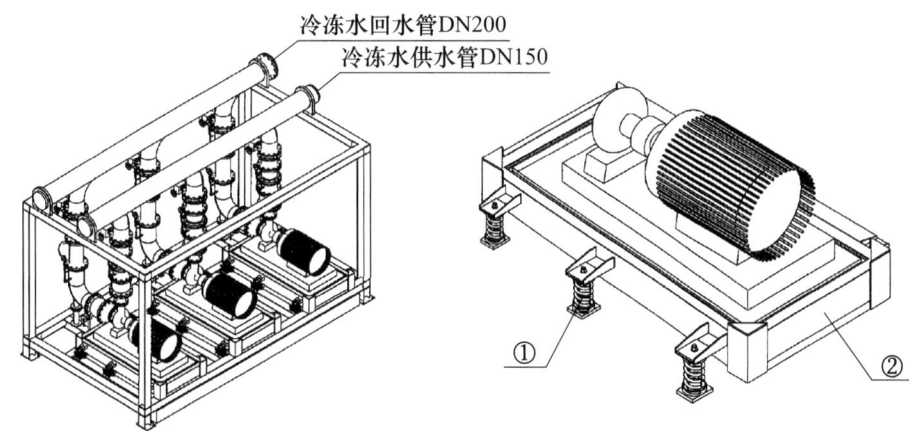

冷冻泵模块的深化示意图

施工第5个月，排烟系统镀锌钢板风管制作安装的工程量完成了2000m²，清单综合单价为600元/m²，并对排烟主干风管分段进行了严密性试验，风管允许漏风量计算公式如下。

低压风管：$Q_l \leq 0.1056 P^{0.65}$

中压风管：$Q_m \leq 0.0352 P^{0.65}$

高压风管：$Q_h \leq 0.0117 P^{0.65}$

工程竣工后，因采用装配式施工技术，提高了施工效率，施工工期提前12d，冷冻泵模块化造成型钢消耗量增加，施工单位向建设单位提出工期奖励30万元、补偿型钢增加费用10万元的要求，施工单位按期提交了工程竣工结算书。

问题1：写出图中部件①、②的名称，以及冷冻水管道现场装配常用的连接方式。

【参考答案】

（1）图中部件①是弹簧减振器，部件②是减振台座（惰性台座）。

（2）图中冷冻水管道现场装配常用的连接方式有：沟槽连接、法兰连接、焊接连接。

【分析思路及作答要求】

本题以图表分析题的形式考查了通风与空调系统水泵和管道的安装要求。第一问，要熟练掌握水泵的安装要求，即：①对减振要求较高的场所，空调循环水泵应设置整体式减振台座（惰性台座），减振台座与基础间设置减振器；②管道与水泵采用金属或橡胶软接头连接，与设备连接的管道应设置独立支架，当设备安装在减振基座上时，独立支架的固定点应为减振基座。并联空调循环水泵的出口管道进入总管应采用顺水流斜向插接（或顺水三通）的方式，夹角不应大于60°。本题冷冻泵模块深化示意图正是根据上述相关要求绘制而成。

另外，第二问，要知道冷冻冷却水管道常用的连接方式有螺纹连接、沟槽连接、法兰连接、焊接连接，但是螺纹连接主要适用于管径小于等于80mm的镀锌钢管，因此本工程图中DN150和DN200的管道主要采用沟槽连接、法兰连接、焊接连接。

★ 对于一建的备考，该题的意义在于指导考生学习的内容，针对通风与空调系统水泵和管道的安装要求既是二建考试的重点，同样也是一建考试的重点。

问题2：不考虑其他费用，试计算第5个月排烟系统风管（镀锌钢板）制作安装应支付的进度款。

【参考答案】

第5个月排烟系统风管（镀锌钢板）制作安装应支付的进度款计算如下：

2000×600×（80%-3%）= 92.40万元

【分析思路及作答要求】

本题以分析计算题的形式考查了进度款支付的相关规定。作答关键在于对背景资料中相关信息的正确理解。首先，第5个月时，不需要考虑预付款的扣留，因为在第3个月和第4个月已经将全部预付款扣留完毕。其次，第5个月时，工程进度款是2000m²×600元/m²=120万元，但是只支付其中的80%，且还扣留其中的3%作为质保金，无论是80%还是3%都是以120万元为基数进行计算。

★ 对于一建的备考，该题的意义在于指导考生学习的内容，二建考试中对进度款支付考查的频率较高，这一点需要引起一建考生的足够重视，作答此类题目的关键与工期费用的索赔类似，主要在于对背景资料的正确分析。

问题 3：排烟主干风管严密性试验的试验压力如何确定？允许漏风量的计算公式应选哪一个？写出风管严密性检验的主要部位。

【参考答案】

（1）排烟主干风管严密性试验的试验压力应为风管系统的工作压力。

（2）排烟系统风管的严密性试验应符合中压风管的标准，因此其允许漏风量的计算公式应选用 $Q_\mathrm{m} \leqslant 0.0352 P^{0.65}$。

（3）风管严密性试验主要检验风管、部件制作加工后的咬口缝、铆接孔、风管的法兰翻边、风管管段之间的连接。

【分析思路及作答要求】

本题以判定和常规问答题的形式考查了风管制作安装的检验与试验。相关内容已在 2016 年一建考试的案例二中进行了详细的分析讲解，此处仅做两点补充说明：

（1）风管严密性试验的试验压力应为系统工作压力。

（2）防排烟系统的严密性（允许漏风量）应按中压系统风管确定。

★ 对于一建的备考，该题的意义在于指导考生学习的内容，风管制作安装的检验与试验既是二建考试的重点，也是一建考试的重中之重。

问题 4：施工单位提出的工期奖励费和型钢补偿费是否合理？说明理由。

【参考答案】

（1）施工单位提出的工期奖励费合理。

理由：本工程工期提前 12d，合同约定工期提前 10d 以上，一次性奖励 30 万元，因此提出的工期奖励费合理。

（2）施工单位提出的型钢补偿费不合理。

理由：本工程采用固定总价合同，冷冻泵模块化造成型钢消耗量增加的费用已经包含在合同总价中，因此提出的型钢补偿费不合理。

【分析思路及作答要求】

本题以判定论述题的形式考查了索赔管理。作答的关键在于找准背景资料中的两条有用信息，其一是"工程采用固定总价合同"，其二是"工期提前 10d 以上，一次性奖励 30 万元"。

★ 对于一建的备考，该题的意义在于指导考生学习的内容，针对索赔管理的题目，均属于必得分题目，需要考生多做练习，以不变的索赔规则应对万变的现场情况。

案例 8　2023 年二建（A 卷）案例题四

▶▶ 考情先知

（1）流动式起重机的使用要求及危大工程方案实施

（2）石油化工工程垫铁的设置要求

（3）焊接设备的使用要求

（4）施工技术交底的类型和内容

背景资料

某公司项目部承担石油化工项目施工,其中再生塔直径3.2m,长度46.2m,重78.6t,在制造厂完成附塔管线和梯平台安装,整体到货。

项目部进场后,编写了专项施工方案,拟采用250t履带起重机为主吊,90t履带起重机溜尾,整体吊装,经计算,再生塔顶层的梯平台与吊臂之间最小距离为300mm。吊车站位地基进行压路机碾压,吊车站位与周围设施之间最小距离为600mm。方案编写后报送监理审核,监理认为该方案措施及程序不完整,项目部修改并完成相关程序后,专项方案审批通过。

塔器安装如下图所示,监理认为垫铁安装存在质量问题:垫铁间距过大、垫铁6块不符合规定,同时还存在其他质量问题,要求项目部整改。

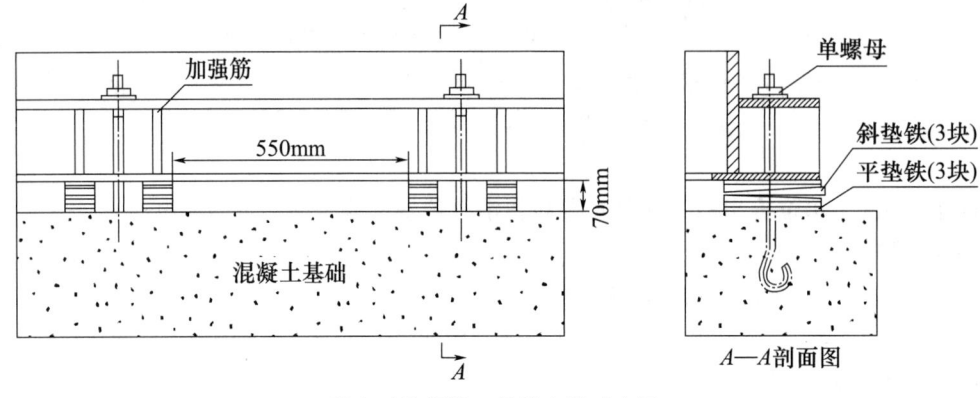

设备地脚螺栓、垫铁安装示意图

整改后,焊工将地线夹在附塔管线法兰上,进行垫铁层间点焊时,监理予以制止,还认为该焊工需持有《特种设备安全管理和作业人员证》才能作业。

由于作业人员多次出现类似安装质量问题,项目部总工再次对作业人员进行分部分项工程技术交底,重点内容为质量保证措施,项目施工质量验收合格。

问题1:塔器吊装方案应进行怎样的修改?还应补充哪个程序?

【参考答案】

(1)再生塔顶层的梯平台与吊臂之间最小距离不应小于500mm。应对吊车站位地基及行走路线进行处理,处理后的地面做耐压力测试,地面耐压力应满足吊车对地基的要求。

(2)本工程采用非常规起重设备、方法且单件起吊重量在100kN及以上,因此属于超过一定规模的危大工程,应由施工单位组织召开专家论证会对专项施工方案进行论证,论证通过后才能实施。

【分析思路及作答要求】

本题以判断改错和常规问答题的形式考查了流动式起重机的使用要求及危大工程方案实施。第一问,只需要根据背景资料已有信息作答即可,不需要考虑其他未知信息,背景资料中相关信息有三点,其一是"最小距离300mm",其二是"压路机碾压",其三是"最小距离600mm"。同时根据《石油化工大型设备吊装工程规范》GB 50798—2012第9.1条的相关规定即可得出正确答案。

9.1.3 设备与起重机臂杆之间的安全距离应大于或等于500mm。

9.1.4 吊钩与设备及起重机臂杆之间的安全距离应大于或等于500mm。

9.1.5 吊装过程中,起重机、设备与周围设施的安全距离应大于500mm。

第二问,关于吊装方案的实施,已在前面一建的案例真题中反复多次讲到,故此处不再赘述。

★ 对于一建的备考,该题的意义在于指导考生学习的内容,尤其是上述规范中的三条要求,更需要引起一建考生的足够重视。

问题2:上图中的质量问题应如何整改?
【参考答案】
(1) 垫铁间的距离550mm过大,应加一组垫铁。
(2) 每组垫铁不应超过5块,且斜垫铁应成对相向使用,故可去掉一块斜垫铁,同时将薄的平垫铁更换为厚的平垫铁。
(3) 螺栓紧固应采用双螺母锁紧。

【分析思路及作答要求】
本题以图表分析题的形式考查了石油化工工程垫铁的设置要求。作答本题,只需要根据图中已有信息作答即可,不需要考虑其他未知信息,图中相关信息有四点,其一是"垫铁间距550mm",其二是"垫铁高度70mm",其三是"垫铁数量6块",其四是"单螺母"。

依据《石油化工静设备安装工程施工质量验收规范》GB 50461—2008第4.3.1条和第4.3.3条的相关规定:有加强筋的设备支座,垫铁应垫在加强筋下。相邻两垫铁组的中心距不应大于500mm。垫铁组高度宜为30~80mm。支柱式设备每组垫铁的块数不应超过3块,其他设备每组垫铁的块数不应超过5块。斜垫铁下面应有平垫铁,放置平垫铁时,最厚的放在下面,薄的放在中间。斜垫铁应成对相向使用,搭接长度不应小于全长的3/4。

值得注意的是,机械工程中,根据《机械设备安装工程施工及验收通用规范》GB 50231—2009第4.2.2条第3款的规定:相邻两垫铁组间的距离,宜为500~1000mm。这也是机械工程与石化设备关于垫铁设置的一个非常明显的区别。

此外,之所以采用双螺母紧固,主要目的是使螺栓紧固后露出螺母2~3个螺距为宜。

★ 对于一建的备考,该题的意义在于指导考生学习的内容,石化设备与机械工程关于垫铁的设置要求是不一样的,在做题时要注意审题,看清背景资料描述的是什么设备。

问题3:监理制止焊工的点焊工作和提出焊工的持证要求是否正确?
【参考答案】
(1) 监理制止焊工的点焊工作正确,电焊机的接地必须采用独立的接地系统,不得将电焊机的接地线连接在设备管线上,且接地线宜靠近焊接位置。
(2) 监理提出焊工的持证要求不正确,垫铁既不属于特种设备,也不属于机电类设备主要受力结构,因此其焊工不需要持有《特种设备安全管理和作业人员证》。

【分析思路及作答要求】

本题以判定题的形式考查了焊接设备的使用要求。作答本题较为简单，可结合工程实践进行作答，同时可依据《建筑机械使用安全技术规程》JGJ 33—2012 第 12.1.5 条和第 12.1.6 条的相关规定。

12.1.5 电焊机绝缘电阻不得小于 0.5MΩ，电焊机导线绝缘电阻不得小于 1MΩ，电焊机接地电阻不得大于 4Ω。

12.1.6 电焊机导线和接地线不得搭在易燃、易爆、带有热源或有油的物品上。不得利用建（构）筑物的金属结构、管道、轨道或其他金属物体，搭接起来，形成焊接回路，并不得将电焊机和工件双重接地。严禁使用氧气、天然气等易燃易爆气体管道作为接地装置。

★ 对于一建的备考，该题的意义在于指导考生学习的内容，考生可将上述内容作为结论直接用于一建的考试中。

问题4：在分部分项工程技术交底中，还应包含哪些质量方面的交底内容？

【参考答案】

在分部分项工程技术交底中，还应包含质量方面的交底内容有：质量标准，检验、试验，质量检查验收评级依据。

【分析思路及作答要求】

本题以补充问答题的形式考查了施工技术交底的类型和内容。作答本题只需要回答出与"质量"有关的交底内容即可，考生可按以下逻辑强化记忆：标准→措施→检验试验→检验评级。

★ 对于一建的备考，该题的意义在于指导考生学习的内容，施工技术交底的类型和内容也逐渐成为一建和二建共同考查的主要内容。

案例9　2023年二建（B卷）案例题一

▶▶ **考情先知**

（1）成本降低率
（2）建筑供暖管道系统的试验要求
（3）建筑供暖管道系统的安装要求
（4）工程保修

背景资料

某安装公司于 2020 年 8 月承接一学校体育馆的供暖工程，合同额为 650 万元，供暖热源由风冷热泵提供，供回水温度为 45℃/40℃，健身房、教研室等附属房间采用低温热水地板辐射供暖，比赛场馆、训练馆采用散热器供暖，供热管道采用铝塑复合管。

2020 年 11 月散热器进场，安装公司对其外观和金属热强度进行了复验。2021 年 4 月，供暖系统安装完毕，安装公司依次对管道进行了水压试验、保温、试运行和调试，水压试验系如下图所示，其中水压试验压力未在设计中注明。本工程于2021年6月顺利通过验收，经核算，项目实际成本为513万元，成本降低率达5%。该供暖系统于2021年10月正式投入使用。

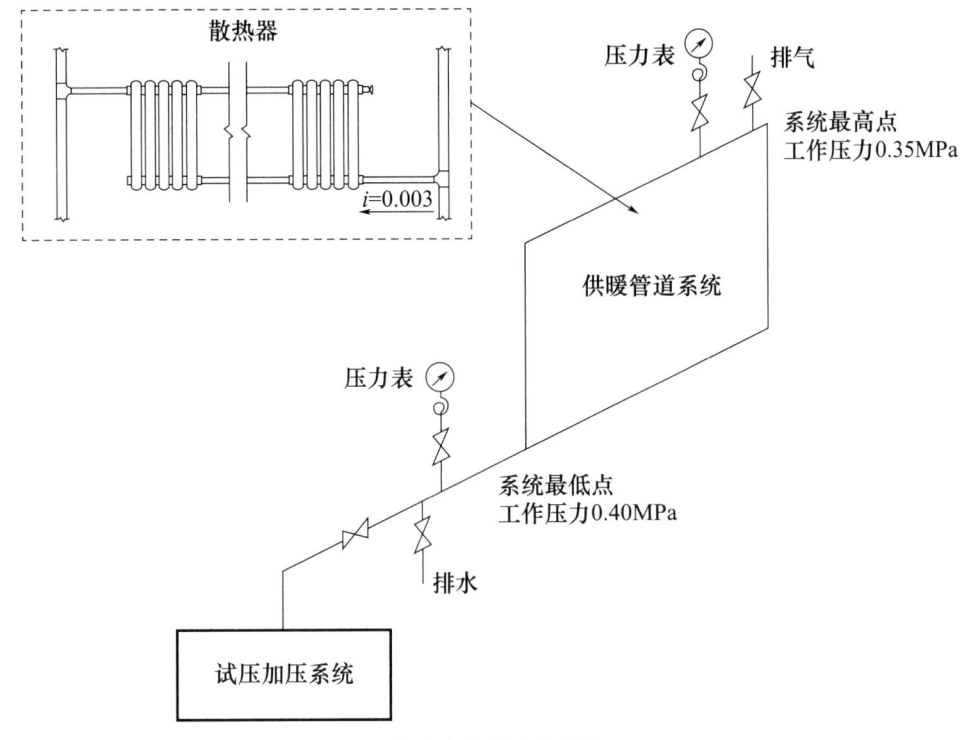

水压试验系统示意图

2022年6月，建设单位按照约定将工程质量保证金返还至安装公司，2022年12月，体育馆管理员反映部分散热器温度偏低，建设单位通知安装公司进行检修，安装公司检查后发现由于施工质量问题造成部分管道出现气塞和堵塞现象，对这些管道进行了疏通和清理，并更换了部分散热器。

问题1：本工程项目的计划成本和成本降低额分别是多少？

【参考答案】

成本降低率=（计划成本−实际成本）/计划成本

实际成本=513元

成本降低率=5%

计划成本=实际成本/（1−成本降低率）=513/（1−5%）=540万元

成本降低额=计划成本−实际成本=540−513=27万元

【分析思路及作答要求】

本题以分析计算题的形式考查了成本降低率。根据背景资料可知，实际成本为513万元，成本降低率为5%，因此可以通过公式"成本降低率=（计划成本−实际成本）/计划成本"计算出计划成本，再根据计划成本与实际成本之差计算出成本降低额。

★ 对于一建的备考，该题的意义在于指导考生学习的内容，该内容虽已删除，但作为常识内容仍具有很强的可考性。

问题2：本工程供暖管道的水压试验压力不得低于多少？试验方法是什么？

【参考答案】

（1）铝塑复合管热水供暖系统水压试验压力，应以系统顶点工作压力加0.2MPa，同时在系统顶点的试验压力不小于0.4MPa。由于系统顶点工作压力为0.35MPa，因此本工程铝塑复合管供暖管道的水压试验压力不得低于0.55MPa。

（2）本工程铝塑复合管供暖系统，应在试验压力下10min内压力降不大于0.02MPa，降至工作压力后检查，不渗、不漏。

【分析思路及作答要求】

本题以分析计算和常规问答题的形式考查了建筑供暖管道系统的试验要求。根据《建筑给水排水及采暖工程施工质量验收规范》GB 50242—2002第8.6.1条的相关规定，建筑室内供暖管道系统的压力试验应符合下表要求。

建筑室内供暖管道系统的试验压力

序号	管道类型	试验压力	系统顶点试验压力
1	蒸汽供暖系统 热水供暖系统	系统顶点工作压力+0.1MPa	不小于0.3MPa
2	塑料管热水供暖系统 复合管热水供暖系统	系统顶点工作压力+0.2MPa	不小于0.4MPa
3	高温热水供暖系统	系统顶点工作压力+0.4MPa	—

建筑室内供暖管道系统的试验过程

序号	管道类型	试验过程（检验方法）
1	一般管道	使用钢管及复合管的采暖系统，应在试验压力下10min内压力降不大于0.02MPa，降至工作压力后检查，不渗、不漏
2	塑料管道	使用塑料管的采暖系统，应在试验压力下1h内压力降不大于0.05MPa，然后降压至工作压力的1.15倍，稳压2h，压力降不大于0.03MPa，同时各连接处不渗、不漏

作答的关键是，要根据背景资料准确识别出"供热管道采用铝塑复合管"，而后按照复合管热水供暖系统的要求进行水压试验。

★对于一建的备考，该题的意义在于指导考生学习的内容，建筑给水系统、建筑排水系统、建筑供暖系统、通风与空调系统，以及工业管道系统，压力试验是历年考试必考内容，需要考生重点学习。

问题3：安装公司施工过程中存在哪些质量问题可能导致部分散热器温度偏低？说明理由。

【参考答案】

可能导致部分散热器温度偏低的质量问题：

（1）散热器进场复验时未检验单位散热量，可能导致散热器性能不达标。

（2）散热器支管坡度偏小未达到1%，可能导致管道出现气塞现象。

（3）供热管道水压试验合格后、试运行前未进行系统冲洗，可能导致管道出现堵塞现象。

【分析思路及作答要求】

本题以判定论述题的形式考查了建筑供暖管道系统的安装要求。根据《建筑给水排水及采暖工程施工质量验收规范》GB 50242—2002 第8.2.1条的相关规定，建筑室内供暖管道系统的安装坡度应符合以下要求。

8.2.1 管道安装坡度，当设计未注明时，应符合下列规定：

1 气、水同向流动的热水采暖管道和汽、水同向流动的蒸汽管道及凝结水管道，坡度应为3‰，不得小于2‰。

2 气、水逆向流动的热水采暖管道和汽、水逆向流动的蒸汽管道，坡度不应小于5‰。

3 散热器支管的坡度应为1%，坡向应利于排气和泄水。

另外，根据《建筑节能与可再生能源利用通用规范》GB 55015—2021 第6.3.1条的规定。

6.3.1 供暖通风空调系统节能工程采用的材料、构件和设备施工进场复验应包括下列内容：

1 散热器的单位散热量、金属热强度。

2 风机盘管机组的供冷量、供热量、风量、水阻力、功率及噪声。

3 绝热材料的导热系数或热阻、密度、吸水率。

作答应充分利用背景资料中的三个有用信息进行判定作答，其一是给定的"复验参数"，其二是图示中的"散热器支管安装坡度"，其三是给定的"施工程序"，同时还有辅助信息如"更换、气塞、堵塞、疏通、清理"等，这也进一步说明背景资料在作答案例题时的重要性。

★ 对于一建的备考，该题的意义在于指导考生学习的内容。上述规范中的安装坡度以及材料设备的进场复验，既是二建考试的重要考点，同样也是一建考试的重要内容。

问题4：供暖系统维修费用应由谁承担？说明理由。

【参考答案】

供暖系统部分散热器温度偏低的维修费用应由安装公司承担。因为根据《建设工程质量管理条例》，供暖系统的最低保修期限为2个供暖期，质量保证金的返还不代表保修期的结束，本项目维修时间未超出保修期。

【分析思路及作答要求】

本题以判定论述题的形式考查了工程保修。建设工程在保修范围和保修期限内发生质量问题时，施工单位应当履行保修义务，并由责任单位承担费用。作答应注意，散热器温度偏低的主要责任在于安装公司，因此安装公司应承担维修费用。

★ 对于一建的备考，该题的意义在于指导考生学习的内容，工程保修责任的划分及保修期限等相关内容，是历年来一建和二建共同的高频高分值考点。

案例 10 2023 年二建（B 卷）案例题二

▶▶ **考情先知**

（1）导管施工技术要求
（2）中间交接的要求
（3）建设工程文件的内容

背景资料

B 公司通过招投标方式承接一高档办公楼机电安装项目，工程内容包括建筑电气、建筑智能化、建筑给排水、通风与空调、消防、防雷接地等工程。项目开工后，B 公司安排施工队与土建单位配合，进行电气预埋导管、水管预留洞、防雷接地等工程施工。

电气安装工程中，楼板内电气预埋导管采用 DN20、DN25 等非镀锌钢导管进行施工，导管接头采用螺纹连接，接头两端焊接圆钢跨接地线，非镀锌钢导管接头如下图所示。导管敷设完成后，B 公司通知专业监理工程师进行隐蔽工程验收，并拍照保存影像资料，隐蔽验收合格。B 公司与土建单位办理中间交接手续。

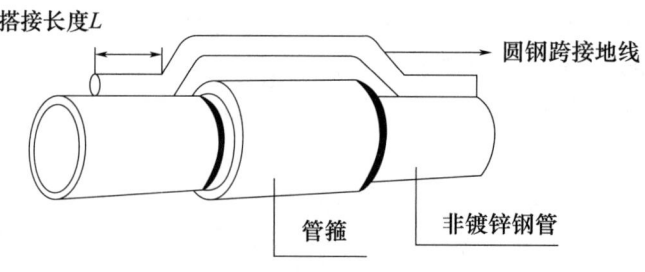

非镀锌钢导管连接

在穿线阶段，施工人员按施工方案要求进行施工，穿线的同时清理盒内杂物。线内管口设置 PVC 电线接口，防止穿线过程中电线绝缘皮破损。穿线完成后，用兆欧表测量各个回路的绝缘电阻，并做好记录。

工程竣工验收阶段，B 公司要求整理竣工资料。提交的施工文件中有：施工管理文件、施工进度及造价文件、施工记录、施工质量验收记录、竣工验收文件。监理工程师审核后提出"施工文件内容不完整，需补齐所缺失文件"的审核资料。

问题 1：圆钢跨接地线直径最小为多少？计算最小搭接长度 L。
【参考答案】
（1）圆钢跨接地线直径最小为 6mm。
（2）圆钢跨接地线最小搭接长度应为圆钢直径的 6 倍，即 6×6=36mm。

【分析思路及作答要求】

本题以图表分析题的形式考查了导管施工技术要求。首先根据背景资料可知，该电气安装工程使用的导管为非镀锌钢导管，采用螺纹连接，接头两端焊接圆钢跨接地线，同时依据《建筑电气工程施工质量验收规范》GB 50303—2015 第 12.1.1 条的相关规定即可得到正确答案。

12.1.1　金属导管应与保护导体可靠连接，并应符合下列规定：

2　当非镀锌钢导管采用螺纹连接时，连接处的两端应熔焊焊接保护联结导体。

3　镀锌钢导管、可弯曲金属导管和金属柔性导管连接处的两端宜采用专用接地卡固定保护联结导体。

6　以专用接地卡固定的保护联结导体应为铜芯软导线，截面积不应小于 $4mm^2$；以熔焊焊接的保护联结导体宜为圆钢，直径不应小于 6mm，其搭接长度应为圆钢直径的 6 倍。

检查数量：按每个检验批的导管连接头总数抽查 10%，且各不得少于 1 处，并应能覆盖不同的检查内容。

检查方法：施工时观察检查并查阅隐蔽工程检查记录。

★对于一建的备考，该题的意义在于指导考生学习的内容，导管施工技术要求既是二建考试的重点，也是一建考试的重点，主要围绕非镀锌钢导管、镀锌钢导管、金属柔性导管等三种不同的导管的连接要求进行考查。

问题2：导管接头隐蔽验收时检查数量如何确定？指出电线回路绝缘电阻值的合格范围。

【参考答案】

(1) 导管接头隐蔽验收时，按每个检验批的导管连接头总数抽查 10%，且不得少于 1 处。

(2) 电线回路绝缘电阻值不应小于 $0.5MΩ$。

【分析思路及作答要求】

本题以常规问答题的形式考查了导管施工技术要求。第一问，详见本案例问题 1"分析思路及作答要求"即可。第二问，关于绝缘电阻的要求，依据《建筑电气工程施工质量验收规范》GB 50303—2015 第 17.1.2 条的规定，500V 及以下配电线路的绝缘电阻值不低于 $0.5MΩ$。

★对于一建的备考，该题的意义在于指导考生学习的内容，虽然一建并无相关内容要求，但作为超纲内容仍需考生掌握。

问题3：B 公司与土建单位进行中间交接时，对交接现场环境有哪些要求？

【参考答案】

B 公司与土建单位进行中间交接时，对交接现场环境的要求有：现场清洁，施工用临时设施已全部拆除，无杂物，无障碍。

【分析思路及作答要求】

本题以常规问答题的形式考查了中间交接的要求。考生作答本题应依据联动试运行前应具备的条件的相关内容进行作答，此处一建和二建的描述虽不一样，但内容一样，对于二建的备考，联动试运行前应具备的条件之一便是中间交接已完成，中间交接对现场环境的要求是上述参考答案的内容。一建也有相同内容描述，只不过并未将此内容列入中间交接中，但是对于一建的备考，仍需按此作答。

★ 对于一建的备考，该题的意义在于指导考生学习的内容，考生可将上述内容结论作为一建备考的依据。

问题4：B公司提交的施工文件中还缺少哪些文件？
【参考答案】
B公司提交的施工文件中还缺少的文件有：施工技术文件、施工物资文件、施工试验记录及检测报告。
【分析思路及作答要求】
本题以补充问答题的形式考查了建设工程文件的内容。建设工程文件也称建设工程资料，是指在工程建设过程中形成的各种记录，包括工程准备阶段文件、监理文件、施工文件、竣工图和竣工验收文件。其中施工文件是指施工单位在施工过程中形成的文件，包括：施工管理文件、施工技术文件、施工进度及造价文件、施工物资文件、施工记录、施工试验记录及检测报告、施工质量验收记录、竣工验收文件。上述文件大体可简记为：由管理到技术、由物资到施工，由检测试验到质量验收，最后是竣工验收。

★ 对于一建的备考，该题的意义在于指导考生学习的内容，考生可将上述内容结论作为一建备考的依据。

案例11　2023年二建（B卷）案例题三

▶▶ **考情先知**
（1）特种设备的范围
（2）工业管道的压力试验
（3）工业管道管材及管件的检验、管道加工
（4）试运行的组织

某工业生产厂设有一座压缩空气站为生产车间提供生产工艺所需的无油压缩空气。压缩空气站的装设规模为$3×10Nm^3/min$，供气能力为$17Nm^3/min$，供气压力为0.7MPa。压缩空气输送管道采用无缝不锈钢管（材料数字代号为S30408，牌号为06Cr19Ni10），焊接连接。空气压缩机冷却水管道采用镀锌焊接钢管。设备的随机文件显示储气罐的水压试验压力为1.25MPa。

压缩空气站工艺系统的安装工程由C公司承担，D监理公司担任现场工程监理。压缩空气站的主要设备及材料如下表所示。

主要设备及材料表

序号	名称	型号及规格	单位	数量
1	无润滑活塞式压缩机	排气量 10Nm³/min，排气压力 0.7MPa	台	3
2	储气罐	容积 1m³，设计压力 1.0MPa	台	3
3	干燥器	处理能力 10Nm³/min，设计压力 1.0MPa	台	2
4	除尘过滤器	12Nm³/min，设计压力 1.6MPa，精度 0.3μm	台	4
5	除尘过滤器	12Nm³/min，设计压力 1.6MPa，精度 0.01μm	台	2
6	无缝不锈钢管	φ108×4，06Cr19Ni10	m	270
7	无缝不锈钢管	φ57×3.5，06Cr19Ni10	m	83
8	球阀	Q341F-16P，DN100	个	5
9	球阀	Q41F-16P，DN50	个	4
10	镀锌焊接钢管	DN50	m	180

施工中，C 公司将储气罐与压缩空气管道作为一个系统进行水压试验，且试验压力取管道的试验压力。安装完成后，压缩机单机及系统试运行合格，本项目进行了竣工验收。

问题1：判断该压缩空气站中有哪些特种设备，并指出特种设备的种类。

【参考答案】

（1）储气罐属于特种设备中的压力容器。

（2）压缩空气输送管道属于特种设备中的压力管道。

【分析思路及作答要求】

本题以判定题的形式考查了特种设备的范围。针对特种设备范围的确定，根据《中华人民共和国特种设备安全法》的要求在前面已多次讲到，此处不再赘述。首先明确两个单位的概念，1Nm³/min 表示标准大气压下的流量是每分钟 1m³，1m³ = 1000L。其次对于压缩空气管道，如果管道内径超过 50mm、工作压力超过 0.1MPa 且容积超过 0.5m³，那么它就应该被视为特种设备，因此该工程中除了储气罐属于特种设备外，压缩空气管道亦属于特种设备。

★ 对于一建的备考，该题的意义在于指导考生学习的内容，针对近年来一建和二建的考试，与特种设备范围有关的题目越来越多，分值也越来越高。

问题2：C 公司将储气罐与压缩空气管道作为一个系统进行水压试验的做法是否正确？说明理由。

【参考答案】

（1）C 公司将储气罐与压缩空气管道作为一个系统进行水压试验的做法正确。

（2）理由：当管道与设备作为一个系统进行试验，管道的试验压力等于或小于设备的试验压力时，应按管道的试验压力进行试验。本工程压缩空气管道系统压力为 0.7MPa，试验压力为 1.5×0.7 = 1.05MPa，设备随机文件显示的储气罐的水压试验压力为

1.25MPa，因此 C 公司可将储气罐与压缩空气管道作为一个系统并按管道的试验压力进行水压试验。

【分析思路及作答要求】

本题以判定论述题的形式考查了工业管道的压力试验。作答本题较为容易，相关内容已在 2022 年一建案例题三中进行了详细的分析和讲解，此处仅针对本题的做题方法进行阐述。作答关键在于判断管道的试验压力和设备的试验压力孰大孰小。考生可根据管道的工作压力计算其试验压力，即 $1.5 \times 0.7 = 1.05$ MPa。而设备的试验压力是背景资料中给定的 1.25 MPa，综上可知管道的试验压力小，因此 C 公司将储气罐与压缩空气管道作为一个系统并按管道的试验压力进行压力试验，做法正确。

★ 对于一建的备考，该题的意义在于指导考生学习的内容，针对近几年一二建的考试，与工业管道压力试验有关的题目越来越多，分值也越来越高。

问题 3：压缩空气站工艺管道施工过程中，压缩空气管道和冷却水管道的施工工艺主要有哪些差异？（从材料管理和管道加工两方面叙述）

【参考答案】

（1）材料管理方面：压缩空气管道采用的是无缝不锈钢管，管道进场后应采用光谱分析或其他方法对材质进行复查，并做好标识；在运输和储存期间不得与碳素钢、低合金钢接触。

（2）管道加工方面：管道元件在加工过程中应及时进行标识移植，压缩空气管道不得使用硬印标记，采用色码标记时，印色材料不应对金属材料有害；压缩空气管道的修磨，应使用专用砂轮片；压缩空气管道应采用机械或等离子弧方法切割，冷却水管道宜采用机械或钢锯方法切割；压缩空气不锈钢管道可以焊接，冷却水管道镀锌钢管不可焊接。

【分析思路及作答要求】

本题以论述题的形式考查了工业管道管材及管件的检验，管道加工。作答的关键在于理解出题者的意图，材料管理方面即工业管道安装前对管材及管件的检验要求，管道加工方面即管道安装过程中对管道的切割焊接要求，理解出题者的意图后，便能准确定位所考内容。

★ 对于一建的备考，该题的意义在于指导考生学习的内容，考生可将上述参考答案直接作为一建备考的依据。

问题 4：压缩空气站的单机试运行由哪个单位负责？有哪些工作内容？

【参考答案】

（1）压缩空气站的单机试运行由施工单位负责。

（2）工作内容包括：负责编制试运行方案，并报建设单位、监理单位审批；组织实施试运行操作，做好测试记录并进行单机试运行验收。

【分析思路及作答要求】

本题以常规问答题的形式考查了试运行的组织。作答本题的关键在于熟练掌握试运行的工作内容及职责分工，如下表所示。

试运行的工作内容及职责分工

工作内容	施工单位	建设单位	监理单位	设计单位
单机试运行	☆	⊙	⊙	⊙
联动试运行	⊙	☆	⊙	⊙
负荷试运行	⊙	☆	⊙	⊙
水、电、油等物资供应	—	☆	—	—

注:"☆"表示负责组织实施,"⊙"表示负责参与配合。

第二问,具体到某一个试运行的工作内容,则可围绕着试运行方案的编制与组织实施两个关键点进行阐述作答。

★ 对于一建的备考,该题的意义在于指导考生学习的内容,考生可将上述参考答案直接作为一建备考的依据。

案例 12　2023 年二建（B 卷）案例题四

▶▶ 考情先知

（1）特种设备生产单位的许可
（2）危大工程范围的界定和方案实施
（3）起重机选用的基本参数
（4）设备基础施工质量的验收内容及要求

E 公司中标某煤化工程项目中的合成气净化装置的洗涤塔安装工程,其中洗涤塔重量为 690t（上段 220t、下段 470t）,属于第二类压力容器,分两段制造、进场。根据合同约定,E 公司负责洗涤塔的安装（吊装、就位）,F 公司负责洗涤塔现场组焊。

E 公司持有 GC1 级压力管道安装许可证、A 级起重机械安装许可证。根据现场条件及 E 公司装备情况,洗涤塔采用"正装法"进行安装。考虑洗涤塔对口及焊接操作,F 公司提前在洗涤塔下段塔体合缝处下方内外搭设了作业平台,外部平台设置踢脚板及防护栏杆。

洗涤塔吊装采用"单主机抬吊递送法"吊装工艺,主吊车选用 1250t 履带起重机,辅助吊车（溜尾吊车）选用 260t 履带起重机,主吊车按部件进场,现场组装后使用。洗涤塔上段吊装索具配置示意图,如图 1 所示,洗涤塔下段安装就位示意图,如图 2 所示。上段塔筒就位时,凌空高度以 500mm 计算。

在工程准备阶段,项目部施工组织技术人员按计划编制完成各项施工方案,并按规定完成施工方案的审批、论证。洗涤塔吊装前,E 公司进行了基础验收。基础的混凝土强度、预埋地脚螺栓中心距等验收项目全部符合要求。E 公司按方案要求对吊装机索具、主辅吊车站位处地面承载能力等条件进行安全验收并合格后,实施了洗涤塔吊装就位工作。

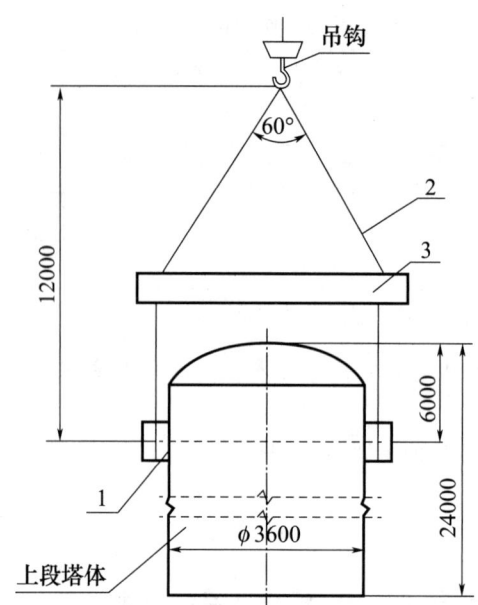

图1 洗涤塔上段吊装索具配置示意图（单位：mm）

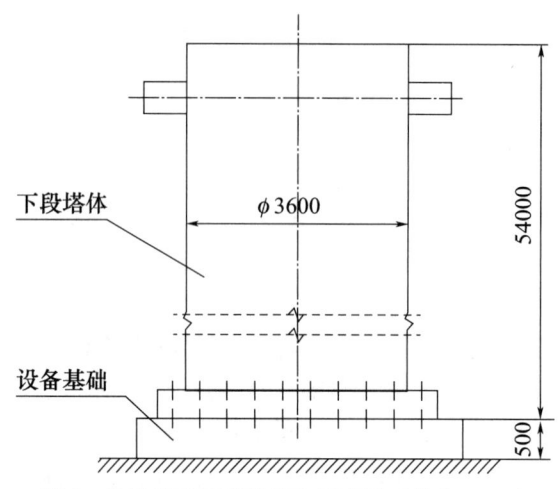

图2 洗涤塔下段安装就位示意图（单位：mm）

问题1：E公司是否具备洗涤塔安装资格？说明理由。

【参考答案】

（1）E公司具备洗涤塔安装资格。

（2）理由：任一级别安装资格的锅炉安装单位或压力管道安装单位均可进行压力容器的安装，因此E公司具有GC1级压力管道安装许可资质，可以安装属于第二类压力容器的洗涤塔。

【分析思路及作答要求】

本题以判定论述题的形式考查了特种设备生产单位的许可。根据2021年市场监管总局发布《市场监管总局关于特种设备行政许可有关事项的公告》规定，可以从事压力容器、压力管道安装的生产单位资质规定要求，如下表所示。

可以从事压力容器、压力管道安装的生产单位资质规定

所持有的许可资质	从事压力容器安装	从事压力管道安装
压力容器制造许可证	可以安装相应制造许可级别范围内的压力容器	可以安装与所安装压力容器直接相连接的压力管道
锅炉安装许可证	可以安装压力容器(氧舱除外)不受级别限制	可以安装与所安装锅炉直接相连接的压力管道
压力管道安装许可证	可以安装压力容器(氧舱除外)不受级别限制	可以安装许可证书范围内的压力管道

综上所述,作答本题,E公司具有GC1级压力管道安装许可资质,负责属于第二类压力容器的洗涤塔的安装,符合要求。

★ 对于一建的备考,该题的意义在于指导考生学习的内容,考生可将上述内容作为一建备考的重要依据,同时还需要考生按照特种设备生产单位许可的有关规定重点学习压力容器、压力管道、锅炉等特种设备的资质要求。

问题2:本工程中哪个方案需要组织专家论证?说明理由。方案论证应由哪个单位组织?

【参考答案】

(1) 本工程中1250t履带式起重机的现场组装方案需要组织专家论证。

(2) 现场组装的1250t履带式起重机的额定起重量大于300kN,因此1250t履带式起重机的现场组装属于超过一定规模的危大工程,故其组装方案需要组织专家论证。

(3) 方案论证应由E公司组织。

【分析思路及作答要求】

本题以判定论述和常规问答题的形式考查了危大工程范围的界定和方案实施。针对起重吊装工程中的危大工程和超过一定规模的危大工程的范围已多次讲到,故此处不再赘述。本题仅对考生最为关心的一个问题进行解答,即为什么本工程中采用履带式起重机进行设备吊装不属于超过一定规模的危大工程?

原因在于,"单主机抬吊递送法"不属于非常规起重方法,重点在一个"单"字。它是指使用一个主吊机,通过抬升和递送的方式将重物悬吊起来,并将其移动到目标位置的起重方法,这种起重方式简单、高效、灵活、适用范围广,广泛用于工业制造、建筑施工等领域。虽然该方法具有一定的起重难度和危险性,但不需要特殊的技术、工艺和安全保障措施,能够在正常的起重条件下进行,因此本工程中采用履带式起重机进行设备吊装不属于超过一定规模的危大工程。

另外,背景资料只是说主吊车按部件进场,现场组装后使用,并未说260t履带起重机也需要现场组装。除此之外,作答还必须满足问题的要求,"哪个方案需要组织专家论证",即该答案必须是有且只有一个。

★ 对于一建的备考,该题的意义在于指导考生学习的内容,考生可将上述分析结论直接作为一建备考的依据。

问题 3：指出图 1 中序号 1、2、3 分别代表的部件名称，计算洗涤塔吊装就位时的主吊车所需的最小起升高度。

【参考答案】

（1）1 是吊耳、2 是吊索、3 是平衡梁。

（2）洗涤塔吊装就位时的主吊车所需的最小起升高度为 500＋54000＋24000＋（12000－6000）＋500＝85000mm。

【分析思路及作答要求】

本题以图表分析和分析计算题的形式考查了起重机选用的基本参数。第一问较为容易，直接写出部件名称即可。第二问，参考答案中之所以要减去 6000mm，是因为上塔中的 24000 和 12000 均包括 6000mm 这部分高度，因此需要减去一个 6000mm 以避免重复计算。参考答案中之所以会有两个 500mm，是因为除了图中所示的 500mm 外，背景资料中还明确了吊装凌空高度为 500mm。

★ 对于一建的备考，该题的意义在于指导考生学习的内容，考生可将本题关于起重机选用的基本参数的考查方式作为一建备考的方向。

问题 4：洗涤塔基础的检查验收项目还应包括哪些内容？

【参考答案】

洗涤塔基础的检查验收项目还应包括：基础的位置、标高、几何尺寸；基础外观质量；预埋地脚螺栓的标高及露出基础的长度；设备基础常见质量通病。

【分析思路及作答要求】

本题以补充问答题的形式考查了设备基础施工质量的验收内容及要求。针对设备基础的验收，主要有四个内容，分别是：设备基础混凝土强度；设备基础的位置、标高、几何尺寸；设备基础外观质量；设备基础预埋地脚螺栓。同时，对于二建的考试还有设备基础常见质量通病。

背景资料中给出的是基础的混凝土强度、预埋地脚螺栓中心距，因此考生只需要对上述其他未给定内容补充作答即可。需要特别注意的是，相关验收内容不必拓展回答，但是"预埋地脚螺栓的标高及露出基础的长度"这一点必不可少。

★ 对于一建的备考，该题的意义在于指导考生学习的内容，考生可将上述内容作为一建备考学习的重中之重。

案例 13　2022 年二建（A 卷）案例题一

▶▶ **考情先知**

（1）施工进度偏差分析和施工进度控制措施

（2）通风与空调系统风管的制作要求

（3）通风与空调水系统管道的安装要求

背景资料

某安装公司承接一商务楼通风与空调安装工程,项目施工过程中,由于厂家供货不及时,空调设备安装超出计划6天,该项工作的自由时差和总时差分别为3天和8天,项目部通过采用CFD模拟技术缩减了3天空调系统调试时间,压缩了总工期。

项目部编制了质量预控方案表,对可能出现的质量问题采取了预控措施。例如针对风管矩形内弧形弯头设置了导流片,同时通过加强与装饰装修、给水排水、建筑电气及建筑智能化等专业之间的协调配合,保证了项目质量目标的实现。

施工过程中,监理工程师巡视发现空调冷热水管道安装存在质量问题,如下图所示,要求限期整改,其中管道支架的位置和数量满足规范要求。

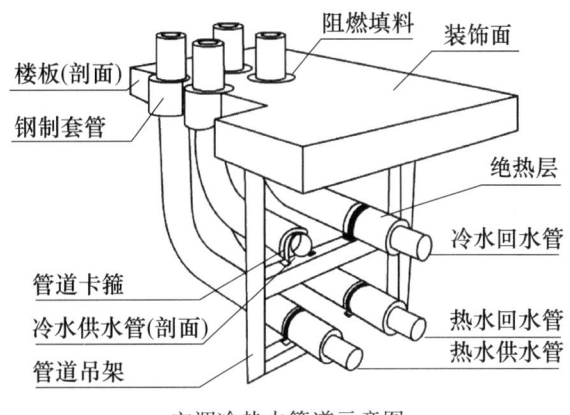

空调冷热水管道示意图

问题1:空调设备安装的进度偏差对后续工作和总工期是否有影响?说明理由。空调系统调试采用了哪种施工进度控制的主要措施?

【参考答案】

(1)空调设备安装的进度偏差对后续工作有影响,理由是空调设备安装超出计划6天,大于该项工作的自由时差3天,因此对后续工作的最早开始时间影响3天。

(2)空调设备安装的进度偏差对总工期没有影响,理由是空调设备安装超出计划6天,小于该项工作的总时差8天,因此对总工期没有影响。

(3)空调系统调试采用了技术措施对施工进度进行了控制。

【分析思路及作答要求】

本题以判定论述题的形式考查了施工进度偏差分析和施工进度控制措施。第一问,关键在于区分自由时差和总时差的概念,自由时差是指在不影响其紧后工作最早开始时间的条件下,本工作可以利用的机动时间。总时差是指在不影响整个工程总工期的前提下,本工作可以利用的机动时间。因此,若该工作的进度偏差大于该工作的自由时差,此偏差必然对后续工作产生影响,若该工作的进度偏差大于该工作的总时差,此偏差必然对后续工作和总工期产生影响。

第二问,施工进度的控制措施有组织措施、技术措施、合同措施、经济措施,对此2023年的一建和2024年的二建分别以单选题和问答题的形式进行考查,此处又以判定题的形式进行考查，采用网络计划技术并结合计算机应用对施工进度进行控制属于技术措施。

★ 对于一建的备考，该题的意义在于指导考生学习的内容，然而该考点内容较多，很难达到熟练记忆的程度，且上述内容很少涉及问答题，因此对于该内容的学习应以会区分四种措施为宜。

问题 2：风管矩形内弧形弯头设置导流片的作用是什么？
【参考答案】
风管矩形内弧形弯头设置导流片的作用是减小风管局部阻力和噪声。
【分析思路及作答要求】
本题以常规问答题的形式考查了通风与空调系统风管的制作要求。根据规定，矩形内斜线弯头和内弧形弯头均应设置导流片，以减小风管的局部阻力和噪声。同时，矩形消声弯管平面边长大于 800mm 时，应设置吸声导流片。

★ 对于一建的备考，该题的意义在于指导考生学习的内容，通风与空调系统风管及部件的制作要求、安装要求既是二建考试的重点，同样也是一建考试的重点。

问题 3：图中空调冷热水管道安装存在的质量问题有哪些？如何整改？
【参考答案】
（1）管道穿越楼板的钢制套管顶部与装饰面齐平不符合要求，管道穿越楼板的钢制套管顶部应高出装饰面 20~50mm，且不得将套管作为管道支撑。
（2）管道穿越楼板的套管与管道之间的缝隙采用阻燃材料封堵不符合要求，应采用不燃绝热材料封堵严密。
（3）热水管在下，冷水管在上不符合要求。冷热水管道上下平行安装时，热水管道在上，冷水管道在下。
（4）冷热水管道与支吊架间未设置衬垫不符合要求。冷热水管道与支吊架间应设置衬垫防止冷桥产生，且应采用不燃与难燃硬质绝热材料或经防腐处理的木衬垫。
【分析思路及作答要求】
本题以图表分析题的形式考查了通风与空调水系统管道的安装要求。作答本题的关键在于上述参考答案中的第（3）条，该条属于建筑室内给水管道施工的一般要求，其余要求详见上述参考答案，只需要围绕图中所给内容作答即可，图中没有的内容无需考虑。

★ 对于一建的备考，该题的意义在于指导考生学习的内容，通风与空调水系统管道的安装要求既是二建考试的重点，同样也是一建考试的重点。

案例 14　2022 年二建（A 卷）案例题二

▶▶ 考情先知
（1）施工技术交底的要求
（2）照明灯具及导管施工技术要求

背景资料

某机电安装公司承接一办公楼机电安装工程,工程内容包括建筑给排水、建筑电气、通风空调、建筑智能化等。

安装公司依据施工组织设计和施工方案编制了施工技术交底文件,并按层次、分阶段进行了技术交底。

项目质检员对已完成的照明工程进行检查,配电箱安装牢固,箱内回路名称标注清晰。照明灯具安装过程中,专业监理工程师检查发现灯具底座及导管吊架安装不符合施工规范,如下图所示,要求整改。

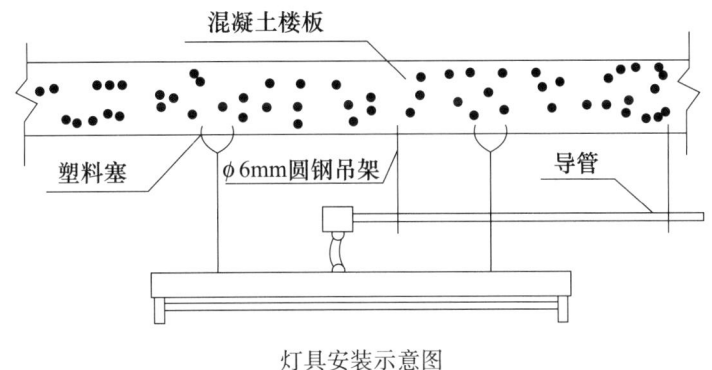

灯具安装示意图

项目竣工验收前,监理工程师对机电安装工程的观感质量进行了验收,对于观感质量差的分部工程要求施工单位返修处理。

问题1:施工技术交底的层次、阶段及交底形式应根据工程的哪些特点来确定?应在何时完成施工技术交底?

【参考答案】

(1)施工技术交底的层次、阶段及交底形式应根据工程的规模和施工的复杂难易程度及施工人员的素质来确定。

(2)施工技术交底必须在施工前完成。

【分析思路及作答要求】

本题以常规问答题的形式考查了施工技术交底的要求。作答本题的难点在于第一问,其根据主要与"工程、施工、人员"三者有关,考生可围绕这三者巩固记忆,即工程的大小、施工的难易、人员的素质。

★ 对于一建的备考,该题的意义在于指导考生学习的内容,考生可将上述参考答案的内容直接用于一建的备考学习中。

问题2:图中灯具底座安装和导管吊架安装存在哪些错误?如何整改?

【参考答案】

(1)灯具底座安装采用塑料塞固定不符合要求。灯具安装应牢固,在砌体或混凝土结构上严禁使用木楔、尼龙塞、塑料塞固定,应采用预埋吊钩、膨胀螺栓等安装固定。

(2) 导管吊架采用 φ6mm 圆钢吊架不符合要求。导管圆钢吊架直径不得小于 8mm，并设防晃支架。

【分析思路及作答要求】

本题以图表分析题的形式考查了照明灯具及导管施工技术要求。作答的关键在于吻合题意，即图中的错误如何整改，针对此类题目必须以图中所标信息为出发点进行作答。图中的信息即是对做题的提示，如本工程图中与灯具固定有关的"塑料塞"和与导管吊架有关的"φ6mm"。简而言之，将塑料塞改为预埋吊钩或膨胀螺栓，将 φ6mm 改为 φ8mm 即可。

★ 对于一建的备考，该题的意义在于指导考生学习的内容，对于电气照明和导管施工的考查，近年来二建的考频和分值要远远高于一建，因此对于一建的备考，考生应特别重视对该部分内容的学习。

案例 15　2022 年二建（A 卷）案例题三

▶▶ 考情先知

（1）危大工程范围的界定和方案实施
（2）离心式风机的试运行要求

某安装公司承接一项生活垃圾焚烧发电项目，工作内容包括 1 台 2500t/d 垃圾焚烧炉，1 台 25MW 汽轮发电机组及配套工程。

焚烧支座重 32t，汽包中心标高 42.5m，计划用 250t 履带起重机采用单主吊直接提升法完成汽包吊装就位。

项目部按施工进度计划安排 250t 履带起重机进场后，在现场组装时被监理工程师叫停。经查，项目部编制的《250t 履带起重机安拆专项方案》已经安装公司内部和监理工程师审批通过。

离心送风机安装完成后，在电机单独试运行首次启动时发现电机转向错误，停机处理后重新启动电机。运行 20min 后电机轴承温升异常，停机检查发现电机轴承润滑脂乳化，停机处理后再次启动电机，电机运行平稳。

问题 1：监理工程师叫停履带起重机组装的做法是否正确？说明理由。

【参考答案】

（1）监理工程师叫停履带起重机组装的做法正确。

（2）现场组装 250t 履带起重机属于超过一定规模的危险性较大的分部分项工程，编制的专项施工方案除经安装公司技术负责人和总监理工程师审批外，还应由安装公司组织专家论证会对专项施工方案进行论证。

【分析思路及作答要求】

本题以判定论述题的形式考查了危大工程范围的界定和方案实施。本题 250t 履带起重机是指起重机的额定起重量是250t，按照1t等于10kN来计算，约为2500kN，远远大于规定的300kN，因此该履带起重机的安装工程专项施工方案必须经专家论证后方能组织实施。

★ 对于一建的备考，该题的意义在于指导考生学习的内容，纵观历年一建和二建的考试，危大工程范围的界定和方案实施，其考频非常高，题目也是大同小异。因此需要考生利用所学内容针对不同的背景资料解决不同的问题，即以不变之规定应万变之题型。

问题2：说明电机转向错误和轴承润滑脂乳化的处理方法，电机试运行时对电机轴承的温度和振动的要求是什么？

【参考答案】
（1）电机转向错误的处理方法：在电源侧或电机接线盒侧任意对调两根电源线。
（2）轴承润滑脂乳化的处理方法：检查并清洗或更换过滤器，更换新的润滑脂。
（3）电机试运行时，在轴承表面测得的温度不得高于环境温度40℃，轴承振动速度有效值不得超过6.3mm/s。

【分析思路及作答要求】
本题以常规问答题的形式考查了离心式风机的试运行要求。首先，对于第一个问题，电动机的定子绕组通常由三相交流电供电，每相之间的电流相位差为120度，任意对调两根电源线，相当于改变了这两相电流的相对相位，从而改变了磁场的旋转方向，而电动机的转向是由定子绕组产生的磁场的旋转方向决定的，因此改变了磁场的旋转方向即改变了电动机的转向。

其次，针对第二个问题，润滑脂乳化是指油脂在水中不断分裂，分散成细小的颗粒，形成一种乳白色液体的过程，润滑脂在高温、高湿度、大气污染等环境条件下容易发生乳化，因此给出上述参考答案的处理方法。

最后，针对第三个问题，完全是对数字的考查，考生可将其作为结论加以记忆。

★ 对于一建的备考，该题的意义在于指导考生学习的内容，考生可将上述参考答案的内容直接用于一建备考。

案例16　2022年二建（A卷）案例题四

▶▶ **考情先知**
（1）施工组织设计的编制和审批
（2）工业管道的压力试验
（3）施工现场危险源的辨识
（4）特种设备的施工告知和监督检验

某安装公司承接某工业工艺用蒸汽管道安装工程，蒸汽管道由锅炉房至工艺车间架空敷

设，管道中心高度 5.5m。

主要工程量为 φ219mm×6mm 无缝钢管，材质为 20 号钢，重量约为 900t，各类阀门、流量计、安全附件等共 90 套，补偿方式为方形补偿器。

工作内容包括管道运输、管道切割、坡口打磨、管道焊接、压力试验，但不包括防腐绝热，无损检测由第三方负责。

为方便施工，在管道下方搭设脚手架，管道系统安装完成后，公司工程部组织技术部、质量安全部对项目部的竣工资料整理情况进行检查，部分检查情况为：

（1）工程的施工组织设计由项目经理主持编制，项目技术负责人审批。

（2）工程使用的管材、阀门、安全附件、焊接材料等都按规范进行进场质量检验或验收，记录齐全，各合格证和质量证明文件完备。

（3）管道水压试验记录显示，试压时共使用 3 块精度为 1.0 级的压力表，均校验合格且在有效期内，检定记录完备。

问题 1：工程中施工组织设计的编制、审批是否符合规定？说明理由。

【参考答案】

（1）工程中施工组织设计的编制符合规定，因为施工组织设计应由项目负责人主持编制，因此工程中施工组织设计由项目经理主持编制，符合规定。

（2）工程中施工组织设计的审批不符合规定，因为施工组织设计应由施工单位技术负责人审批，因此工程中施工组织设计由项目技术负责人审批，不符合规定。

【分析思路及作答要求】

本题以判断改错题的形式考查了施工组织设计的编制和审批。作答的关键是熟练掌握施工组织设计的编制审批要求，依据《建筑施工组织设计规范》GB/T 50502—2009 第 3.0.5 条的规定：施工组织设计应由项目负责人主持编制；施工组织总设计应由总承包单位技术负责人审批；单位工程施工组织设计应由施工单位技术负责人或技术负责人授权的技术人员审批；施工方案应由项目技术负责人审批；由专业承包单位施工的分部（分项）工程或专项工程的施工方案，应由专业承包单位技术负责人或技术负责人授权的技术人员审批；有总承包单位时，应由总承包单位项目技术负责人核准备案。

★ 对于一建的备考，该题的意义在于指导考生学习的内容，上述规范的规定，需要一建考生重点掌握，以解决案例改错题。

问题 2：管道水压试验时压力表的使用是否正确？说明理由。

【参考答案】

（1）管道水压试验时压力表的使用正确。

（2）按照规定，管道系统压力试验所使用的压力表应已校验合格，并在检定合格有效期内，其精度不低于 1.6 级，数量不少于 2 块。因此本工程试压共使用 3 块精度为 1.0 级的压力表，校验合格且在有效期内，检定记录完备，符合要求。

【分析思路及作答要求】

本题以判定改错题的形式考查了工业管道的压力试验。作答本题较为简单，根据《工业金属管道工程施工规范》GB 50235—2010 第 8.6.3 条第 4 款的规定：试验用压力表已校验，并在有效期内，其精度不得低于 1.6 级，表的满刻度值应为被测最大压力的 1.5~2 倍，压力表不得少于 2 块。此处精度等级是反映仪表误差大小的术语，数字越小误差越小，因此压力试验应选用的压力表的精度等级宜为 1.0 级或 1.6 级。

★ 对于一建的备考，该题的意义在于指导考生学习的内容，工业管道的压力试验不仅是二建考试的重点，同样也是一建考试的重点。

问题 3：指出安装公司在蒸汽管道安装施工过程中存在的危险源。
【参考答案】
安装公司在蒸汽管道安装施工过程中存在的危险源主要有：高空坠落、倒塌、坍塌、堆放散落、机械伤害、火灾、触电、弧光灼眼、烟气中毒、压力试验伤害。
【分析思路及作答要求】
本题以常规问答题的形式考查了施工现场危险源的辨识。此前我们多次反复讲了施工安全重大危险源的主要类型，如高空作业→高空坠落，机械作业→机械伤害，此处不再赘述。作答应结合背景资料对施工单位的相关工作进行分析，如管道架空敷设→高空坠落，管道下方搭设脚手架→倒塌、坍塌，管道运输→堆放散落，管道切割→机械伤害，坡口打磨→机械伤害，管道焊接→火灾、触电、弧光灼眼、烟气中毒，压力试验→压力试验伤害。安装公司的工作内容不包括无损检测，因此答案中不要写射线伤害，以免被扣分。

★ 对于一建的备考，该题的意义在于指导考生学习的内容，分析施工安全重大危险源的主要类型，如上述考查方式，是一建和二建共同的特点。

问题 4：蒸汽管道安装前和交付使用前应办理什么手续？分别在哪个部门办理？
【参考答案】
（1）蒸汽管道安装前应办理书面告知手续，书面告知直辖市或者设区的市级人民政府负责特种设备安全监督管理的部门。
（2）蒸汽管道交付使用前应办理监督检验手续，监督检验手续在特种设备检验机构办理。
【分析思路及作答要求】
本题以常规问答题的形式考查了特种设备的施工告知和监督检验。根据《中华人民共和国特种设备安全法》第二十三条的规定：特种设备安装、改造、修理的施工单位应当在施工前将拟进行的特种设备安装、改造、修理情况书面告知直辖市或者设区的市级人民政府负责特种设备安全监督管理的部门。另外，根据《中华人民共和国特种设备安全法》第二十五条的规定：锅炉、压力容器、压力管道元件等特种设备的制造过程和锅炉、压力容器、压力管道、电梯、起重机械、客运索道、大型游乐设施的安装、改造、重大修理过程，应当经特种设备检验机构按照安全技术规范的要求进行监督检验；未经监督检验或者监督检验不合格的，不得出厂或者交付使用。

★ 对于一建的备考，该题的意义在于指导考生学习的内容，此为送分题，作为考生应熟知的内容，作答必须按照上述要求给出准确的答案。

案例 17　2022 年二建（B 卷）案例题一

▶▶ 考情先知

(1) 电子招标投标方法和投标策略
(2) 防烟排烟系统施工技术要求
(3) 梯架、托盘和槽盒的施工技术要求
(4) 工程价款调整及工程价款结算

背景资料

某科技公司数据中心机电采购及安装分包工程采用电子招标，邀请行业内有类似工程经验的 A、B、C、D、E 五家单位投标。

工程采用固定总价合同，在合同专用条款中约定镀锌钢板的价格随市场波动时，镀锌钢板风管制作安装的工程量清单综合单价中，调整期价格与基期价格之比涨幅率在±5%以内不予调整，超过±5%时，只对超出部分进行调整。

工程预付款 100 万元，质量保修金 90 万元。

投标过程中，E 单位在投标截止时间前一个小时，突然提交总价降低 5% 的修改标书。

最终经公开评审，B 单位中标，合同价 3000 万元，含甲供设备暂估价 200 万元，其中镀锌钢板风管制作安装的工程量清单综合单价为 600 元/m^2，工程量为 10000m^2。

建设单位按约定支付了工程预付款，施工开始后，镀锌钢板的市场价格上涨，风管制作安装的工程量清单调整期综合单价为 648 元/m^2，该项合同价款予以调整。

设计变更调整价款为 50 万元。

施工过程中，消防排烟系统设计工作压力为 750Pa，排烟风管采用角钢法兰连接，现场排烟防火阀及风管安装如下图所示，监理单位在工程质量验评时，对排烟防火阀的安装和排烟风管法兰连接的工艺提出整改要求。

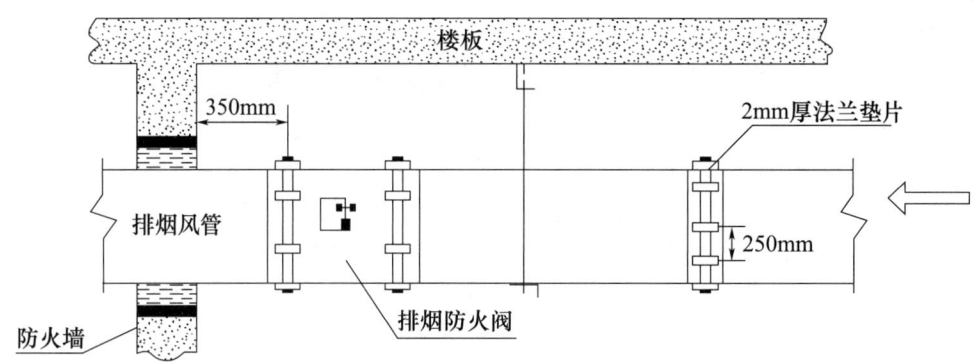

排烟防火阀及风管安装示意图

数据中心 F2 层变配电室的某段金属梯架全长 45m，敷设一条扁钢作接地保护导体，监理单位对金属梯架与接地保护导体的连接部位进行了重点检查，以确保金属梯架可靠接地。

工程竣工后，B单位按期提交了工程竣工结算书。

问题1：E单位突然降价的投标做法是否违规？说明理由。

【参考答案】

（1）E单位突然降价的投标做法不违规。

（2）投标人在投标截止时间前可以补充、修改或者撤回投标文件，且E单位突然降价的投标做法属于投标策略中的投标前突然竞价法。

【分析思路及作答要求】

本题以判定论述题的形式考查了电子招标投标方法和投标策略。根据规定，投标人应当在投标截止时间前完成投标文件的传输递交，并可以补充、修改或者撤回投标文件。投标策略分为技术标的投标策略和商务报价的策略，其中商务报价的策略包括：不平衡报价法、多方案报价法、增加建议方案法、投标前突然竞价法、无利润竞标法。

★ 对于一建的备考，该题的意义在于指导考生学习的内容，考生可将上述的内容作为结论，进一步作为一建备考的依据。

问题2：写出图中排烟防火阀安装和排烟风管法兰连接的正确要求。

【参考答案】

（1）排烟防火阀距离防火墙表面350mm，不符合要求。防火分区隔墙两侧的防火阀距墙表面应不大于200mm。

（2）排烟防火阀没有设置独立的支吊架，不符合要求。排烟防火阀应设置独立的支吊架。

（3）排烟风管采用法兰连接时的法兰垫片厚度为2mm，不符合要求。排烟风管法兰垫片应为不燃材料且厚度不小于3mm。

（4）法兰连接处的螺栓孔间距为250mm，不符合要求。防烟排烟风管的允许漏风量应按中压系统确定，因此法兰螺栓及铆钉间距应小于等于150mm。

【分析思路及作答要求】

本题以图表分析题的形式考查了防烟排烟系统施工技术要求。作答应主要围绕题中两个信息进行作答，分别是排烟防火阀安装和风管法兰连接。排烟防火阀安装的问题在于与防火墙之间的距离和支吊架的设置，而风管法兰连接的关键在于对"2mm"和"250mm"这两个数字进行修正，正如上述参考答案。作答本题值得注意的是，依据《通风与空调工程施工规范》GB 50738—2011 第4.2.8条的规定：金属矩形风管采用角钢法兰连接时，螺栓及铆钉间距应符合规定，低、中压系统≤150mm，高压系统≤100mm。

★ 对于一建的备考，该题的意义在于指导考生学习的内容，考生可将上述的内容作为结论，进一步作为一建备考的依据。

问题3：变配电室的金属梯架应至少设置多少个与接地保护导体的连接点？分别写出连接点的位置。

【参考答案】

（1）变配电室全长45m的金属梯架，由于长度大于30m，因此应至少设置3个与接地保护导体的连接点。

（2）连接点的位置分别是起始端、终点端、中间位置。

【分析思路及作答要求】

本题以常规问答题的形式考查了梯架、托盘和槽盒的施工技术要求。根据《建筑电气与智能化通用规范》GB 55024—2022 第 8.7.1 条第 1 款的规定：电缆桥架全长不大于 30m 时，不应少于 2 处与保护导体可靠连接。全长大于 30m 时，每隔 20~30m 应增加一个连接点，起始端和终点端均应可靠接地。因此变配电室全长 45m 的金属梯架，只需要在起始端、终点端、中间位置分别设置 1 个与接地保护导体的连接点，即可满足上述规范要求。

★ 对于一建的备考，该题的意义在于指导考生学习的内容，考生可将上述的内容作为一建备考的依据，且作为重中之重内容进行巩固复习。

问题 4：计算说明风管制作安装工程合同价款予以调整的理由。该合同价款的调整金额是多少？如不考虑其他合同价款的变化，计算本工程竣工结算价款。

【参考答案】

（1）虽然采用固定总价合同，但是专用条款约定镀锌钢板价格随市场波动时，镀锌钢板风管制作安装的工程量清单综合单价中，调整期价格与基期价格之比涨幅率超过±5%时，对超出部分进行调整。原计划综合单价为 600 元/m²，工程量为 10000m²，施工开始后，调整期综合单价为 648 元/m²，涨幅为 (648−600)÷600＝8%，因此应对风管制作安装工程合同价款予以调整。

（2）调整金额为：[648−600（1+5%）]×10000＝18 万元。

（3）竣工结算价款为：3000+50+18−200−100−90＝2678 万元。

【分析思路及作答要求】

本题以分析计算题的形式考查了工程价款调整及工程价款结算。作答本题的关键在于读懂背景资料，一切以背景资料中的相关要求为准进行作答。第一问，背景资料中已明确要求"工程量清单综合单价中，超过±5%时，对超出部分进行调整"。

第二问，合同价款的调整金额即按照价格上涨后的单价进行调整，需要多花多少钱，调整期综合单价为 648 元/m²，但是只对超过 5% 的部分进行调整，因此每平方米的单价由原来的 600 元调整为 618 元，而不是调整为 648 元，调整金额为 18 万元。

第三问，如上述参考答案，其中的 3000 万元为合同价，50 万元为设计变更，18 万元为增调金额，200 万元为甲供设备，100 万元为预付款，90 万元为质保金。

★ 对于一建的备考，该题的意义在于指导考生学习的内容，考生可按上述方法解答一建考试中的相关问题。

案例 18 2022 年二建（B 卷）案例题二

▶▶ **考情先知**

（1）施工进度计划的分析及调整
（2）安全生产责任制
（3）架空电力线路的组成

背景资料

A公司中标一升压站安装工程项目,因项目地处偏远地区,升压站安装前需建设施工临时用电工程,A公司将临时用电工程分包给B公司,临时用电工程内容包括10/0.4kV电力变压器安装、配电箱安装、架空线路(电杆、导线及附件)施工。

A公司要求尽快完成施工临时用电工程,B公司编制了施工临时用电工程作业进度计划(下表),计划工期30天,在审批时被监理公司否定,要求重新编制。B公司在工作持续时间不变的情况下,将导线架设调整至电杆组立完成后进行,修改了作业进度计划。

施工临时用电工程作业进度计划

序号	工作内容	开始时间	结束时间	持续时间	4月 1	6	11	16	21	26
1	施工准备	4.1	4.3	3d	■					
2	电力变压器、配电箱安装	4.4	4.8	5d	—					
3	电杆组立	4.4	4.23	20d	—	—	—	—		
4	导线架设	4.4	4.23	20d	—	—	—	—		
5	线路试验	4.24	4.28	5d					—	
6	验收	4.29	4.30	2d						■

B公司与A公司签订了安全生产责任书,明确了各自的安全生产责任,建立了项目安全生产责任体系,并由项目副经理全面领导负责安全生产,为安全生产第一责任人,并由项目总工程师对本项目的安全生产负部分领导责任。

电杆及附件安装(下图)和导线架设后,在线路试验前,某档距内的一条架空导线因事故造成断线,B公司用相同规格的导线对断线进行了修复,施工临时用电工程验收合格。

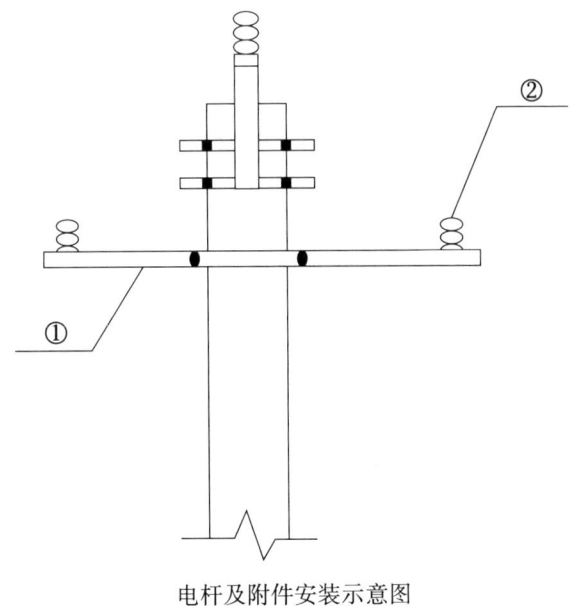

电杆及附件安装示意图

问题1：临时用电工程施工作业进度计划为什么被监理公司否定？修改后的施工作业进度计划工期需要多少天？

【参考答案】

（1）临时用电工程施工作业进度计划被否定的原因是：表中电杆组立和导线架设同时进行不符合要求，按照施工顺序，电杆组立完成后方可进行导线架设。

（2）修改后的施工作业进度计划工期需要50天。

【分析思路及作答要求】

本题以图表分析题的形式考查了施工进度计划的分析及调整。第一问，虽然是要结合架空线路的施工程序进行作答，但是也可以直接根据背景资料的描述写出正确的答案，因为背景资料中已经明确"将导线架设调整至电杆组立完成后进行"。第二问，首先结合横道图可知，原施工进度计划的工期是4月1日开始至4月30日结束，持续时间是30天，将导线架设调整至电杆组立完成后进行，相当于持续时间是在原来的基础上增加了20天，因此修改后的施工作业进度计划工期需要50天。

★对于一建的备考，该题的意义在于指导考生学习的内容，架空线路施工的一般程序需要一建考生重点掌握，即线路测量→基础施工→杆塔组立→放线架线→导线连接→线路试验→竣工验收检查。

问题2：B公司制定的安全生产责任体系有哪些不妥？说明理由。

【参考答案】

（1）B公司制定的安全生产责任体系，由项目副经理全面领导负责安全生产，为安全生产第一责任人，不妥。应由项目经理全面领导负责安全生产，并为安全生产第一责任人。

（2）由项目总工程师对本项目的安全生产负部分领导责任，不妥。项目总工程师对本项目的安全生产负技术责任。

【分析思路及作答要求】

本题以判断改错题的形式考查了安全生产责任制。作答本题极为容易，项目经理是安全生产第一责任人，全面负责项目的安全生产工作，项目总工程师负技术责任。

★对于一建的备考，该题的意义在于指导考生学习的内容，考生可将上述结论直接用于一建备考，同时巩固复习项目经理和项目专职安全生产管理人员的安全生产职责。

问题3：说明图中①、②部件的名称及其作用。

【参考答案】

①是横担，作用是装在电杆上端，用来固定绝缘子架设导线，有时也用来固定开关设备或避雷器。

②是绝缘子，作用是用来支持固定导线使导线对地绝缘，并承受导线的垂直荷重和水平拉力。

【分析思路及作答要求】

本题以图表分析题的形式考查了架空电力线路的组成。作为常识性内容需一建和二建考生掌握,简记为:横担的作用是固定绝缘子,绝缘子的作用是固定导线。

★ 对于一建的备考,该题的意义在于指导考生学习的内容,考生可将上述的内容作为常识性的要求直接用于一建的备考。

案例 19　2022 年二建(B 卷)案例题三

▶▶ 考情先知
(1) 自动喷水灭火系统的安装要求
(2) 自动喷水灭火系统的调试要求
(3) 工程保修

背景资料

A 公司承接一地下停车库的机电安装工程,工程内容包括给水排水、建筑电气、消防工程等。经建设单位同意,A 公司将消防工程分包给了 B 公司,并对 B 公司在资质条件、人员配备等方面进行了考核和管理。

自动喷水灭火系统的直立式喷头运到施工现场,经外观检查后,立即与消防管道同时进行安装,直立式喷头安装如下图所示,施工过程中被监理工程师叫停,要求整改。

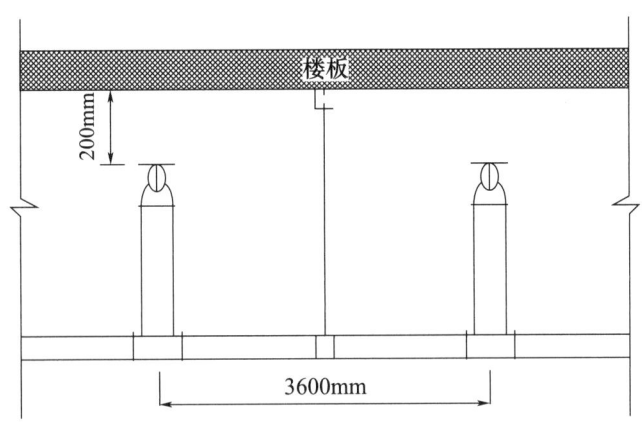

喷洒头安装示意图

B 公司整改后,对自动喷水灭火系统进行通水调试,调试项目包括水源测试、报警阀调试、联动试验,在验收时被监理工程师要求补充调试项目。

该停车库项目在竣工验收合格 12 个月后才投入使用,投入使用 12 个月后,消防管道漏水,建设单位要求 A 公司进行维修。

问题1:说明自动喷水灭火系统安装被监理工程师要求整改的原因。(部分超纲)
【参考答案】
自动喷水灭火系统安装被监理工程师要求整改的原因:
(1) 直立式喷头运到施工现场,经外观检查后,立即与消防管道同时进行安装,不符合要求。自动喷水灭火系统的闭式喷头应在安装前进行密封性能试验，且必须在系统试压、冲洗合格后进行安装。

(2) 喷头溅水盘距楼板200mm，不符合要求。直立式喷头溅水盘与顶板的距离应为75～150mm。(超纲)

(3) 两个喷头之间的距离为3.6m，不符合要求。停车库的火灾危险等级为中危险级Ⅱ级，喷头若采用矩形或平行四边形布置，其长边边长可以不超过3.6m，若采用正方形布置，其边长不应超过3.4m。(超纲)

【分析思路及作答要求】

本题以判断改错和图表分析题的形式考查了自动喷水灭火系统的安装要求。喷头应在安装前进行密封性能试验，且必须在系统试压、冲洗合格后进行安装。针对图中所示的2个数字进行修改，难度极大，尤其是图中的3.6m。首先需要根据《自动喷水灭火系统设计规范》GB 50084—2017第3.0.1条判断停车库的火灾危险等级，其次还需要根据上述规范第7.1.2条找到不同火灾危险等级场所的不同的喷头布置形式对应的规范要求，如下表所示。

直立型、下垂型标准覆盖面积洒水喷头的布置

火灾危险等级	正方形布置的边长（m）	矩形或平行四边形布置的长边边长（m）	一只喷头的最大保护面积（m²）
轻危险级	4.4	4.5	20.0
中危险级Ⅰ级	3.6	4.0	12.5
中危险级Ⅱ级	3.4	3.6	11.5
严重危险级、仓库危险级	3.0	3.6	9.0

★ 对于一建的备考，该题的意义在于指导考生学习的方向，上述内容无需记忆，考生简单了解即可。

问题2：自动喷水灭火系统的调试还应补充哪些项目？

【参考答案】

自动喷水灭火系统的调试项目还应补充消防水泵的调试、稳压泵的调试、排水设施的调试。

【分析思路及作答要求】

本题以补充问答题的形式考查了自动喷水灭火系统的调试要求。自动喷水灭火系统的调试应包括：水源测试、消防水泵调试、稳压泵调试、报警阀调试、排水设施调试、联动试验。对于该内容的记忆，考生可以按照水流所经过的各种组件来进行记忆，即水源→水泵→稳压泵→报警阀→排水设施，最后是联动。

★ 对于一建的备考，该题的意义在于指导考生学习的内容，自动喷水灭火系统的调试应包括的内容，既是二建考试的重点，也是一建考试的重点，需要重点记忆。

问题 3：消防管道维修是否在保修期内？说明理由。维修费用由谁承担？

【参考答案】

（1）消防管道维修不在保修期内。

（2）理由：建设工程的保修期自竣工验收合格之日起计算，与何时投入使用无关，且给水排水管道的保修期为 2 年，因此该停车库项目在竣工验收合格 12 个月后投入使用，投入使用 12 个月后，消防管道漏水，已超过保修期限。

（3）根据《建设工程质量管理条例》的规定，消防管道已超过保修期限，因此该维修费用应由建设单位承担。

【分析思路及作答要求】

本题以判定论述题的形式考查了工程保修。建设工程中安装工程在正常使用条件下的最低保修期限为：电气管线、给水排水管道、设备安装工程保修期为 2 年。供热和供冷系统为 2 个供暖期、供冷期。作答本题应注意，建设工程的保修期应自竣工验收合格之日起开始计算。在建设工程未经竣工验收的情况下，发包人擅自使用的，以建设工程转移占有日为竣工日期。总之，与工程何时投入使用无关。

★ 对于一建的备考，该题的意义在于指导考生学习的内容，工程保修责任的划分及保修期限等相关内容，是历年来一建和二建共同的高频高分值考点。

案例 20　2022 年二建（B 卷）案例题四

▶▶ **考情先知**

（1）工业管道支吊架的安装要求

（2）安全技术交底

（3）施工组织设计的实施

背景资料

安装公司承接某工业厂房蒸汽系统安装，系统热源来自两台蒸汽锅炉，锅炉单台额定蒸发量为 12t/h，出口蒸汽压力为 1.0MPa，蒸汽温度为 195℃。蒸汽主管采用 ϕ219mm×6mm 无缝钢管，安装高度 H+3.2m，管道采用 70mm 厚岩棉保温，蒸汽主管全部采用氩弧焊焊接。

安装公司进场后，编制了施工组织设计和施工方案，在蒸汽管道支吊架安装设计交底时，监理工程师要求修改滑动支架的安装高度、吊架吊点的安装位置，如下图所示。

施工前，安装公司对全体作业人员进行了安全技术交底，交底内容包括施工项目的作业特点和危险点、针对危险点的具体预防措施、作业中应遵守的操作规程和注意事项，所有参加人员在交底书上签字，并将安全技术交底记录整理归档为一式两份，分别由安全员、施工班组留存。

安装公司将蒸汽主管的焊接改为底层采用氩弧焊、面层采用电弧焊，经设计单位同意后立即进入施工，但被监理工程师叫停，要求安装公司修改施工组织设计，并审批后方能施工。

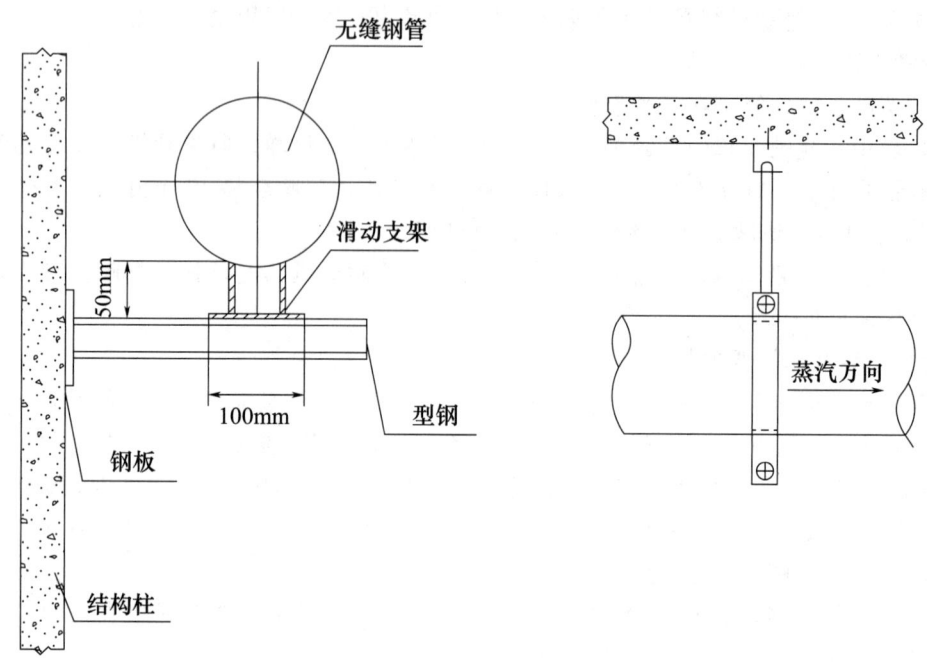

蒸汽管道支、吊架安装示意图

问题1：图中滑动支架的安装高度及吊架吊点的安装位置如何修改？
【参考答案】
（1）该工程管道采用70mm厚岩棉保温，而图中滑动支架安装高度仅为50mm，由此绝热层会妨碍管道热位移，因此应增加滑动支架的安装高度使之稍大于保温层的厚度。
（2）蒸汽管道有热位移，因此其吊杆应偏置安装，吊点应设在位移的相反方向，并按位移值的1/2偏位安装。

【分析思路及作答要求】
本题以图表分析题的形式考查了工业管道支吊架的安装要求。作答的难度主要在于对"绝热层不得妨碍其位移"这句话的应用。如图中所示，支架高度50mm，但是管道绝热层厚度是70mm，因此安装后必然导致管道绝热层与型钢底座直接接触，产生摩擦影响管道热位移。

★ 对于一建的备考，该题的意义在于指导考生学习的内容，工业管道支吊架的安装要求是历年来一建和二建共同的高频高分值考点。

问题2：安全技术交底记录整理归档有何不妥？
【参考答案】
安全技术交底记录整理归档为一式两份不妥，应为一式三份，分别由安全员、施工班组留存不妥，应分别由工长、施工班组、安全员留存。

【分析思路及作答要求】
本题以判断改错题的形式考查了安全技术交底。本题较为容易，只需将一式两份改为一式三份，并由工长、施工班组、安全员留存即可。

★ 对于一建的备考，该题的意义在于指导考生学习的内容。

问题 3：监理工程师要求修改施工组织设计是否合理？为什么？
【参考答案】
（1）监理工程师要求修改施工组织设计合理。
（2）安装公司将蒸汽主管的焊接改为底层采用氩弧焊、面层采用电弧焊，属于主要施工方法有重大调整，因此需要对原来的施工组织设计进行修改或补充，并对修改或补充的施工组织设计按原审批级别重新审批后实施。

【分析思路及作答要求】
本题以判定论述题的形式考查了施工组织设计的实施。根据《建筑施工组织设计规范》GB/T 50502—2009 第 3.0.6 条的规定。

3.0.6　施工组织设计应实行动态管理，并符合下列规定：
1　项目施工过程中，发生以下情况之一时，施工组织设计应及时进行修改或补充。
（1）工程设计有重大修改。
（2）有关法律、法规、规范和标准实施、修订和废止。
（3）主要施工方法有重大调整。
（4）主要施工资源配置有重大调整。
（5）施工环境有重大改变。
2　经修改或补充的施工组织设计应重新审批后实施。

★对于一建的备考，该题的意义在于指导考生学习的内容。

案例 21　2021 年二建（A 卷）案例题一

▶▶ 考情先知
（1）施工现场项目部主要人员的配备
（2）钢结构的制作要求
（3）降低施工成本的措施
（4）通风与空调系统的施工技术要求

背 景 资 料

某公司承接一体育馆机电安装工程，建筑高度 35m，屋面结构为复杂钢结构，其下方布置空调除湿管道、虹吸雨水管道等机电管线，安装高度 18~28m。混凝土预制看台板下方机电管线的吊架采用焊接 H 型钢作为转换支架，规格型号为 WH350×350。

公司组建项目部，配备了项目负责人、项目技术负责人，其中现场施工管理人员包括施工员、材料员、安全员、质量员和资料员，项目部将人员名单、数量和培训情况上报，总包单位审查后认为人员配备不能满足项目管理的需求，要求补充。

在 H 型钢转换支架制作过程中，监理工程师检查发现有 H 型钢存在拼接不符合安装要求的情况，如下图所示，项目部组织施工人员返工后合格。

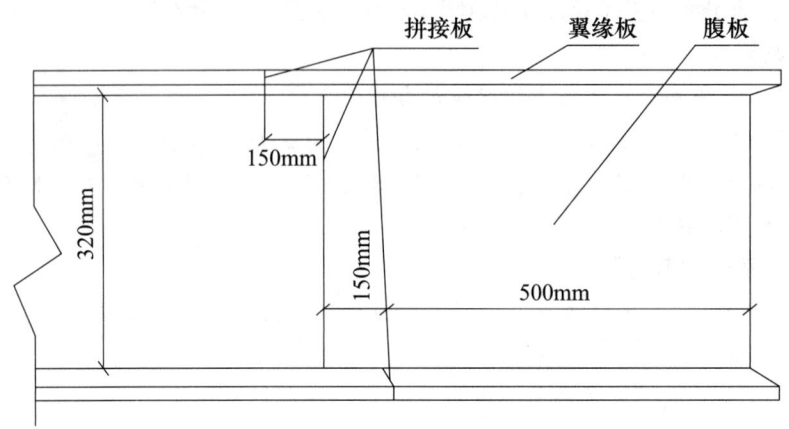

H 型钢现场拼接示意图

体育馆除湿风管采用直径 DN800mm 的镀锌圆形螺旋缝风管，为外购风管，标准节长度 4m，总计 140 节，风管加工前进行现场实测实量，成品直接运至现场检验，合格后随即安装。

为加快进度和降低成本，项目部进行了风管吊装重力计算和安装工艺研究，采取每 3 节风管在地面组装并局部保温后整体吊装的施工方法。自行研制风管吊装卡具，用 4 组电动葫芦配合 2 台曲臂车完成风管起吊、支架固定和风管连接。根据需求限定 7~8 人配合操作，并购买了上述人员的意外伤害保险，曲臂车操作人员取得了高空作业操作证。除湿风管安装总计节约成本约为 10 万元。

项目部对空调机房安装质量进行检查，情况如下：风管安装顺直，支吊架制作采用机械加工的方法；穿过机房墙体部位风管的防护套管与保温层间有 20mm 的缝隙；防火阀距离墙体 500mm；为确保调节阀手柄操作灵敏，调节阀阀体未进行保温；因空调机组即将单机试运行，项目部已将机组过滤器安装完毕。

问题 1：机电项目部现场施工管理人员应补充哪类人员？项目部主要人员还应补充哪类人员？

【参考答案】

（1）机电项目部现场施工管理人员应补充劳务员、机械员、标准员。

（2）项目部主要人员还应补充项目副经理、项目部技术人员、满足施工要求且经考核或培训合格的技术工人。

【分析思路及作答要求】

本题以补充问答题的形式考查了施工现场项目部主要人员的配备。施工现场项目部主要人员有：项目经理、项目副经理、项目技术负责人、项目部技术人员、项目部现场主要技术工人、项目部现场施工管理人员。其中项目部现场施工管理人员主要有：施工员、质量员、安全员、劳务员、材料员、机械员、资料员、标准员。

★ 对于一建的备考，该题的意义在于指导考生学习的内容，考生可将上述内容直接用于一建的备考。

问题 2：指出 H 型钢拼接有哪些做法不符合安装要求？正确做法是什么？

【参考答案】

（1）焊接 H 型钢的翼缘板拼接缝和腹板拼接缝的间距 150mm 不妥，正确做法的间距不宜小于 200mm。

（2）翼缘板拼接长度 500mm 不妥，正确做法的翼缘板拼接长度不应小于 600mm。

【分析思路及作答要求】

本题以图表分析题的形式考查了钢结构的制作要求。作答的关键在于将所学内容与图形相结合，即图中 150mm 代表的是翼缘板拼接缝和腹板拼接缝的间距，此间距不宜小于 200mm，图中 500mm 代表的是翼缘板拼接长度，此长度不应小于 600mm。

★ 对于一建的备考，该题的意义在于指导考生学习的方向，上述内容无需掌握，考生只需按照一建中有关钢结构制作的相关内容进行学习备考即可。

问题 3：项目部安装除湿风管在哪些方面采取了降低成本的措施？

【参考答案】

（1）采取每 3 节风管在地面组装并局部保温后整体吊装的施工方法，属于技术措施。

（2）自行研制风管吊装卡具，用 4 组电动葫芦配合 2 台曲臂车完成风管吊装及连接，属于新技术的技术措施。

（3）根据需求限定 7~8 人配合操作，曲臂车操作人员取得高空作业操作证，属于经济措施。

（4）为相关人员购买意外伤害保险，属于合同措施。

【分析思路及作答要求】

本题以判定论述题的形式考查了降低施工成本的措施。降低施工成本的措施与施工进度的控制措施一样，均包括组织措施、技术措施、经济措施、合同措施。降低施工成本的措施中，组织措施主要与目标、体系、责任、制度等有关，技术措施主要与工艺、方案等有关。经济措施主要与人、材、机等的费用有关。合同措施主要与合同模式和风险防范有关。作答本题主要是针对背景资料中的相关信息与上述四种措施给出一一的对应关系即可。

★ 对于一建的备考，该题的意义在于指导考生学习的方向，一建考生针对上述内容简单了解即可，无需重点掌握。

问题 4：指出本项目空调机房安装存在的问题有哪些？

【参考答案】

（1）穿过机房墙体部位风管的防护套管与保温层间有 20mm 的缝隙，不符合要求，应采用不燃柔性材料封堵严密。

（2）防火阀距离墙体 500mm，不符合要求，防火阀距离墙体应不大于 200mm。

（3）为确保调节阀手柄操作灵敏，调节阀阀体未进行保温，不符合要求，调节阀阀体应进行保温，但要保留调节手柄的位置，保证操作灵活方便。

（4）因空调机组即将单机试运行，项目部已将机组过滤器安装完毕，不符合要求，机组过滤器应在单机试运转完成后安装。

【分析思路及作答要求】

本题以判断改错题的形式考查了通风与空调系统的施工技术要求。作答本题较为容易，只需要针对背景资料中给定的相关信息进行逐句分析修改即可，且所考内容均为常规内容，详见上述参考答案，此处不再赘述。

★ 对于一建的备考，该题的意义在于指导考生学习的内容，考生可将上述内容直接用于一建的备考。

案例22　2021年二建（A卷）案例题二

▶▶ **考情先知**

（1）施工现场项目部主要人员的配备和危大工程范围的界定
（2）起重机械的监督检验
（3）试运行的组织和施工质量事故的调查处理
（4）索赔成立的前提条件

A公司承接某油田设备安装工程，其中压缩厂房的工程内容包括，往复式天然气压缩机组安装、工艺管道及20/5t桥式起重机安装，压缩机组大件重量如下表所示。

压缩机组大件重量

部件名称	主机	电机	最大检修部件
重量（t）	65.0	53	16.1（一级汽缸）

A公司进场后组建了项目部，按要求配备了专职安全生产管理人员，完成了施工组织设计及各项施工方案的编制，并对项目中涉及的特种设备进行了识别。

按《大件设备运输方案》，厂房封闭前用300t、75t汽车吊将桥式起重机大梁、压缩机主机和电机等大件设备采用空投方式预存在起重机轨道及设备基础上，待厂房封闭后进行安装。

桥式起重机到货后，项目部及时进行吊装就位。项目部就压缩机进场及厂房封闭与建设单位沟通时被告知：由于压缩机制造的原因，设备进场时间推迟3个月，1个月内完成厂房封闭，要求A公司对原《大件设备运输方案》进行修订。方案修订为利用倒链、拖排、滚杠配合完成设备的水平运输，再用自制吊装门架配合卷扬机、滑轮组进行设备的垂直运输。

桥式起重机在安装前已进行了施工告知，设备安装完成、自检及试运行合格后，经建设单位和监理单位验收合格，安装及验收资料完整。

施工人员在使用桥式起重机进行压缩机辅机设备吊装就位时，被市场监督管理部门特种设备安全监察人员责令停止使用，经整改后完成了压缩机辅机设备的吊装就位。

在压缩机负荷试运行中，压缩机的振动和温升超标，经拆检发现，3只一级排气阀损坏，中体与汽缸的3条连接螺栓断裂，相关方启动质量事故处理程序，立即报告并对事故现场进行保护。

事故发生后，经分析因进气中富含的凝析油和水蒸气在压缩过程中析出造成液击所致。建设单位随后指令施工单位在压缩机进气管路上加装凝析油捕集器和丙烷制冷干燥装置，问题得到解决。

A公司项目经理安排合同管理人员准备后续的索赔工作。

问题1：A公司项目部确定专职安全生产管理人员人数的依据是什么？编制的哪个方案需要组织专家论证，说明理由。

【参考答案】

（1）A公司项目部确定专职安全生产管理人员人数的依据是施工规模，即工程合同价，且按专业配备。

（2）编制的《大件设备运输方案》需要组织专家论证。原因在于，采用非常规起重设备、方法，且单件起吊重量在100kN（10t）及以上的起重吊装工程，属于超过一定规模的危大工程，需要组织专家论证。

【分析思路及作答要求】

本题以常规问答和判定论述题的形式考查了施工现场项目部主要人员的配备和危大工程范围的界定。第一问较为容易，此处回答施工规模、工程合同价、项目大小均可。第二问，值得注意的是，本工程中与危大工程有关的工程有两个，一是20/5t桥式起重机安装工程，对应的方案是《桥式起重机安装方案》，二是大件设备运输吊装工程，对应的方案是《大件设备运输方案》。由于20/5t桥式起重机的额定起重量仅为200kN，不足300kN，因此该方案不需要专家论证。而《大件设备运输方案》中涉及的内容较多，尤其是采用双机抬吊、采用自制设备进行吊装，且单件起吊重量在100kN（10t）及以上，因此该工程属于超过一定规模的危大工程，该方案需要专家论证。

非常规起重设备、方法包括：采用自制起重设备、设施进行起重作业；2台或以上起重设备联合作业；流动式起重机带载行走；采用滑轨、滑排、滚杠、地牛等措施进行水平位移；采用绞磨、卷扬机、葫芦、液压千斤顶等进行提升；人力起重工程。

★ 对于一建的备考，该题的意义在于指导考生学习的内容，考生可将上述的内容直接用于一建的备考。

问题2：桥式起重机被市场监督管理部门特种设备安全监察人员责令停止使用的原因是什么？应怎样整改？

【参考答案】

（1）桥式起重机被市场监督管理部门特种设备安全监察人员责令停止使用的原因是，桥式起重机安装后仅由建设单位和监理单位验收合格即开始使用，不符合要求。

（2）桥式起重机属于特种设备，特种设备安装过程中及竣工后，应当经相关检验机构监督检验，未经监督检验或监督检验不合格的，不得交付使用。

【分析思路及作答要求】

本题以判断改错题的形式考查了起重机械的监督检验。根据《中华人民共和国特种设备安全法》第二十五条的规定：锅炉、压力容器、压力管道元件等特种设备的制造过程和锅炉、压力容器、压力管道、电梯、起重机械、客运索道、大型游乐设施的安装、改造、重大修理过程，应当经特种设备检验机构按照安全技术规范的要求进行监督检验。未经监督检验或者监督检验不合格的，不得出厂或者交付使用。作答本题应注意，首先应结合背景资料回答第一问，其次给出正确的整改要求。

★ 对于一建的备考，该题的意义在于指导考生学习的内容，特种设备的书面告知和监督检验是历年来一建和二建考试的重中之重，需要考生重点掌握。

问题3：负荷试运行应由哪个单位组织实施？根据本次质量事故处理程序，还需完成哪些过程？

【参考答案】

（1）负荷试运行应由建设单位组织实施。

（2）本次质量事故处理程序，还需完成的过程有事故调查、撰写质量事故调查报告、提交质量事故处理报告。

【分析思路及作答要求】

本题以常规问答和补充问答题的形式考查了试运行的组织和施工质量事故的调查处理。第一问较为容易，此前亦多次讲到，此处不再赘述。第二问，质量事故的调查处理程序是：事故报告→现场保护→事故调查→撰写质量事故调查报告→提交质量事故处理报告。因此除了背景资料给出的事故报告和现场保护外，还应包括事故调查、撰写质量事故调查报告、提交质量事故处理报告。

★ 对于一建的备考，该题的意义在于指导考生学习的内容，虽然该内容看似超纲，但实则也是对相关知识的应用，考生可直接将上述参考答案作为一建备考的依据。

问题4：索赔成立的三个必要条件是什么？

【参考答案】

（1）与合同对照，事件已经造成了承包商工程项目成本的额外支出或直接工期损失。

（2）造成费用增加或工期损失的原因，按合同约定不属于承包商的行为责任或风险责任。

（3）承包商按合同规定的程序和时间提交索赔意向通知和索赔报告。

【分析思路及作答要求】

本题以常规问答题的形式考查了索赔成立的前提条件。索赔成立的前提条件虽属问答题，但仍可根据自己的理解阐述作答，即施工单位有损失、造成损失的原因不在施工单位、施工单位提交了索赔意向通知和索赔报告。

★ 对于一建的备考，该题的意义在于指导考生学习的内容，且在2021年的一建案例四中也考了与此完全一样的问题。

案例 23 2021 年二建（A 卷）案例题三

▶▶ 考情先知

（1）特种设备的施工告知
（2）曳引式电梯安装对土建交接检验的要求
（3）施工进度计划的分析及调整
（4）曳引式电梯整机验收

某安装公司承接一项公共建筑的电梯安装工程，工程有 28 层，28 站曳引式电梯 8 台，工期 90 天，开工日期 3 月 18 日，其中 2 台消防电梯需在 4 月 30 日前交付，在通过消防验收以后，作为施工电梯使用，电梯井道的脚手架工程、机房及厅门预留孔的安全防护设施由建筑工程公司实施，验收合格。

安装公司项目部编制了电梯施工方案，书面告知了工程所在地的特种设备安全监督管理部门，工程按期开工，电梯施工进度计划如下表所示。

电梯施工进度计划

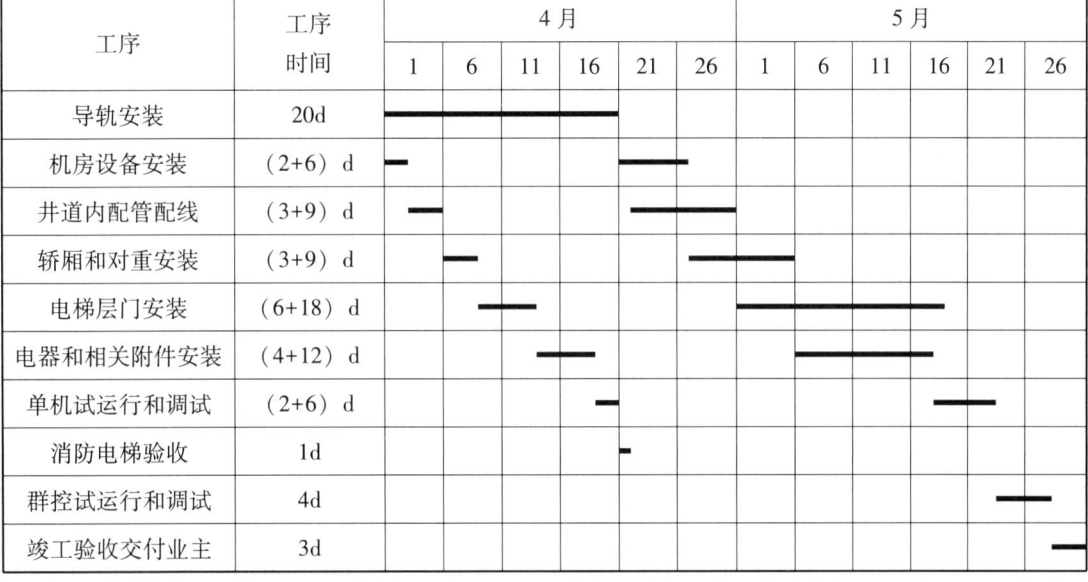

电梯安装采用流水搭接平行施工，电梯安装前，项目部对机房和井道进行交接检验，均符合要求，工程按施工进度计划实施，电梯验收合格，交付业主。

问题 1：电梯安装前，项目部在书面告知时应提交哪些资料？
【参考答案】
电梯安装前，项目部在书面告知时，应填写《特种设备安装改造维修告知单》，并提供特种设备许可证书复印件（加盖单位公章）。

【分析思路及作答要求】

本题以常规问答题的形式考查了特种设备的施工告知。根据国家市场监督管理总局特种设备安全监察局发布的《关于简化〈特种设备安装改造维修告知书〉的通知》（质检办特函〔2009〕1186号）的规定：为了进一步方便企业，简化手续，规范特种设备安装改造维修告知行为，现对特种设备安装改造维修告知及接受告知的特种设备安全监督管理部门提出如下要求。其中，部分要求如下。

（1）告知性质：根据《特种设备安全监察条例》规定，特种设备安装、改造、维修的施工单位（以下简称：施工单位）以书面形式告知直辖市或设区的市的特种设备安全监督管理部门后即可施工，告知不属于行政许可。

（2）告知方式主要包括：送达、邮寄、传真、电子邮件或网上告知。

（3）施工单位应填写《特种设备安装改造维修告知单》（附件），附件说明。

注1：告知单按每台安装、改造、维修的设备各填写一张。

注2：告知单编号为制造单位设备编号+施工单位施工工号+年份（4位）。

注3：按安装、改造、维修分别填写。施工单位应提供特种设备许可证书复印件（加盖单位公章）。

★ 对于一建的备考，该题的意义在于指导考生学习的内容，且在2012年一建案例五和2016年一建案例一中也考了与此完全一样的问题。

问题2：厅门预留孔安全防护装置的设置有什么要求？

【参考答案】

电梯安装前，所有厅门预留孔洞必须设有高度不小于1200mm的安全保护围封，并保证有足够的强度，保护围封下部应有高度不小于100mm的踢脚板，并采用左右开启，不能上下开启。

【分析思路及作答要求】

本题以常规问答题的形式考查了曳引式电梯安装对土建交接检验的要求。安全保护围封即安全防护门，作答的关键在于记忆。首先是对两个数字的记忆，分别是门的高度1200mm和踢脚板的高度100mm，其次是开启方式，按照正常的开门方式开启即可，以保证操作人员的安全。

★ 对于一建的备考，该题的意义在于指导考生学习的内容，且在2013年一建案例四中也考了与此类似的问题，考生可将上述参考答案直接用于一建的备考学习。

问题3：消防电梯从开工到验收合格用了多少天？电梯安装工程比合同工期提前了多少天？

【参考答案】

（1）电梯工程开工时间为3月18日，电梯安装准备工作、机房和井道的检查验收、电梯设备进场验收、基准线安装等工作用了14天，并于4月1日开始电梯导轨安装，截至到4月21日消防电梯竣工验收，总计14+21＝35天，故消防电梯从开工到验收合格用了35天。

(2) 根据电梯施工进度计划可知，项目部编制的电梯施工进度计划是在 5 月 30 日竣工验收交付业主，因此电梯安装的工期是 14+30+30=74 天。根据背景资料可知合同工期是 90 天，因此该电梯安装工程比合同工期提前 16 天。

【分析思路及作答要求】

本题以图表分析题的形式考查了施工进度计划的分析及调整。本题与 2013 年一建案例四基本一致，只是删除了与电梯调试有关的后续信息，如"调试时，单机试运行比原工序多用了 3 天"，因此本题第二问的答案与 2013 年的一建案例四有所区别。作答本题如上述参考答案所示，此处再次对考生的两点疑虑进行说明：

(1) 答案中的 14 天是怎么来的？虽然横道图中施工进度计划的开始时间是 4 月 1 日，但电梯工程的实际开工时间是背景资料所说的 3 月 18 日，我们常说"一三五七八十腊，三十一天永不差"，因此从 3 月 18 日到 3 月 31 日总计 14 天，这 14 天可以理解为施工准备所需的时间。

(2) 为什么横道图施工进度计划的结束时间是 5 月 30 日，而不是 5 月 31 日？这是因为横道图施工进度计划中左上角已明确告知每个格代表 5 天。言外之意，本工程计划 5 月 30 日结束，5 月 31 日不是不存在，而是不需要再继续施工了。

★ 对于一建的备考，该题的意义在于指导考生学习的方向，对横道图施工进度计划的分析和调整是历年来一建考试的重点，考生可将历年真题中与横道图有关的问题汇总在一起进行练习。

问题 4：电梯运行试验时，运行载荷和运行次数（时间）各有哪些规定？
【参考答案】

电梯安装后应进行运行试验。轿厢分别在空载、额定载荷工况下，按产品设计规定的每小时启动次数和负载持续率各运行 1000 次（每天不少于 8h），电梯应运行平稳、制动可靠、连续运行无故障。

【分析思路及作答要求】

本题以常规问答题的形式考查了曳引式电梯整机验收。根据《电梯工程施工质量验收规范》GB 50310—2002 第 4.11.6 条的规定：电梯安装后应进行运行试验；轿厢分别在空载、额定载荷工况下，按产品设计规定的每小时启动次数和负载持续率各运行 1000 次（每天不少于 8h），电梯应运行平稳、制动可靠、连续运行无故障。

★ 对于一建的备考，该题的意义在于指导考生学习的内容，考生可将上述参考答案的内容直接用于一建的考试中。

案例 24　2021 年二建（A 卷）案例题四

▶▶ 考情先知

(1) 施工方案交底的内容

(2) 锅炉受热面的施工程序
(3) 施工进度的控制措施和施工进度计划的调整
(4) 机械设备安装工程垫铁的设置要求

背景资料

某安装公司承接了一项火力发电厂机电安装工程，工程内容包括锅炉、汽轮发电机组、厂内变配电站、化学水系统安装等。

安装公司项目部进入现场后，组织编制了施工组织总设计，制定了施工进度计划，编制的施工方案有锅炉钢架安装施工方案、锅炉受热面安装施工方案、汽轮机安装施工方案等。

锅炉受热面安装施工方案中的施工程序为：设备开箱检查、二次搬运、安装就位；在各项工程开工前，技术人员对施工作业人员就操作方法和要领、安全措施等进行了施工方案的技术交底；在锅炉受热面安装时，由于锅炉受热面炉前水冷壁上段4片管排延期到货，导致炉前水冷壁安装进度滞后。

为此项目部及时调整锅炉受热面的组合安装顺序，修改完善锅炉受热面安装施工方案，并紧急协调15名施工人员支援锅炉受热面的组合安装工作，对施工人员重新分工，明确施工任务和责任，保证锅炉受热面按期完成。

安装公司项目部在汽轮发电机组设备安装过程检查中发现垫铁组的布置位置存在问题，如下图所示。

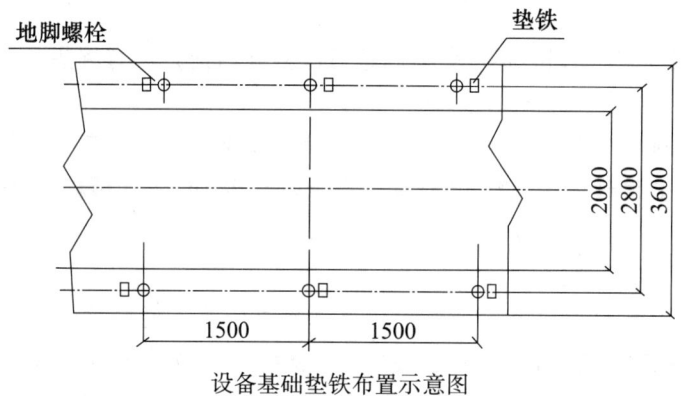

设备基础垫铁布置示意图

问题1：施工方案技术交底还应包括哪些内容？
【参考答案】
施工方案技术交底除背景资料中描述的操作方法和要领、安全措施外，还应包括工程的施工程序和顺序、施工工艺、质量控制、环境保护措施等。

【分析思路及作答要求】
本题以补充问答题的形式考查了施工方案交底的内容。针对施工方案交底内容，2024年二建案例二也是考了相同的问题，其内容主要包括：工程的施工程序和顺序、施工工艺、操作方法、要领、质量控制、安全措施、环境保护措施。即前面所说的，如何指导作业人员进行施工作业，如何保证质量、安全、环境。

★ 对于一建的备考，该题的意义在于指导考生学习的内容，施工方案交底不仅是二建考试的重点，同样也是一建考试的重点。

问题2：锅炉受热面安装的一般程序是什么？
【参考答案】
锅炉受热面安装的一般程序是：设备及其部件清点检查→合金设备（部件）光谱复查→通球试验与清理→联箱找正划线→管子就位对口焊接→组件地面验收→组件吊装→组件高空对口焊接→组件整体找正。

【分析思路及作答要求】
本题以常规问答题的形式考查了锅炉受热面的施工程序。对于二建的备考，该内容已删除，但是对于一建的备考，该内容仍需掌握。针对该施工程序的记忆，首先是焊接前的准备工作，如检验复验、通球试验、找正划线等。其次是将管排与联箱对口焊接使之成为组件。接下来便是对组件的相关操作，包括验收、吊装、焊接、找正。值得注意的是，程序中的通球试验针对的是管排，目的是防止堵塞。

程序中的联箱也称集箱，是对锅炉中的工质进行混合、保证工质均匀加热的管件。通常工业锅炉的炉墙是由一排排的管子拼接而成，但锅炉体积庞大，结构复杂，不能保证所有的管子里的工质的吸热量都一样，且不同部位吸热量相差较大，安装集箱可以让各个管子里面的工质在这里汇合，再分配到下一级管子，这样可以减少热偏差，使工质的吸热、流动、锅炉的冷却、热效率都能得到优化提高。另外，锅炉上、中、下部分各段管子的规格大小、数量以及布置方式都不相同，集箱可负责连接各段管子，保证工质流通顺畅。

集箱按其所在位置划分有上集箱和下集箱，按管束类别划分有水冷壁集箱、过热器集箱、省煤器集箱等。

★ 对于一建的备考，该题的意义在于指导考生学习的内容，考生可将上述问题及答案直接用于一建考试。

问题3：炉前水冷壁进度滞后时，采取了哪些加快施工进度的措施？施工进度计划调整的内容有哪些？
【参考答案】
（1）及时调整锅炉受热面的组合安装顺序，修改完善锅炉受热面安装施工方案，属于技术措施。
（2）紧急协调15名施工人员支援锅炉受热面的组合安装工作，对施工人员重新分工，明确施工任务和责任，属于组织措施。
（3）施工进度计划调整的内容：施工内容、工程量、起止时间、持续时间、工作关系、资源供应。

【分析思路及作答要求】
本题以判定论述和常规问答题的形式考查了施工进度的控制措施和施工进度计划的调整。作答本题第一问，施工进度的控制措施与降低施工成本的措施一样，均包括组织措施、技术措施、经济措施、合同措施。组织措施主要与目标、体系、责任、制度、人员分工等有关，技术措施主要与工艺、方案等有关。经济措施主要与工程费用、款项支付等有关。合同措施主要与合同签订、风险索赔等有关。作答本题主要是针对背景资料中的相关信息与上述四种措施给出一一的对应关系即可。

第二问需要考生熟练记忆施工进度计划调整的内容，可以结合工程实际或者结合自己的工程经验进行作答，设身处地从三个方面着手阐述，有对施工内容和工程量的调整，也有对起止时间和持续时间的调整，还有对工作之间的先后逻辑关系和资源供应的调整。

★ 对于一建的备考，该题的意义在于指导考生学习的内容，然而该考点内容较多，很难达到熟练记忆的程度，且上述内容很少涉及问答题，因此对于该内容的学习应以会区分四种措施为宜。

问题4：图中垫铁布置的位置存在什么问题？应如何改正？

【参考答案】

（1）相邻两组垫铁间距离1500mm，不符合要求。

改正：相邻两组垫铁间的距离，宜为500~1000mm。

（2）垫铁端面未露出设备底面外缘，不符合要求。

改正：设备调平后，垫铁端面应露出设备底面外缘，平垫铁宜露出10~30mm，斜垫铁宜露出10~50mm。

【分析思路及作答要求】

本题以图表分析题的形式考查了机械设备安装工程垫铁的设置要求。作答本题的关键在于图中相邻两组垫铁之间的距离宜为多少，普通的机械设备是500~1000mm，石油化工设备要求是不大于500mm。

★ 对于一建的备考，该题的意义在于指导考生学习的内容，机械工程与石化设备关于垫铁的设置要求是不一样的，在做题时要注意审题，看清背景资料描述的是什么设备。

案例25　2021年二建（B卷）案例题一

▶▶ 考情先知

（1）电子招标投标方法

（2）通风与空调系统节能性能检测

（3）防烟排烟系统施工技术要求

（4）工程价款结算

背景资料

某市财政拨款建设一综合性三甲医院，其中通风空调工程采用电子方式公开招标，某外省施工单位在电子招标投标交易平台注册登记，当下载招标文件时，被告知外省施工单位需提前报名，审核通过后方可参与投标。

最终该施工单位中标，签订了施工承包合同，采用固定总价合同，签约合同价3000万元，其中包含暂列金额100万元。合同约定，工程主要设备由建设单位限定品牌，施工单位组织采购，预付款20%，工程价款结算总额的3%作为质量保修金。

500台同厂家的风机盘管机组进入施工现场后，施工单位抽取了一定数量的风机盘管进行了节能复验，复验的性能参数包括机组的供冷量、供热量和水阻力等。

排烟风机进场报验后，安装就位于屋顶的混凝土基础上，风机与基础之间安装橡胶减振垫，设备与排烟风管之间的连接采用长度为200mm的普通帆布短管，如下图所示，监理单位在验收过程中，发现排烟风机的上述做法不合格，要求整改。

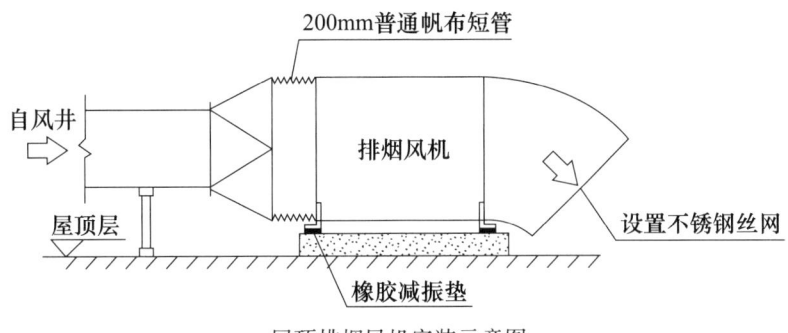

屋顶排烟风机安装示意图

工程竣工结算时，经审核预付款已全部抵扣完成，设计变更增加费用80万元，暂列金额无其他使用。

问题1：要求外省施工单位提前审核通过后方可参与投标是否合理？说明理由。

【参考答案】

（1）要求外省施工单位提前审核通过后方可参与投标不合理。

（2）理由：电子招标投标交易平台应当允许社会公众、市场主体免费注册登录和获取依法公开的招标投标信息，任何单位和个人不得在招标投标活动中设置注册登记、投标报名等前置条件限制潜在投标人下载资格预审文件或招标文件。

【分析思路及作答要求】

本题以判断改错题的形式考查了电子招标投标方法。作答本题较为简单，考生只需要回答出"任何单位和个人不得在招标投标活动中设置注册登记、投标报名等前置条件限制潜在投标人下载资格预审文件或招标文件"即可，也可根据自己的理解组织语言表达出与之相近的意思。

★ 对于一建的备考，该题的意义在于指导考生学习的内容，考生可将上述问题及答案直接用于一建的备考中。

问题2：风机盘管机组的现场节能复验应在什么时候进行？还应复验哪些性能参数？复验数量最少选取多少台？

【参考答案】

（1）风机盘管机组的现场节能复验应在设备进场时进行。

（2）风机盘管机组的现场节能复验还应包括风量、功率、噪声。

(3) 要求同一厂家的风机盘管机组按数量复验2%，且不得少于2台，因此500台同一厂家的风机盘管机组复验数量最少选取10台。

【分析思路及作答要求】

本题以常规问答题的形式考查了通风与空调系统节能性能检测。根据规定，风机盘管机组进场施工前，要对供冷量、供热量、风量、水阻力、功率及噪声等性能参数进行复验，检验方法为随机抽样送检，核查复验报告。要求同一厂家的风机盘管机组按数量复验2%，且不得少于2台。

★ 对于一建的备考，该题的意义在于指导考生学习的内容，通风与空调系统节能性能检测对于一建的备考非常重要。

问题3：指出图中屋顶排烟风机安装的不合格项，如何改正？

【参考答案】

(1) 排烟风机与混凝土基础之间安装橡胶减振垫，不符合要求。应取消橡胶减振垫或设置弹簧减振器。

(2) 排烟风机与排烟风管之间采用普通帆布短管连接，不符合要求。应取消普通帆布短管改为直接法兰连接，或采用不燃材料的柔性短管连接。

【分析思路及作答要求】

本题以图表分析题的形式考查了防烟排烟系统施工技术要求。作答的关键在于理解出题者的意图，从而准确找到图中的问题所在。背景资料中已明确告知有两处做法不合格，其一是"风机与基础之间安装橡胶减振垫"，其二是"设备与排烟风管之间的连接采用长度200mm的普通帆布短管"，因此只需要围绕这两处不合格项根据规范要求进行修改即可。

根据《建筑防烟排烟系统技术标准》GB 51251—2017第6.5.3条的规定：风机应设在混凝土或钢架基础上，且不应设置减振装置；若排烟系统与通风空调系统共用且需要设置减振装置时，不应使用橡胶减振装置。

另外，根据上述规范第6.3.4条第4款的规定：风管与风机的连接宜采用法兰连接，或采用不燃材料的柔性短管连接。当风机仅用于防烟、排烟时，不宜采用柔性连接。

★ 对于一建的备考，该题的意义在于指导考生学习的内容，考生可将上述的内容直接用于一建的备考中。

问题4：计算本工程质量保修金的金额。

【参考答案】

质量保修金 = (3000-100+80) ×3% = 89.4万元

【分析思路及作答要求】

本题以分析计算题的形式考查了工程价款结算。作答本题关键在于读懂背景资料，一切以背景资料中的相关要求为准进行作答。由于背景资料要求是按工程价款结算总额的3%作为质量保修金，因此需要求出工程价款结算总额，由签约合同价3000万元，扣除无其他使用的暂列金额100万元，再加上设计变更80万元，即工程价款结算总额。

★ 对于一建的备考，该题的意义在于指导考生学习的内容。

案例 26 2021 年二建（B 卷）案例题二

考情先知
(1) 项目外部协调管理
(2) 施工现场环境保护的噪声与振动控制和光污染控制技术要点
(3) 变压器的交接试验
(4) 施工进度偏差产生的原因

背景资料

某施工单位承包一新建风电项目的 35kV 升压站和 35kV 架空线路，架空线路需跨越铁路，升压站内设置一台 35kV 的油浸式变压器，施工项目部及生活营地设置在某行政村旁，项目部进场后，未经铁路部门许可，占用铁路用地存放施工设备，受到铁路部门处罚，停工处理，造成工期延误。

设计交底后，项目部依据批准的施工组织设计和施工方案，逐级进行了交底。在变压器母线安装时，发现母线出线柜出口与变压器接口不在同一直线上，导致母线无法安装，经核实，是因变压器基础位置与站内道路冲突，土建设计师已对变压器基础进行了位置变更，但电气设计师未及时跟进电气图纸修改，母线仍按原图纸供货，经协调，母线返厂加工处理。

为了保证合同工期，项目部组织人员连夜进行母线安装，采用大型照明灯具，并增配电焊机和切割机等机具，期间因扰民被投诉，项目部整改后完成施工，但造成了工期延误。

35kV 升压站安装完成后，进行了变压器交接试验，试验内容见下表，监理认为试验内容不全，项目部补充了交接试验项目，通过验收。

变压器交接试验内容

序号	试验内容	试验部位
1	吸收比	绕组
2	变比测试	绕组
3	组别测试	绕组
4	绝缘电阻	绕组、铁芯及夹件
5	介质损耗因数	绕组连同套管
6	非纯瓷套管试验	套管

问题 1：项目部在设置生活营地时需要与哪些部门沟通协调？
【参考答案】
项目部在设置生活营地时需要与村委会及居民、公安部门、医疗部门、铁路部门、电力部门、环保部门等进行沟通协调。

【分析思路及作答要求】

本题以常规问答题的形式考查了项目外部协调管理。与人员驻地生活直接相关的单位或个人的协调包括：工程所在地的基层行政机构、公安机构、医疗机构、租用临时设施的出租方、工程周边的居民等。但同时也应根据实际情况建立好与其他相关机构或部门的沟通协调，如与背景资料有关联的铁路部门、电力部门、环保部门等。另外，根据问题设置，答案中不需要写租用临时设施的出租方。

★ 对于一建的备考，该题的意义在于指导考生学习的内容，针对项目外部协调管理，一建和二建考生均应熟悉各个单位的名称，以便解决类似的问题。

问题2：在降低噪声和控制光污染方面项目部应采取哪些措施？

【参考答案】

（1）在施工场界对噪声进行实时监测与控制，现场噪声排放不得超过国家标准。尽量使用低噪声、低振动的机具，采取隔声与隔振措施。

（2）夜间电焊作业采取遮挡措施，避免电焊弧光外泄。大型照明灯具应控制照射角度，防止强光外泄。

【分析思路及作答要求】

本题以常规问答题的形式考查了施工现场环境保护的噪声与振动控制和光污染控制技术要点。针对本题应围绕降低噪声和控制光污染两个方向进行作答。针对噪声的控制，一方面是控制声源使用低噪声、低振动的机具，另一方面是控制声音传播途径采取隔声与隔振措施。针对光污染的控制，一方面是控制电焊作业采取遮挡措施，另一方面是控制大型照明灯具的照射角度防止强光外泄。

另外，根据《建筑施工场界环境噪声排放标准》GB 12523—2011 的规定，噪声测量应使用积分平均声级计或噪声自动监测仪，并在无雨雪、无雷电、风速为 5m/s 以下时进行测量，建筑施工场界环境噪声排放限值，昼间 70dB，夜间 55dB。

★ 对于一建的备考，该题的意义在于指导考生学习的内容，且2014年一建案例一中也考过类似的问题。

问题3：变压器交接试验还应补充哪些内容？（修改）

【参考答案】

变压器交接试验还应补充的内容有：绝缘油试验、绕组连同套管的直流电阻测量、绕组连同套管的交流耐压试验、额定电压下的冲击合闸试验。

【分析思路及作答要求】

本题以补充问答题的形式考查了变压器的交接试验。作答本题需熟练记忆变压器的交接试验的内容，针对此内容已有修改，按照最新的考试要求删除了非纯瓷套管试验这项内容，考生可以按以下逻辑顺序强化记忆，以提高学习效率。

（1）绝缘油试验或 SF_6 气体试验。

（2）测量铁芯及夹件的绝缘电阻。

（3）测量绕组连同套管的直流电阻。

(4) 测量绕组连同套管的绝缘电阻、吸收比。
(5) 进行绕组连同套管的交流耐压试验。
(6) 检查相位、所有分接的电压比、三相绕组的连接组别。
(7) 进行额定电压下的冲击合闸试验。

上述内容的学习，第（1）条针对的是不同变压器的试验，第（2）~（5）条针对的是铁芯、夹件、绕组，第（6）条检查没有问题后进行第（7）条的冲击合闸试验。

★ 对于一建的备考，该题的意义在于指导考生学习的内容，且分别在 2012 年和 2017 年的一建考试中考过相同的问题，考生需按照上述最新的考试要求进行备考学习。

问题 4：造成本工程工期延误的原因有哪些？
【参考答案】
(1) 施工单位现场协调不好、项目管理混乱、施工方法不当。
(2) 设计单位修改设计图纸且图纸提供不及时。
【分析思路及作答要求】
本题以论述题的形式考查了施工进度偏差产生的原因。按照背景资料对相关问题描述的顺序。首先，未经铁路部门许可，占用铁路用地存放施工设备，受到处罚，造成工期延误，属于现场协调不好。其次，土建设计师修改基础位置，但电气设计师未及时跟进图纸修改，属于设计单位修改设计图纸且图纸提供不及时。再次，夜间作业扰民被投诉，造成工期延误，属于项目管理混乱，且施工方法不当。

★ 对于一建的备考，该题的意义在于指导考生学习的内容，施工进度偏差产生的原因已在二建中考过多次，且均以上述方式进行考查，需要引起一建考生的足够重视。

案例 27　2021 年二建（B 卷）案例题三

▶▶ **考情先知**
(1) 施工技术交底
(2) 自动化仪表取源部件的安装要求
(3) 水系统管道的绝热施工和保护层施工技术要求
(4) 成本降低率

背　景　资　料

某安装公司中标一机电工程项目，承包内容有工艺设备及管道工程、暖通工程、电气工程、给水排水工程，安装公司项目部进场后，进行了成本分析，并将计划成本向施工人员进行交底，依据施工总进度计划组织施工，合理安排人员、材料、机械等，使工程按合同要求进行。

在工艺设备运输及吊装前，施工员向施工班组进行技术交底，交底内容包含施工时间、工艺设备安装位置、安装质量标准、质量通病及预防措施等。

在设备机房施工期间，现场监理工程师发现某工艺管道取源部件的安装位置如下图所示,认为该安装位置不符合规范要求,要求项目部整改。

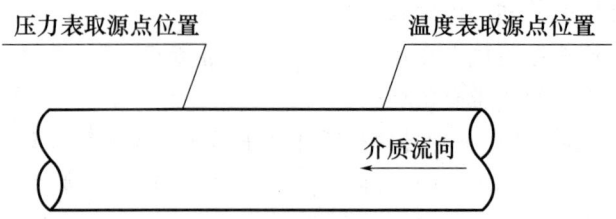

取源部件安装位置示意图

施工期间,露天水平管道绝热施工验收合格后,在进行金属薄钢板保护层施工时,施工人员未严格按照技术交底文件施工,水平管道纵向接缝不符合规范要求,被责令整改。

工程竣工验收后,项目部进行成本分析,数据收集如下表所示。

成本分析数据表

序号	分部工程名称	实际发生成本(万元)	成本降低率(%)
1	暖通工程	450	10
2	电气工程	345	−15
3	给水排水工程	300	25
4	工艺设备及管道工程	597	0.5

问题1:工艺设备施工技术交底中,还应增加哪些施工质量要求?

【参考答案】

工艺设备施工技术交底中,还应增加的施工质量要求有:质量保证措施、检验、试验和质量检查验收评级依据。

【分析思路及作答要求】

本题以补充问答题的形式考查了施工技术交底。施工技术交底中与施工质量要求有关的交底内容包括:质量标准,质量保证措施,检验、试验和质量检查验收评级依据。即先有标准,再有措施,然后是检验、试验和评级。

★ 对于一建的备考,该题的意义在于指导考生学习的内容,考生可将上述问题及答案直接用于一建的备考。

问题2:图中气体管道的压力表与温度表取源部件的安装位置是否正确?说明理由。蒸汽管道压力表取压点的安装方位有何要求?

【参考答案】

(1) 图中气体管道的压力表与温度表取源部件的安装位置不正确。

(2) 理由是压力取源部件与温度取源部件在同一管段上时,压力取源部件应安装在温度取源部件的上游侧。

(3) 蒸汽管道压力表取压点的安装应位于管道的上半部,或者下半部与管道水平中心线成0~45°夹角范围内。

【分析思路及作答要求】

本题以图表分析和常规问答题的形式考查了自动化仪表取源部件的安装要求。作答本题第一问和第二问较为容易，属于必得分题目，关键在于第三问的问答题难度较大，针对不同取源部件的安装位置，考生可以结合下面图形进行区分学习。

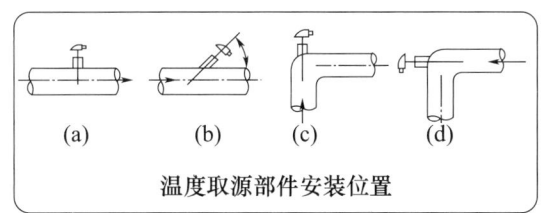

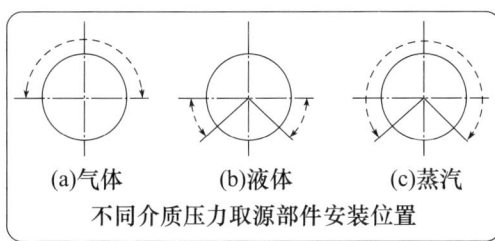

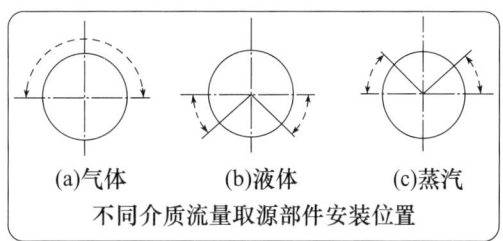

★ 对于一建的备考，该题的意义在于指导考生学习的内容，且在2021年的一建案例二中考过相似的问题。

问题3：管道绝热按其用途可以分为哪几种类型？水平管道金属保护层的纵向接缝如何搭接？

【参考答案】

（1）管道绝热按其用途可以分为保温、保冷、加热保护三种类型。

（2）水平管道金属保护层的纵向接缝应位于管道侧下方，并顺水搭接，即上搭下。

【分析思路及作答要求】

本题以常规问答题的形式考查了水系统管道的绝热施工和保护层施工技术要求。第一问，曾是2015年一建考试中的选择题，且属于常识性问题，故不再赘述。第二问，所谓纵向接缝是指沿着管道方向上的接缝，即与管道方向相同，是相对于环向接缝而言的，水平管道金属保护层的环向接缝应顺水搭接，纵向接缝应位于管道侧下方，并顺水搭接，立式管道金属保护层的环向接缝必须上搭下。总而言之，目的都是防止外界水流侵入。

★ 对于一建的备考，该题的意义在于指导考生学习的内容，考生可将上述问题及答案直接用于一建的备考。

问题4：列式计算本工程的计划成本及项目总的成本降低率。

【参考答案】

成本降低率=（计划成本−实际成本）÷计划成本

计划成本=实际成本÷（1−成本降低率）

暖通工程计划成本＝450÷（1-10%）＝500万元

电气工程计划成本＝345÷（1+15%）＝300万元

给水排水工程计划成本＝300÷（1-25%）＝400万元

工艺设备及管道工程计划成本＝597÷（1-0.5%）＝600万元

该工程总的计划成本为：500+300+400+600=1800万元

该工程总的实际成本为：450+345+300+597=1692万元

该工程总的成本降低率为：（1800-1692）÷1800=6%

【分析思路及作答要求】

本题以分析计算题的形式考查了成本降低率。作答本题总计三步：第一步，计算每一分部工程的计划成本；第二步，计算总的计划成本和总的实际成本；第三步，根据总的计划成本和总的实际成本计算总的成本降低率。

★ 对于一建的备考，该题的意义在于指导考生学习的内容。值得注意的是，虽然该内容已删除，但是作为常识性内容仍然是一建和二建考试的重点，且考生必须逐步作答，且必须写出完整的计算工程。

案例28　2021年二建（B卷）案例题四

▶▶ **考情先知**

（1）工业机电工程施工质量验收的划分

（2）危大工程范围的界定和方案实施

（3）机械设备安装的一般程序和影响设备安装精度的因素

背景资料

某安装公司总承包某项目气体处理装置工程，业主已将其划分为一个单位工程，包括土建工程、设备工程、管道工程等分部工程。其核心设备的气体压缩机为分体供货现场安装，气体处理装置厂房为钢结构，厂房内安装2台额定吊装重量为30/5t桥式起重机。

安装公司编制了压缩机吊装专项施工方案，计划在厂房封闭和桥式起重机安装完成后，进行气体压缩机的吊装。自重30t以上的压缩机部件采取两台桥式起重机抬吊工艺，其余部件采用单台桥式起重机吊装。

安装公司组织了吊装专项施工方案的专家论证，专家组要求完善方案审核、审查及签字手续后，进行了方案论证。

专项施工方案审批通过后，安装公司对施工人员进行方案交底，在压缩机底座吊装固定后，进行压缩机部件的组装调整，重点是对压缩机轴瓦、轴承等运动部件的间隙进行调整和压紧调整，保证了压缩机安装质量。气体压缩机厂房立面示意图，如下图所示。

在压缩机试运行阶段，安装公司向监理提交了单机试运行申请，监理工程师经查验后，提出压缩机还不具备单机试运行条件，因安装公司除润滑油系统循环清洗合格外，还有其他设备、系统均未进行调试，安装公司完成调试后，压缩机单机试运行验收合格。

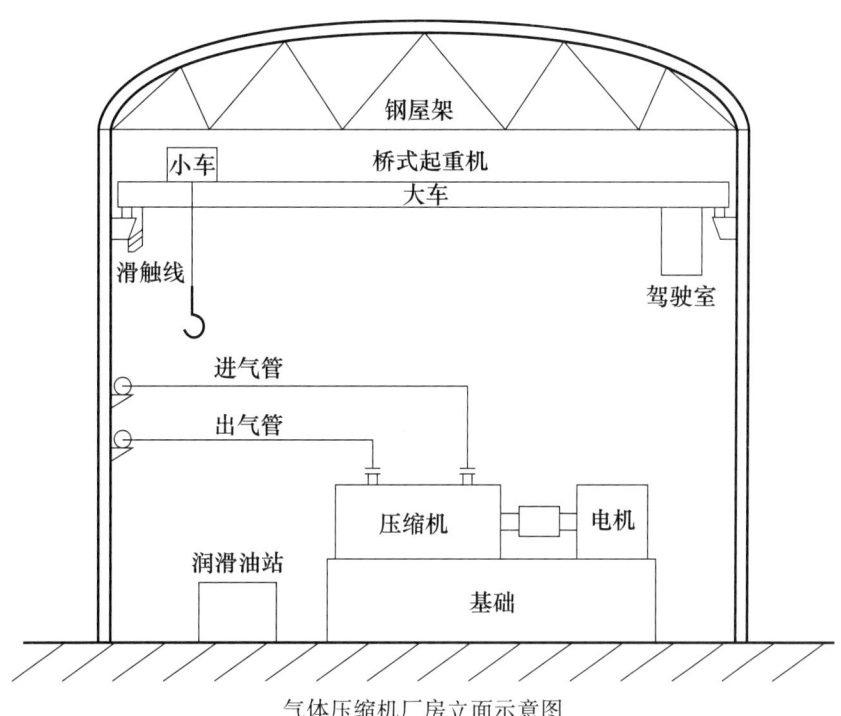

气体压缩机厂房立面示意图

问题1：气体处理装置工程还有哪些分部工程？
【参考答案】

气体处理装置包括的分部工程除土建工程、设备工程、管道工程外，还有钢结构工程、电气工程、自动化仪表工程、防腐蚀工程、绝热工程。

【分析思路及作答要求】

本题以图表分析题的形式考查了工业机电工程施工质量验收的划分。根据《工业安装工程施工质量验收统一标准》GB/T 50252—2018 中第 4.1.3 条的规定：分部工程应按土建、钢结构、设备、管道、电气、自动化仪表、防腐蚀、绝热和炉窑砌筑专业划分。

答案中的钢结构工程、电气工程、自动化仪表工程、防腐蚀工程均无疑问，但很多考生对本工程是否包含绝热工程有疑问。在此正常情况下，压缩机的进气温度通常在 15~35℃ 之间，而出气温度主要取决于压缩机的型号、工况及用途。一般情况下，低压压缩机的出气温度通常在 80℃ 以下，高压压缩机一般在 120~150℃ 之间，因此本工程中应包括绝热工程。

★ 对于一建的备考，该题的意义在于指导考生学习的内容。值得注意的是，作答的关键是要结合背景资料进行分析，并判断背景资料中包括哪些分部工程。

问题2：分别写出气体压缩机吊装专项施工方案的审核及审查人员，方案实施的现场监督应是哪些人员？
【参考答案】

（1）气体压缩机吊装专项施工方案的审核人员是安装公司技术负责人，审查人员是总监理工程师。

（2）方案实施的现场监督应是项目专职安全生产管理人员。

【分析思路及作答要求】

本题以常规问答题的形式考查了危大工程范围的界定和方案实施。作答本题主要在于区分不同人员的职责范围,分别是施工单位技术负责人即安装公司技术负责人、总监理工程师、项目专职安全生产管理人员。

★ 对于一建的备考,该题的意义在于指导考生学习的内容。纵观历年一建和二建的考试,危大工程方案实施,考频非常之高,题目大同小异,因此需要考生利用所学内容针对不同的背景资料解决不同的问题,以不变之规定应万变之题型。

问题3:依据解体设备安装的一般程序,压缩机固定后在试运转前有哪些工序?压缩机的装配精度包括哪些方面的精度?

【参考答案】

(1) 压缩机固定后在试运转前的工序有:设备灌浆、设备零部件清洗与装配、润滑与设备加油。

(2) 压缩机的装配精度包括:各运动部件之间的相对运动精度,配合面之间的配合精度和接触质量。

【分析思路及作答要求】

本题以常规问答题的形式考查了机械设备安装的一般程序和影响设备安装精度的因素。作答本题的关键在于对相关知识点的巩固记忆。首先是机械设备安装的一般程序,设备固定以后要进行灌浆,以便更加牢固,而后在试运行前进行零部件清洗与装配、润滑与设备加油。设备制造对安装精度的影响有加工精度和装配精度,而装配精度包括的是各运动部件之间的相对运动精度,配合面之间的配合精度和接触质量。

★ 对于一建的备考,该题的意义在于指导考生学习的内容,考生可将上述问题及答案直接用于一建的考试中。

案例29 2020年二建(A卷)经典案例题

▶▶ 考情先知

(1) 施工方案的编制内容
(2) 母线槽的安装要求
(3) 施工进度偏差产生的原因

背景资料

某安装公司承包某热电联产项目的机电安装工程,主要设备材料如母线槽等由施工单位采购。

合同签订后,安装公司履行相关开工手续,编制了施工方案及各分项工程施工程序,施工方案内容主要包括工程概况、编制依据、施工准备、质量安全保证措施。

针对低压配电母线槽的安装，制定了施工程序：开箱检查→支架安装→单节母线槽绝缘测试→母线槽安装→通电前绝缘测试→送电验收。

在施工过程中，发生了以下事件。

事件1：建设单位对配电母线槽的用途提出了新的要求，通知了设计单位但其未能及时修改出图，后经协调，设计单位提供了修改图纸；供货单位拿到图纸后，由于建设单位工程款未及时支付给施工单位，导致母线槽未按原定计划采购生产；安装公司催促建设单位付款后，才使母线槽送达施工现场，但已造成工期延误。

事件2：母线槽安装完毕后，因没能很好地进行成品保护，遭遇雨季建筑渗水，母线槽受潮，送电前绝缘电阻测试不合格，并且部分吊架安装不符合规范要求，如下图所示，质检员对母线槽提出了返工要求。母线槽拆下后，有5节母线槽的绝缘电阻测试见下表，母线槽经干燥处理，增加圆钢吊架后返工安装，通电验收合格，但造成了工期延误。

母线槽绝缘电阻值

母线槽	①	②	③	④	⑤
电阻值（MΩ）	30	35	10	25	0.5

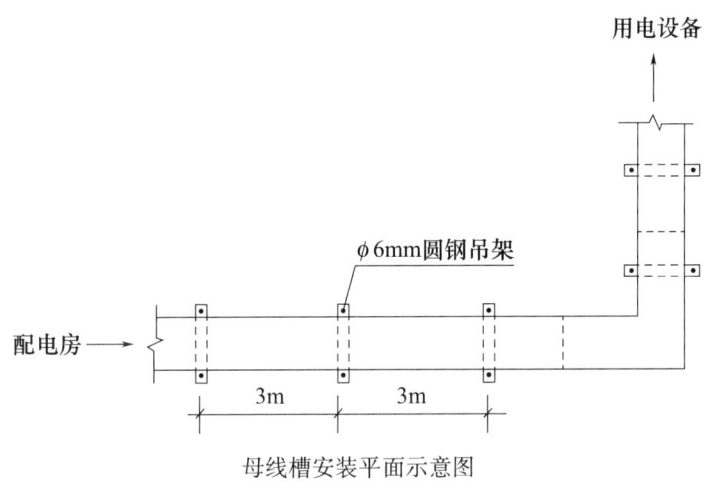

母线槽安装平面示意图

问题1：安装公司编制的施工方案还应包括哪些内容？

【参考答案】

安装公司编制的施工方案还应包括：施工安排、施工进度计划、资源配置计划、施工方法及工艺要求。

【分析思路及作答要求】

本题以补充问答题的形式考查了施工方案的编制内容。作答本题的关键是熟练记忆施工组织设计和施工方案的编制内容，对于一建的备考，其内容如下表所示。

施工组织设计和施工方案的编制内容

施工组织设计	施工方案
工程概况、编制依据、施工部署	工程概况、编制依据、施工安排
施工进度计划、施工准备与资源配置计划	施工进度计划、施工准备与资源配置计划
主要施工方法	施工方法及工艺要求
主要施工管理措施	质量和安全环境保证措施
施工现场平面布置	—

★ 对于一建的备考，该题的意义在于指导考生学习的内容。施工组织设计和施工方案的编制内容既是二建考试的重点，也是一建考试的重点，且均以补充问答题的形式进行考查。

问题2：表中哪几节母线槽绝缘电阻测试值不符合规范要求？写出合格的要求。
【参考答案】
表中第3节和第5节母线槽绝缘电阻测试值不符合规范要求，母线槽安装前，应测量每节母线槽的绝缘电阻值，且不小于20MΩ。
【分析思路及作答要求】
本题以判断改错题的形式考查了母线槽的安装要求。作答的关键在于，背景资料中给定的母线槽的绝缘电阻值是经过拆卸的单节母线槽的绝缘电阻值，而不是线路的绝缘电阻值。因此，根据《建筑电气工程施工质量验收规范》GB 50303—2015 第3.3.7条第4款的规定：母线槽组对前，每段母线的绝缘电阻应经测试合格，且绝缘电阻值不应小于20MΩ。

★ 对于一建的备考，该题的意义在于指导考生学习的内容。另外，值得注意的是，母线槽安装完毕，通电前，母线绝缘电阻测试和交流工频耐压试验应合格，母线槽绝缘电阻值不应小于0.5MΩ，此为对母线槽所组成的线路的绝缘电阻的要求，达到此要求既能证明施工没有问题，也能保证安全使用的要求。

问题3：图中母线槽安装有哪些不符合规范要求之处？写出符合要求的做法。
【参考答案】
母线槽安装不符合要求之处及正确做法如下：
（1）圆钢吊架直径为6mm不符合要求，圆钢吊架直径应为不小于8mm。
（2）圆钢吊架间距为3m不符合要求，圆钢吊架间距应为不大于2m。
（3）母线槽转弯处仅有1副吊架不符合规范要求，应在转弯处增设吊架加强。
【分析思路及作答要求】
本题以图表分析题的形式考查了母线槽的安装要求。由图可知，图中关键信息唯有配电母线槽支吊架的安装，因此作答本题的关键在于熟练掌握其安装要求。此外，圆钢吊架的直径大小是考虑了钢材的抗拉强度，并为了与母线槽及其附件的重量相匹配，对于自重较大的配电母线槽，圆钢直径不得低于8mm，对于自重较小的照明母线槽，因为自重较轻，可以采用直径不低于 6mm 的圆钢。

★ 对于一建的备考，该题的意义在于指导考生学习的内容，考生可将上述的内容直接用于一建的备考。

问题 4：分别指出建设、设计和施工单位的哪些原因造成了工期延误。
【参考答案】
各单位对导致工期延误的原因分析如下。
（1）建设单位的原因：提出设计变更，建设资金不落实，工程款未及时支付给施工单位，影响母线槽采购及施工进度。
（2）设计单位的原因：建设单位对母线槽的用途提出新的要求后，未及时修改出图，影响母线槽制作及施工。
（3）施工单位的原因：未能很好地进行成品保护导致母线槽受潮，绝缘电阻测试不合格，吊架安装不符合规范要求需要返工，造成工期延误。

【分析思路及作答要求】
本题以论述题的形式考查了施工进度偏差产生的原因。作答本题应以背景资料为依据，对背景资料中的相关信息进行归纳总结并归类即可。

★ 对于一建的备考，该题的意义在于指导考生学习的内容，施工进度偏差产生的原因已在二建中考过多次，且均以上述方式进行考查，需要引起一建考生的足够重视。

案例 30　2020 年二建（B 卷）经典案例题

▶▶ 考情先知
（1）采购阶段项目管理的任务之采购合同管理
（2）材料进场验收要求
（3）施工进度计划的调整和横道图施工进度计划的优缺点
（4）水泵安装技术要求

背 景 资 料

A 公司承包某项目机电安装工程，工程内容包括建筑给排水、建筑电气和通风空调等，工程的设备、材料由 A 公司采购，A 公司经业主同意后，将室内给排水及照明工程分包给 B 公司施工。

A 公司进场后，依据项目施工总进度计划和施工方案，编制了设备材料采购计划，并及时订立了采购合同。

在材料送达施工现场时，施工人员按验收工作的规定，对材料进行了验收，还对重要材料进行了复验，均符合要求。

B 公司依据本公司的人力资源现状，编制了照明工程和室内给排水工程的施工作业进度计划见下表，工期 122 天。该计划被 A 公司否定，要求 B 公司修改施工作业进度计划，加快进度。B 公司在工作持续时间不变的情况下，将排水、给水管道施工的开始时间提前到 6 月 1 日，增加施工人员，使室内给水排水和照明工程按 A 公司要求完工。

照明工程和室内给水排水施工作业进度计划

序号	工作内容	6月 1	6月 11	6月 21	7月 1	7月 11	7月 21	8月 1	8月 11	8月 21	9月 1	9月 11	9月 21
1	照明管线施工	━	━	━	━								
2	灯具安装					━							
3	开关、插座安装					━	━						
4	通电、试运行验收							━					
5	排水、给水管道施工	━	━	━	━	━							
6	水泵房设备安装							━	━				
7	卫生器具安装										━	━	
8	给水排水系统试验、验收												━

在工程质量验收中，A 公司指出水泵管道接头和压力表安装存在质量问题，如下图所示，要求 B 公司组织施工人员进行返工，返工后质量验收合格。

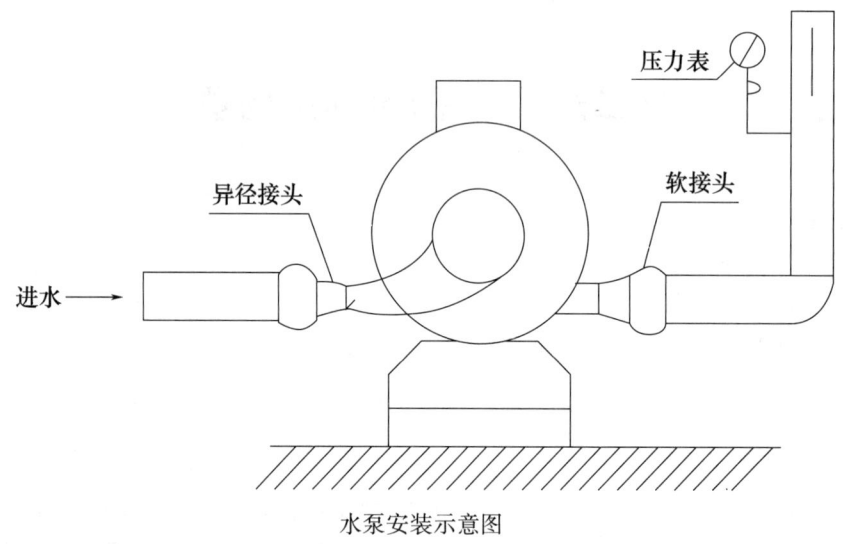

水泵安装示意图

问题 1：履行材料采购合同中材料交付时应把握好哪些环节？

【参考答案】

履行材料采购合同中，材料交付时应把握的环节有：材料的交付、交货检验的依据、产品数量的验收、产品质量的检验、采购合同的变更。

【分析思路及作答要求】

本题以常规问答题的形式考查了采购阶段项目管理的任务之采购合同管理。针对材料采购合同履行环节的记忆，看似较难，实则容易，考生可从两个方面按下列逻辑巩固记忆：

①产品交付→交货检验→数量验收→质量检验；②合同变更。

除此之外，设备采购合同履行环节的记忆，考生亦可从两个方面进行记忆：①到货检验→问题处理；②设备监造→设备安装→设备运行。

★ 对于一建的备考，该题的意义在于指导考生学习的内容，考生可将上述的内容直接用于一建的备考，且在2011年一建案例五中考查了设备采购合同履行的环节。

问题2：材料进场时应根据哪些文件对材料的数量和质量进行验收？要求复检的材料应有什么报告？

【参考答案】

（1）材料进场时应根据进料计划、送料凭证、质量保证书、产品合格证对材料的数量和质量进行验收。

（2）要求复检的材料应有取样送检证明报告。

【分析思路及作答要求】

本题以常规问答题的形式考查了材料进场验收要求。作答本题的关键在于熟练记忆材料的进场验收要求相关内容。对材料数量的验收依据是进料计划和送料凭证，正所谓我有进料计划，而你有送料凭证。对材料质量验收的依据是质量保证书和产品合格证，此为能够用来证明所采购的材料是合格的最直接的证据。

★ 对于一建的备考，该题的意义在于指导考生学习的内容，考生可将上述的内容直接用于一建的备考，材料的进场验收要求是历年来一建和二建共同考查的重中之重。

问题3：B公司编制的施工作业进度计划为什么被A公司否定？修改后的施工作业进度计划工期为多少天？这种施工作业进度计划的表达方式有哪些欠缺？

【参考答案】

（1）B公司编制的施工作业进度计划被否定的原因是，给水排水工程和建筑电气工程是相互独立的两个分部工程，可以同步施工，以节省工期。

（2）修改后的施工作业进度计划工期为92天。

（3）这种施工作业进度计划表达方式的欠缺之处在于：

① 不能反映出工作的逻辑关系；② 不能反映出工作所具有的机动时间；③ 不能明确地反映出影响工期的关键工作、关键线路和工作时差；④ 不利于施工进度的动态控制；⑤ 难以适用较大工程项目的进度控制。

【分析思路及作答要求】

本题以图表分析和常规问答题的形式考查了施工进度计划的调整和横道图施工进度计划的优缺点。第一问，关键在于要懂得给水排水工程和建筑电气工程是相互独立的两个分部工程，可以同步施工，以节省工期。根据背景资料可知，B公司编制的施工进度计划的工期是122天，因此可以判断本工程是6月1日开始，9月30日结束，持续时间是122天。如果将排水给水管道施工的开始时间由原计划的7月1日提前到6月1日，那么相当于后续所有工作都提前了30天，因此修改后的施工作业进度计划的工期是122−30=92天。

第二问，横道图施工进度计划的优缺点，最根本的问题是不能反映关键工作和关键线路，因此可以结合自己的理解围绕着该问题进行详细阐述。然而，由于二建和一建内容的细微区别，致使该答案与2019年一建案例四的答案略有不同，但本质上是相同的。

★ 对于一建的备考，该题的意义在于指导考生学习的方向，对横道图施工进度计划的分析和调整是历年来一建考试的重点，考生可将历年真题中与横道图有关的问题汇总在一起进行练习。

问题4：图中的水泵安装在运行中会有哪些不良后果？B公司应如何返工？

【参考答案】

（1）图中的水泵安装在运行中会有以下不良后果：

① 水泵进水口采用同心异径管，会使水泵工作时进气，产生气蚀破坏水泵叶轮。

② 压力表没有设置三通旋塞阀，如果压力表损坏，不方便更换压力表。

（2）B公司返工要求如下：

① 水泵进水口的异径接头采用顶平偏心异径管。

② 压力表上安装三通旋塞阀。

【分析思路及作答要求】

本题以图表分析题的形式考查了水泵安装技术要求。由背景资料可知，图中的问题在于A公司指出的水泵管道接头和压力表安装，其中软接头直接和管道连接没有问题，因此考生应围绕异径接头和压力表进行作答。水泵进水口的异径接头应采用顶平偏心异径管，出水口是同心异径管。压力表除应设置表弯（缓冲装置）外，还应在压力表和表弯之间安装旋塞。

★ 对于一建的备考，该题的意义在于指导考生学习的内容，关于水泵的安装要求，考试频率相对较高。例如，一建中2018年的案例一和2019年的案例三，也考过相同的问题，且考查较为全面，考生可结合上述两道案例题对比学习。